高等学校电子信息类专业系列教材

U0159634

EDA 技术及应用

——基于 FPGA 的电子系统设计

主　编　黄金凤

副主编　袁丽丽　王　珏　卫　星　张　红

西安电子科技大学出版社

内 容 简 介

随着 EDA 技术的发展和应用领域的扩大，EDA 技术在电子信息、通信、自动控制及计算机应用等领域的重要性日益突出，已成为当今世界上先进的电子电路设计技术。

本书以数字电路和系统设计为主线，结合丰富的实例，按照由浅入深的学习规律，逐步引入相关 EDA 技术和工具。本书的特点是循序渐进，通俗易懂，重点突出。全书共 8 章，主要内容包括：电子系统设计导论、EDA 技术概述、可编程逻辑器件、Quartus Ⅱ 集成开发工具、硬件描述语言 Verilog HDL 基础、基于 Verilog HDL 的数字电路设计、基于 FPGA 的数字系统设计及 ModelSim 仿真工具。

本书既可以作为 EDA 技术、数字逻辑基础设计、大学生科研训练和电子设计大赛的教材和指导书，也可用于高等院校电子、通信、自动化及计算机等专业高年级本科生、研究生的教学及电子设计工程师的技术培训，同时可供从事数字电路和系统设计的电子工程师参考。

图书在版编目(CIP)数据

EDA 技术及应用：基于 FPGA 的电子系统设计/黄金凤主编.
—西安：西安电子科技大学出版社，2021.1(2024.8 重印)
ISBN 978 - 7 - 5606 - 5871 - 1

Ⅰ. ① E… Ⅱ. ① 黄… Ⅲ. ① 电子电路—电路设计—计算机辅助设计 ②可编程序逻辑器件—系统设计 Ⅳ. ① TN702.2②TP332.1

中国版本图书馆 CIP 数据核字(2020)第 179307 号

策　划　秦志峰
责任编辑　王芳子
出版发行　西安电子科技大学出版社(西安市太白南路 2 号)
电　话　(029)88202421　88201467　　邮　编　710071
网　址　www.xduph.com　　　　电子邮箱　xdupfxb001@163.com
经　销　新华书店
印刷单位　咸阳华盛印务有限责任公司
版　次　2021 年 1 月第 1 版　2024 年 8 月第 3 次印刷
开　本　787 毫米×1092 毫米　1/16　印张 17
字　数　402 千字
定　价　46.00 元
ISBN 978 - 7 - 5606 - 5871 - 1
XDUP 6173001 - 3

前　言

随着电子技术的不断发展与进步，电子系统的设计方法发生了很大的变化，基于 EDA 技术的设计方法正在成为电子系统设计的主流，因此 EDA 技术在教学、科研及大学生电子设计竞赛等活动中发挥着越来越重要的作用，成为电子信息类本科生和研究生必须掌握的专业基础知识和基本技能。

本书是根据"EDA 技术及应用"这门课程的特点，结合编者多年来讲授这门课程的教学经验及科研体会，在原有教学讲稿和实验讲义的基础上编写而成的。本书加入了基于 FP-GA 的数字系统设计部分，使读者能够将各个基本数字电路相互结合起来构成复杂的电子系统，从而实现更复杂的功能。

EDA 技术教学的目的是使学生掌握通过集成开发工具来高效完成硬件设计的方法和技术。在没有集成开发工具之前，学生设计硬件电路都是通过在电路板上直接焊接元器件来实现，这种方法只能设计简单的电路，而且设计成本较高，资源浪费严重；有了集成开发环境后，学生可以轻松设计复杂的硬件电路，并且能在此基础上进行创新和应用。

全书共 8 章。第 1 章对电子系统的相关知识点进行了简单介绍，对比了传统手工设计和现代工具设计两种方法，从而引入了 EDA 技术的概念；第 2 章具体介绍了 EDA 技术的相关知识点，使学生对现代电子系统设计具有了全面的认知；第 3 章具体介绍了可编程逻辑器件的开发流程和主流器件 CPLD 和 FPGA；第 4 章介绍了集成开发工具 Quartus Ⅱ 的使用，并以 4 位全加器原理图设计为例进行了系统讲解；第 5 章介绍了硬件描述语言 Verilog HDL 的相关知识点；第 6 章介绍了基于 Verilog HDL 的数字电路设计，读者可以和"数字电路基础"这门课程的相关内容对照着学习；第 7 章介绍了基于 FPGA 的数字系统设计，给出了设计思想和设计步骤；第 8 章介绍了目前主流的仿真工具 ModelSim 的使用。

本书第 7 章每个项目程序示例采用二维码的形式呈现，以方便读者阅读。

本书第 1、2 章由卫星编写，第 3 章由张红编写，第 4、5 章由袁丽丽和王珏编写，第 6、7、8 章由黄金凤编写。全书由黄金凤担任主编并负责统稿。

限于编者水平，书中难免有不妥之处，敬请读者批评指正。

编　者
2020 年 9 月

目　录

1

第 1 章　电子系统设计导论

伴随着电子技术的发展，电子系统的设计方法和手段也在不断地更新和进步。电子系统设计方法在快速进步的电子技术应用中不断受到挑战，从传统手工设计方法到电子设计自动化（EDA）方法，从分立元件系统到集成电路设计，从印制电路板（PCB）集成系统到芯片集成系统（SOC），从纯硬件系统设计到硬件与软件结合的系统开发，新型电子系统层出不穷，其设计理念也发生着革命性的变化，人们所面临的待开发的电子系统越来越庞大，越来越复杂。手工作坊式的设计方式逐渐被团队合作的计算机辅助方式所替代。本章将简要介绍电子系统组成、分类、指标、设计方法和设计步骤等内容。

1.1　电子系统概述

1.1.1　电子系统及其组成

1. 系统与电子系统

系统是指由两个以上各不相同且互相联系、互相制约的单元组成，在给定环境下能够完成一定功能的综合体。这里所说的单元，可以是元件、部件或子系统。一个系统有可能是另一个更大的系统的子系统。系统的基本特征是功能与结构上具有综合性、层次性、复杂性。这些特征决定了系统的设计与分析方法不同于简单的对象。

通常将由电子元器件或部件组成的能够产生、传输、采集或处理电信号及信息的客观实体称为电子系统，如通信系统、雷达系统、计算机系统、电子测量系统、自动控制系统等。电子系统在功能与结构上具有高度的综合性、层次性和复杂性。

2. 电子系统的一般组成

电子系统基本组成框图如图 1-1 所示。

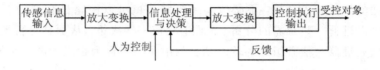

图 1-1　电子系统基本组成框图

一个电子系统一般包括模拟子系统、数字子系统与微处理机子系统。模拟子系统包括传感、高低频放大、模/数（A/D）变换、数/模（D/A）变换及执行机构；数字子系统完成信息处理、决策与控制；对于软硬件结合的电子系统，微处理机子系统由 CPU 控制实现信息处理、决策和控制。

之所以把以上三个部分称为三个子系统，是因为这些部分一般已不是一两块简单模块电路可以实现的，它们本身也构成了一个具有特定功能且相对完整的电路系统。组成电子系统的器件包括中大规模或超大规模集成电路、专用集成电路、可编程逻辑器件（PLD）以及不可缺少的少量分立元件和机电元件。

1.1.2　电子系统的分类

1. 按处理的信号形式分类

根据电子系统所能处理的信号形式，可将其分为模拟电子系统、数字电子系统和混合电子系统。

在电子系统中，被传递、加工和处理的信号可以分为两大类：一类是模拟信号，这类信号的特征是无论从时间上还是从信号的大小上都是连续变化的，用以传递、加工和处理模拟信号的电子系统叫做模拟电子系统；另一类信号是数字信号，数字信号的特征是无论从时间上或是从信号大小上都是离散的，或者说都是不连续的，传递、加工和处理数字信号的电子系统叫做数字电子系统。

当前的应用电子系统一般都同时使用数字和模拟两类技术，即混合电子系统。这两者互为补充，充分发挥各自优势，但对一个具体的应用系统而言，使用这两种技术的侧重点有所不同，有的以数字技术为主，有的以模拟技术为主。

2. 按电子系统的功能分类

根据电子系统所能实现的功能，可将其分为智能型与非智能型两种。

顾名思义，非智能型电子系统是指功能简单或功能固定的电子系统。

智能型电子系统一般以微机或单片机为核心，且具有五个特点：① 必须有记忆力；② 必须具有自学习能力；③ 应易于接受信息、命令；④ 应具有分析、判断、决策能力；⑤ 必须可以控制或执行所作的决定。对照以上特点，显然纯硬件的电子系统不可能被划在智能型范围内。它最大的弱点是硬件与功能是一一对应的，增加一个功能必须增加一组硬件，改变功能必须改变电路结构。纯硬件结构不具有便于学习的能力，因此它不具有智能型的特点。只有带有 CPU 的微处理器并配以必要的外围电路，从而构成软硬结合的电子系统，才具有智能型的特点。首先，智能型电子系统有存储单元及输入/输出（I/O）接口，可以接收并记忆信息、数据、命令以及输出且可以控制决策的执行；其次，它善于并且便于学习，只要将合适的软件装入系统，不必改动系统结构就可以使它具有某种新功能。有了记忆能力，它就可以进行一些必需的分析、判断，完成一些决策，从而具有智能型的特点。因此，通常把以微处理器为核心组成的软硬结合的电子系统称为智能型电子系统。

3. 按电子系统的应用方向分类

电子系统的应用已深入到各个领域，根据电子系统的不同应用方向，大致可将其分为以下几种：

（1）测控系统：大到航天器的飞行轨道控制系统，小到自动照相机快门系统以及工业生产控制系统等。

（2）测量系统：电量及非电量的精密测量。

（3）数据处理系统：如语音、图像、雷达信息处理等。

（4）通信系统：数字通信、微波通信、蜂窝通信、卫星通信等。

（5）计算机系统：计算机本身就是一个电子系统，可以单台工作，也可以多台联网工作。

（6）智能家居系统：智能家居系统是由家庭综合服务器将家庭中各种各样的智能家电通过家庭总线技术连接在一起。智能家居系统实现了家务劳动和家庭服务信息的自动化。

（7）智能交通系统：智能交通系统（Intelligent Transportation System，ITS）是一种先进的运输管理模式。ITS 将先进的计算机处理技术、信息技术、数据通信传输技术、自动控制技术、人工智能及电子技术等有效地综合运用于交通运输管理体系中，使车辆和道路交通智能化，以实现安全快速的道路交通环境，从而实现缓解道路交通拥堵、减少交通事故、改善道路交通环境、节约交通能源、减轻驾驶疲劳等功能。

（8）智能楼宇系统：智能楼宇系统是利用计算机、通信、网络、传感器、摄像等技术，把原来建筑中功能各自独立、分散的设备装置进行整体设计，对其进行集中、统一的控制，形成一个智能管理系统。这种智能楼宇系统除了用传统建筑工程完成建筑结构设施以外，还包括智能建筑系统的三要素——楼宇自动化系统、楼宇通信网络系统和办公自动化系统。

（9）智能安防系统：安防系统（Security & Protection System，SPS）是以维护社会公共安全为目的，运用安全防范产品和其他相关产品所构成的入侵报警、视频安防监控、出入口控制、防爆安全检查等系统，或是以这些系统为子系统组合或集成的电子系统或网络。智能安防系统是一个能够通过机器实现智能判断，从而保证图像传输和存储以及数据存储和处理准确的技术系统。一个完整的智能安防系统主要包括门禁、报警和监控三大部分。

（10）机器人系统：机器人系统是由机器人、作业对象和环境共同构成的整体，其中包括机械系统、驱动系统、控制系统和感知系统四大部分。机器人具备一些与人或生物相似的智能能力，如感知能力、规划能力、动作能力和协同能力，是一种具有高度灵活性的自动化机器。

1.1.3　电子系统的指标

以上列举了众多的电子系统，它们的功能不同、规模不同、使用场合不同，因此对它们的要求也不同，从而衡量这些系统的指标也是不同的。衡量电子系统的指标一般有功能、工作范围、容量、精度、灵敏度、稳定性、可靠性、响应速度、使用场合、工作环境、供电方式、功耗、体积重量等。

对不同系统而言，系统指标要求则不同。例如：航天器中的轨道控制系统的动态工作范围、精度、响应速度、可靠性、体积、重量、功耗、工作环境等指标必须重点考虑；通信系统重视容量、灵敏度、稳定性、使用场合等指标；家电系统则主要考虑功能、稳定性、可靠性、成本及价格等指标，而对供电方式、精度、响应速度等指标不作过多考虑。

系统设计人员应根据系统类型、功能要求和指标要求细化出每个待设计的子系统的技术指标。在细化过程中应注意符合国家标准或部颁标准，必要时还应符合国际标准以便产品走向世界。在细化中应该注意系统的档次定位适当、技术含量恰当、符合发展潮流、性能价格比高，以满足市场需求。

1.2　电子系统的设计方法

一般情况下，电子系统具有如图 1-2 所示的层次式结构。根据电子系统的功能和层次，一般采用自下而上、自上而下或者二者相结合的设计方法进行设计。

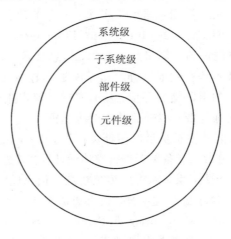

图 1-2　电子系统的层次式结构

1. 自下而上(Bottom-Up)的设计方法

自下而上的设计方法是一种试探法，也是一种多层次的设计方法。

设计过程：根据用户要求，从现成的数字器件开始，设计出一个个部件，当一个部件不能直接实现系统的某个功能时，就需要设计由多个部件构成的子系统去实现该功能。上述过程一直进行到系统所要求的全部功能都实现为止。

该方法的优点是：可以继承使用经过验证的、成熟的部件与子系统，从而可以减少设计的重复性，提高设计效率。其缺点是：设计人员的设计思想受限于现成可用的元件，且无明显规律可循，完全凭经验，系统的各项性能指标只有在系统构成后才能进行测试，如果系统问题较大，则有可能需要重新设计。

2. 自上而下(Top-Down)的设计方法

自上而下的设计方法如图 1-3 所示，该设计方法首先从系统级设计开始。系统级的设计任务是：根据原始设计指标或用户的需求，将系统的功能(或行为)全面、准确地描述出来，即将系统的 I/O 关系全面、准确地描述出来，然后进行子系统级设计。具体来讲就是根据系统级设计所描述的该系统应具备的各项功能，将系统划分和定义为一个个适当的能够实现某一功能的相对独立的子系统。每个子系统的功能(I/O 关系)必须全面、准确地描述出来，子系统之间的联系也必须全面、准确地描述出来。例如：移动电话要有收信与发信的功能，就必须分别设计一个接收机子系统和一个发射机子系统，还必须设计一个微

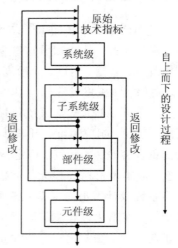

图 1-3　自上而下的设计方法

型计算机作为内务管理和用户操作界面管理子系统；此外，天线和电源子系统的必要性也是不言自明的。子系统的划分、定义和互连完成后，就要到部件级上去进行设计，即设计或者选用一些部件去实现既定功能的子系统。部件级的设计完成后，再进行最后的元件级设计，即选用适当的元件去实现既定功能的部件。

自上而下法是一种概念驱动的设计方法。该方法要求在整个设计过程中尽量运用概念（即抽象）去描述和分析设计对象，而不要过早地考虑实现该设计的具体电路、元器件和工艺，以便抓住主要矛盾，避免纠缠在具体细节上，这样才能控制住设计的复杂性。整个设计在概念上的演化从顶层到底层应当逐步由概括到展开，由粗略到精细。只有当整个设计在概念上得到验证与优化后，才能考虑"采用什么电路、元器件和工艺去实现该设计"这类具体问题。此外，设计人员在运用该方法时还必须遵循下列原则，方能得到一个系统化的、清晰易懂的以及可靠性高、可维护性好的设计。

（1）正确性和完备性原则。该方法要求在每一级（层）的设计完成后，都必须对设计的正确性和完备性进行反复细致的检查，即检查指标所要求的各项功能是否都实现了，且留有必要的余地，最后还要对设计进行适当的优化。

（2）模块化、结构化原则。每个子系统、部件或子部件应设计成在功能上相对独立的模块，即每个模块均有明确的可独立完成的功能，而且对某个模块内部进行修改时不应影响其他的模块；子系统之间、部件之间或者子部件之间的联系形式应当与结构化程序设计中模块间的联系形式相仿。

（3）问题不下放原则。在某一级的设计中如遇到问题时，必须将其解决后才能进行下一级（层）的设计，切不可将上一级（层）的问题留到下一级（层）去解决。

（4）高层主导原则。在底层遇到的问题找不到解决办法时，必须退回到它的上一级（层）甚至再上一级（层）去，通过修改上一级的设计来减轻下一级设计的困难，或找出上一级设计中未发现的错误并将其解决，才是正确的解决问题策略。

（5）直观性、清晰性原则。设计中不主张采用那些使人难以理解的诀窍和技巧，应当在实际的设计中和文档中直观、清晰地反映出设计者的思路。设计文档的组织与表达应当具有高度的条理性与简洁明了性。一个好的设计，不仅能使同一项目组的设计人员之间的交流方便、高效，而且可使今后系统的修改、升级和维修更为方便，即达到可维护性好的目标。

综上所述，进行一项大型复杂系统设计的过程，实际上是一个在自上而下的过程中还包括了由下层返回到上层进行修改的多次反复的过程。

随着微电子技术和计算机技术的不断提高，各种电子产品能够将专用处理器、数字和模拟系统、DSP 等子系统集成在一块硅片上，其晶体管数目可达到百万只以上，构成了一种极大规模集成电路（ULSI）片上系统（System On Chip，SOC），从而使得产品的功能与性能极大地增强，而体积、重量和价格却大大降低，如此复杂的系统是无法用传统的手工方法去设计的，而必须采用与计算机技术、微电子技术以及电路系统理论平行发展起来的电子设计自动化（EDA）技术去设计。促使采用 EDA 技术的另一个因素是市场竞争加剧、产品的上市时间与市场寿命在缩短。从我们的日常观察中不难发现，每隔半年或一年，同一种产品就会有新的型号出现，老的产品就要从市场中退出去。一个企业要想在市场上立足，就要不断地推出新产品。缩短产品上市时间的关键在于缩短产品的设计时间，运用电子设计自动化(EDA)工具去设计电子产品是缩短设计时间最有效的途径。第 2 章将重点介绍电子设计自动化(EDA)的相关知识。

　　表 1-1 列出了传统的数字系统设计方法和现代的数字系统设计方法的区别。从表 1-1 中可看出，现代电子数字系统设计的基本特征是：基于电子设计自动化(EDA)技术和在线可编程(ISP)技术，采用自上而下的设计方法，并以可编程逻辑器件(现场可编程门阵列 FPGA 和复杂可编程逻辑器件 CPLD)和可编程自动化控制 PAC 器件为物质基础进行系统设计。

表 1-1　数字系统的两种设计方法区别

特点	传统方法	现代方法
采用器件	通用型器件	可编程逻辑器件
设计对象	电路板	芯片
设计方法	自下而上	自上而下
仿真时期	系统硬件设计后期	系统硬件设计早期
主要设计文件	电路原理图	硬件描述语言编写的程序

1.3　电子系统的设计步骤

1. 模拟电子系统设计步骤

　　模拟电子系统通常是指信号源、信号处理与变换、传输、驱动及控制等主要单元基本上由模拟电路组成的系统，它更多地表现为某一复杂系统的子系统，如功率放大、信号调制等。

　　与数字电子系统相比，模拟电子系统在设计与调试中应注意以下几个特点：

　　(1) 模拟电子系统领域中单元电路的类型较多，例如形形色色的传感器电路，各种类型的电源电路，放大电路，样式繁多的音响电路、视频电路以及性能各异的振荡、调制、解调等通信电路和大量涉及机电结合的执行部件电路等，因此涉及面很宽，要求设计者具有宽广的知识面。

　　(2) 模拟电子系统在设计与调试时不仅应满足一般的功能、指标要求，尤其应注意技术指标的精度及稳定性，应充分考虑元器件温度特性、电源电压波动、负载变化及干扰等因素的影响。不仅要注意各功能单元的静态与动态指标及其稳定性，还要注意组成系统后各单元之间的耦合形式、反馈类型、负载效应及电源内阻、地线电阻等对系统指标的影响。

　　(3) 应十分重视级间阻抗匹配问题。例如一个多级放大器，其输入级与信号源之间的阻抗匹配有利于提高信噪比；中间级之间的阻抗匹配有利于提高开环增益；输出级与负载之间的阻抗匹配有利于提高输出功率和效率等。

　　(4) 元件选择方面应注意参数的分散性及其温度的影响。在满足设计指标要求的前提下，应尽量选择来源广泛的通用型元件。

　　(5) 模拟电子系统技术实现的最大难点是安装与调试。通常遵循的原则是先单元后系统、先静态后动态、先粗调后细调。印刷电路板的布线、接地及抗干扰等具体问题也非常重要。

（6）当前电子系统设计工作的自动化发展很快，但主要在数字电子领域中，而模拟电子系统的自动化设计进展比较缓慢，人工的介入还是起着重要的作用，这与上述特点有着密切关系。

根据模拟电子系统的相关特点，具体设计步骤有：

（1）进行任务分析和方案比较，确定总体方案。

（2）将系统划分为若干相对独立的功能块，画出系统的总体组成框图。

（3）以实现各功能块的集成电路为中心，通过选择和计算完成各个功能单元外接电路与元件的配置。

（4）进行单元之间耦合的核算及电路的整体配合与调整，以得到一个比较切合实际的系统整体电路原理图。

（5）根据第（3）、（4）步的结果，重新核算系统的主要指标，检查是否满足要求且留有一定余地。

（6）画出系统元件布置图和印刷电路板的布线图，并考虑其测试方案以及设置相关的测试点。

（7）计算机模拟仿真。尽管模拟电子系统的电子设计自动化（EDA）软件较少，但还是可以利用一些仿真软件，如利用 PSPICE、Multisim、EWB、Altium Designer 等软件进行辅助电路设计。

2. 数字电子系统设计步骤

数字电子系统是一个能完成一系列复杂操作的逻辑单元。它可以是一台数字计算机，一个自动控制单元，一个数据采集系统，或者是日常生活中用的电子秤，也可以是一个更大系统中的一个子系统。

我们所设计的数字电子系统一般只限于同步时序系统，所执行的操作是由时钟控制分组按序进行的。一般的数字电子系统可划分为受控器与控制器两大部分，受控器又称为数据子系统或信息处理单元，控制器又称为控制子系统。数字电子系统的方框图如图 1-4 所示。

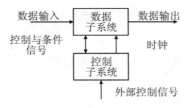

图 1-4　数字电子系统方框图

数据子系统主要完成数据的采集、存储、运算处理和传输，它主要由存储器、运算器、数据选择器等部件组成。它与外界进行数据交换，其所有的存取、运算等操作都是在控制子系统发出的控制信号下进行的。它与控制子系统之间的联系是：接收由控制子系统发来的控制信号，同时将自己的操作进程作为条件信号输出给控制子系统。数据子系统是根据待完成的系统功能的算法得出的。

控制子系统是执行算法的核心，它必须具有记忆能力，因此是一个时序系统。它由一些组合逻辑电路和触发器等元件组成。它与数据子系统共享一个时钟。它的输入是外部的控制信号和由数据子系统输出的条件信号，按照设计方案中既定的算法程序进行状态转换，与每个状态以及有关条件对应的输出作为控制信号去控制数据子系统的操作顺序。控制子系统是根据系统功能及数据子系统的要求设计出来的。

关于异步时序系统的设计以及由两个以上同步时序系统构成的异步时序系统的设计这里不再讨论。

设计一个大系统，必须从高层次的系统级入手，先进行总体方案框图的设计与分析论证、功能描述，再进行任务和指标分配，然后逐步细化得出详细设计方案，最终得出完整的电路。这就是自上而下的设计方法。

自上而下的设计数字电子系统的基本步骤可以归纳为以下几点：

（1）明确设计要求。拿到一个设计任务，首先要对它进行消化理解，将设计要求罗列成条，每一条都应是无歧义的。这一步是明确待设计系统的逻辑功能及性能指标。在明确了设计要求之后应能画出系统的简单示意方框图，标明输入、输出信号及必要的指标。

（2）确定系统方案。明确了设计要求之后，就要确定实现系统功能的原理和方法，这一步是最具创造性的工作。同一功能可以有不同的实现方案，而方案的优劣直接关系到系统的质量及性价比，因此要反复比较与权衡。常用方框图、流程图或描述语言来描述系统方案。系统方案确定后要求画出系统方框图和详细的流程图，如有需要还应画出必要的时序波形图。

（3）受控器的设计。根据系统方案，选择合适的器件构成受控器的电路原理图，根据设计要求可能还要对此电路原理图进行时序设计，最后得到实用的受控器电路原理图。

（4）控制器的设计。根据描述系统方案的模型导出 MDS 图（Memonic Document State Diagram，可译为助记状态图，或备有记忆文档的状态图），按照规则及受控器的要求选择合适器件构成控制器，必要时也要进行时序设计，最后得到实用的控制器电路原理图。然后再将控制器和受控器电路合在一起，从而得到整个系统的电路原理图。

（5）硬件实现。在整个设计过程中应尽可能多地利用电子设计自动化（EDA）软件，及时地进行逻辑仿真、优化，以保证设计工作优质快速地完成。

习　题　1

1. 观察日常生活中出现的电子产品，它们内部结构是什么样子的？属于什么类型的电子系统？

2. 电子系统的设计方法有哪些？

3. 电子系统的设计步骤有哪些？

4. 模拟电子系统和数字电子系统有什么区别？

5. 智能型电子系统的特点是什么？

6. 智能型和非智能型电子系统的区别是什么？

7. 什么是自上而下的设计方式？

第 2 章　EDA 技术概述

　　信息社会的发展离不开集成电路,当前集成电路正朝着速度快、容量大、体积小、功耗低的方向发展,实现这种进步的主要原因是生产制造技术和电子设计技术的发展。前者以纳米制造技术为代表,后者的核心是 EDA 技术。

　　EDA 技术从 20 世纪集成电路问世起(60 年代),经历了 CAD(70 年代)、CAE(80 年代)发展阶段,到 90 年代才进入 EDA 阶段。EDA 技术是以计算机科学和微电子技术发展为先导,汇集了计算机应用科学、微电子结构与工艺学和电子系统科学的最新成果的先进技术,如今 EDA 技术已经渗透到电子产品设计的各个环节,成为电子学领域的重要学科,并已形成一个独立的产业部门。许多 EDA 公司脱颖而出,推出了许多优秀的 EDA 软件。

　　EDA 技术已成为现代电子设计技术的有力工具,没有 EDA 技术的支持,想要完成超大规模集成电路的设计和制造是不可想象的,反之,生产制造技术的不断进步又不断对 EDA 技术提出新的要求。本章将简要介绍 EDA 技术、EDA 设计流程和设计工具等。

2.1　EDA 技术简介

2.1.1　EDA 技术的定义

　　EDA(Electronic Design Automation)即电子设计自动化。EDA 技术是以计算机为工作平台,以相关的 EDA 开发软件为工具,先采用原理图或硬件描述语言 HDL(Hardware Description Language)完成设计输入,然后由 EDA 开发软件自动完成逻辑综合、适配、布局布线优化和仿真,最后下载到目标芯片(CPLD、FPGA)进行硬件测试等过程中采用的相关技术。

　　EDA 技术研究的对象是电路或系统芯片设计的过程,可分为系统级、电路级和物理级三个层次。EDA 设计领域和内容包括从低频、高频到微波,从线性到非线性,从模拟到数字,从可编程逻辑器件通用集成电路到专用集成电路的电子自动化设计。

2.1.2　EDA 技术的发展阶段

　　EDA 先驱——加州大学伯克利分校的电子工程与计算机科学教授 Alberto Sangiovanni-Vincentelli 在一次设计自动化大会(DAC)上发表演讲,他借用了 17 世纪意大利哲学家 Giovan Battista Vico 划分历史的方法,将 EDA 历史划分为三个阶段:第一个阶段是"上帝时代",此时人们对 EDA 知之甚少;第二个阶段为"英雄时代",此阶段充满活力和创造性;第三个阶段为"人性时代",此时理智占据了上风。

1. CAD(计算机辅助设计)阶段(20 世纪 70 年代至 80 年代初)

CAD 阶段是 EDA 技术发展的初级阶段。在这个阶段，一方面，计算机的功能还比较有限，个人计算机还没普及；另一方面，电子设计软件的功能也较弱。该阶段主要采用计算机辅助进行 IC 版图编辑和 PCB 布局布线，从而取代手工操作。

2. CAE(计算机辅助工程)阶段(20 世纪 80 年代初至 90 年代初)

CAE 阶段是 EDA 技术发展的中级阶段。与 CAD 相比，除了纯粹的图形绘制功能外，又增加了电路功能设计和结构设计，并且通过电气连接网络表将两者结合在一起，实现了工程设计。CAE 的主要功能是原理图输入、逻辑仿真、电路分析、自动布局布线和 PCB 后分析。

3. EDA(电子设计自动化)阶段(20 世纪 90 年代至今)

EDA 阶段是 EDA 技术发展的高级阶段。随着电子电路集成度的提高，一个复杂的电子系统可以在一个集成电路芯片上实现，这就要求 EDA 系统能够从电子系统的功能和行为描述开始，综合设计出逻辑电路，并自动地映射到可供生产的 IC 版图。这一过程称之为集成电路的高级设计。于是 20 世纪 90 年代以后的 EDA 系统真正具有了自动化设计能力，将 EDA 技术推向了成熟和应用。用户只要给出电路的性能指标要求，EDA 系统就能对电路结构和参数进行自动化处理和综合，寻找出最佳设计方案，通过自动布局布线功能将电路直接形成集成电路的版图，并对版图的面积及电路延时特性做优化处理。

2.1.3 EDA 技术的特征和优势

在现代电子设计领域，EDA 技术已经成为电子系统设计的重要手段。无论是设计数字系统还是集成电路芯片，其设计的复杂程度都在不断增加，仅仅依靠手工进行设计已经不能满足要求，所有的设计工作都需要在计算机上借助于 EDA 软件工具进行。利用 EDA 设计工具，设计者可以预知设计结果，减少设计的盲目性，可极大地提高设计的效率。

现代 EDA 技术的基本特征是采用高级语言描述，具有系统级仿真和综合能力，以及具有开放式的设计环境和丰富的元件模型库等。其基本特征主要有：

1. 硬件描述语言设计输入

与原理图设计方法相比，硬件描述语言更适于描述大规模的系统，在抽象的层次上描述系统的结构与功能。

采用硬件描述语言的优点主要有：语言的公开可利用性，设计与工艺的无关性，宽范围的描述能力(系统级、算法级、RTL 级、门级、开关级)，便于组织大规模系统设计，也便于设计的复用、交流、保存与修改。

2. 自上而下的设计方法

自上而下的设计方法和自下而上的设计方法，在 1.2 节已详细讲述。EDA 技术采用的是自上而下的设计方法，设计流程图如图 2-1 所示。

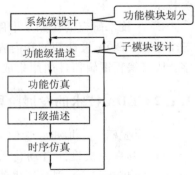

图 2-1 自上而下的设计流程

3. 逻辑综合与优化

逻辑综合是指通过 EDA 工具把用硬件描述语言描述的模块自动转换为用门级电路网表表示的模块，即将电路映射到器件的专用基本结构。

优化是指采用优化算法去除冗余项，将设计简化，提高系统运行速度。

4. 并行工程

并行工程是一种系统化的、集成化的、并行的产品及相关过程（指制造和维护）的开发模式。现代 EDA 工具建立了并行工程框架结构的开发环境，支持多人同时并行进行设计。

5. 开放性和标准化

开放性是指 EDA 工具只要具有符合标准的开放式框架结构，就可以接纳其他厂商的 EDA 工具一起进行设计，实现资源共享。

标准化是指随着设计数据格式标准化，也使 EDA 框架标准化，即在同一个工作站上集成了各具特色的多种 EDA 工具，它们能够协同工作。

6. 库（Library）

EDA 工具配有丰富的库，用来提高设计能力和设计效率。如元件图形符号库、元件模型库、工艺参数库、标准元件库、可复用的电路模块库、IP 库等。

传统的数字系统设计一般采用"搭积木块"的手工设计方式。相比之下，采用 EDA 技术进行电子系统的设计有着很大的优势，主要有：① 采用硬件描述语言，便于复杂系统的设计；② 强大的系统建模和电路仿真功能；③ 具有自主的知识产权；④ 开发技术的标准化和规范化；⑤ 全方位地利用计算机的自动设计、仿真和测试技术；⑥ 对设计者的硬件知识和硬件经验要求低。

2.1.4　EDA 技术的范畴和应用

EDA 技术的范畴应包括电子工程师进行产品开发的全过程。EDA 技术的范畴如图 2-2 所示。

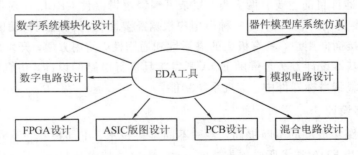

图 2-2　EDA 技术的范畴

一般来说，利用 EDA 技术进行电子系统设计，归纳起来主要有以下四个应用领域。

1. 印刷电路板（PCB）设计

印刷电路板设计是 EDA 技术最初的实现目标。电子系统大多采用印刷电路板结构，在系统实现过程中，印刷电路板设计、装配和测试占据了很大的工作量，利用 EDA 工具来进

行印刷电路板的布局布线设计和验证分析可以大量节约时间和成本。其设计流程图如图
2-3所示。

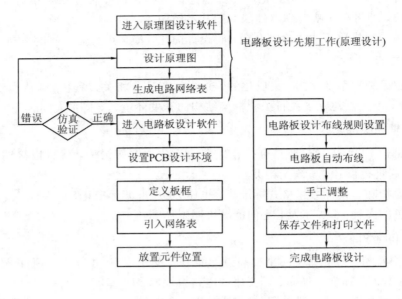

图 2-3　PCB 设计流程图

2. 集成电路(IC 或 ASIC)设计

集成电路是指通过一系列特定的加工工艺,将晶体管、二极管等有源器件和电阻、电
容等无源器件按照一定的电路互连,集成在一块半导体单晶薄片上,经过封装而形成的具
有特定功能的完整电路。集成电路设计包括逻辑设计、电路设计、版图设计和工艺设计多
个环节。随着超大规模集成电路的出现,为了保证设计的正确性和可靠性,必须采用先进
的 EDA 开发工具来进行集成电路设计。

3. 可编程逻辑器件(FPGA/CPLD)设计

可编程逻辑器件目前主要有两大类:复杂可编程逻辑器件 CPLD 和现场可编程门阵列
FPGA。它们是半定制的 ASIC,是一种由用户根据需要而自行构造逻辑功能的数字集成电
路,其特点是直接面向用户,具有极大的灵活性和通用性,使用方便,开发成本低,工作可
靠性好。它们的基本设计方法是借助 EDA 开发工具进行电路的设计,仿真,综合优化,适
配优化,最后下载到目标器件中,实现系统功能。

4. 混合电路设计

随着集成电路集成度的不断提高,各种不同学科技术、不同模式、不同层次的混合设
计方法已被认为是 EDA 技术所必须支持的方法。如电子技术与非电子技术的混合设计方法,
模拟电路与数字电路的混合设计方法,算法级、寄存器级、门级与开关级的混合设计方法等。

2.1.5　EDA 技术的发展现状

EDA 技术进入 21 世纪后得到了更大的发展,突出表现在以下八个方面:

(1) 使电子设计成果以自主知识产权的方式得以明确表达和确认成为可能。

（2）在设计和仿真两方面支持标准硬件描述语言的功能强大的 EDA 软件不断推出。

（3）电子技术全方位纳入 EDA 领域。

（4）EDA 使得电子领域各学科的界限更加模糊，更加互为包容。

（5）更大规模的 FPGA 和 CPLD 器件不断推出。

（6）基于 EDA 工具的 ASIC 设计标准单元已涵盖大规模电子系统及 IP 核模块。

（7）软硬件 IP 核在电子行业的产业领域、技术领域和设计应用领域得到进一步确认。

（8）片上系统 SOC(System On Chip)高效、低成本设计技术的不断成熟。

2.1.6　EDA 技术的发展方向

随着科学技术的飞速发展和市场需求的不断增长，EDA 技术将呈现以下发展趋势：

（1）将沿着智能化、高性能、高层次综合方向发展。

（2）支持软、硬件协同设计。芯片和芯片工作所需的应用软件同时设计，同时完成；采用协同设计，可以及早发现问题，保证一次设计成功，缩短开发周期，这在设计大系统时尤为重要。

（3）采用描述系统的新的设计语言。这种语言，从开始设计功能参数的提出直至最终的验证，统一对硬件和软件进行描述和定义；能够使设计过程一体化，设计效率更高，而且可从现存的方法学中深化出来。

（4）推出更好的仿真和验证工具。随着单一芯片上逻辑门数量超过百万，对设计的验证工作将变得比设计任务本身还要艰难。

2.2　常用的 EDA 工具软件

EDA 工具软件有两种分类方法：一种是按公司类别进行分类，另一种是按软件的功能进行分类。

按公司类别，大体分两类：一类是专业 EDA 软件公司开发的工具，也称为第三方 EDA 软件工具，比较著名的公司有 Cadence Design Systems、Mentor Graphics、Synopsys 和 Synplicity 四家，它们开发的软件工具被广泛应用；另一类是 PLD 器件厂商为了销售其芯片而开发的 EDA 工具，较著名的厂商有 Intel(Altera FPGA)、Xilinx、Lattice 等。前者独立于半导体器件厂商，其推出的 EDA 软件功能强，相互之间具有良好的兼容性，适合进行复杂和高效率的设计，但价格昂贵；后者能针对器件的工艺特点做出优化设计，提高了资源利用率，降低了功耗和改善了性能，适合产品开发单位使用。

按功能分类，EDA 软件工具可分为如下几类：

1. 集成的 FPGA/CPLD 开发工具

集成的 FPGA/CPLD 开发工具是由 FPGA/CPLD 芯片生产厂家提供的，这些工具可以完成从设计输入（原理图或 HDL），逻辑综合，模拟仿真到适配下载等全部工作。常用的集成的 FPGA/CPLD 开发工具如表 2-1 所列，这些开发工具大多将一些专业的第三方软件也集成在一起，方便用户在设计过程中选择专业的第三方软件完成某些设计任务。

2. 设计输入工具

设计输入工具主要是帮助用户完成原理图和 HDL 文本的编辑及输入工作。好的输入工具能够支持多种输入方式，包括原理图、HDL 文本、波形图、状态机、真值表等。例如，HDL Designer Series是 Mentor 公司的设计输入工具，包含在 FPGA Advantage 软件中，可以接受 HDL 文本、原理图、状态图、表格等多种设计输入形式，并可将这些输入形式转化为 HDL 文本表达方式，功能很强。输入工具可帮助用户提高输入效率，多数人习惯使用集成开发软件或综合/仿真工具中自带的原理图和文本编辑器，也可以直接使用普通文本编辑器，如 Notepad＋＋等。

表 2－1　常用的集成的 FPGA/CPLD 开发工具

软件	说　　明
MAX＋plus Ⅱ	MAX＋plus Ⅱ是 Intel(Altera)的集成开发软件，使用广泛，支持 Verilog、VHDL 和 AHDL，MAX＋plus Ⅱ发展到 10.2 版本后，Intel(Altera)已不再推出新版本
Quartus Ⅱ	Quartus Ⅱ是 Intel(Altera)继 MAX＋plus Ⅱ后的新一代开发工具，适合大规模 FPGA 的开发。Quartus Ⅱ提供了更优化的综合和适配功能，改善了对第三方仿真和时域分析工具的支持。Quartus Ⅱ还包含 DSP Builder、SOPC Builder 等开发工具，支持系统级的开发，支持 Nios Ⅱ嵌入式核、IP 核和用户定义逻辑等
Quartus Prime	从 Quartus Ⅱ 15.1 开始，Quartus Ⅱ改名为 Quartus Prime，2016 年 5 月 Intel(2015年 Intel(Altera)被 Intel 收购)发布了 Quartus Prime 16.0，分为 Pro、Standard、Lite 三个版本。目前，Quartus Prime 已发布的最新版本是 17.1。Quartus Prime 软件中集成了新的 Spectra-Q 综合工具，支持数百万 LE 单元的 FPGA 器件的综合；集成了新的前端语言解析器，扩展了对 VHDL-2008 和 System Verilog-2005 的支持，增强了 RTL 设计
ISE	ISE 是 Xilinx 公司 FPGA/CPLD 的集成开发软件，它提供给用户从设计输入到综合、布线、仿真、下载的全套解决方案，并能便捷地同其他 EDA 工具接口。其中，原理图输入用的是第三方软件 ECS，HDL 综合可以使用 Xilinx 公司开发的 XST、Synopsys 公司开发的 FPGA Express 和 Synplicity 公司开发的 Synplify/Synplify Pro，测试输入是图形化的 HDL Bencher，状态图输入用的是 StateCAD，前后仿真则可以使用 ModelSim XE 或 ModelSim SE
VIVADO	Vivado 设计套件是 FPGA 厂商 Xilinx 公司 2012 年发布的集成设计环境，包括高度集成的设计环境和新一代从系统到 IC 级的工具。这些均建立在共享的可扩展数据模型和通用调试环境基础上，这也是一个基于 AMBA AXI4 互连规范、IP-XACT IP 封装元数据、工具命令语言(TCL)、Synopsys 系统约束(SDC)及其他有助于根据客户需求量身定制设计流程并符合业界标准的开放式环境，支持多达一亿个等效 ASIC 门的设计
IspLEVER Classic	IspLEVER Classic 是 Lattice 公司的 FPGA 设计环境，支持 FPGA 器件从概念设计到器件 JEDEC 或位流编程文件输出的整个设计过程
Diamond	Diamond 软件是 Lattice 公司的开发工具，支持 FPGA 从设计输入到位流下载的整个流程

3. 逻辑综合工具

逻辑综合是将设计者在 EDA 平台上编辑输入的 HDL 文本、原理图或状态图描述，依据给定的硬件结构和约束控制条件进行编译、优化及转换，最终获得门级电路甚至底层的电路描述网表文件的过程。

逻辑综合工具能够自动完成上述过程，产生优化的电路结构网表，输出 edf 文件，给 FPGA/CPLD 厂家的软件进行适配和布局布线。专业的逻辑综合软件通常比 FPGA/CPLD 厂家的集成开发软件中自带的逻辑综合功能更强，能得到更优化的结果。

常用的 HDL 综合工具有 3 个，如表 2-2 所列。

表 2-2　常用的 HDL 综合工具

软件	说　明
Synplify/Synplify Pro	Synplify/Synplify Pro 是 Synplicity(已被 Synopsys 公司收购)公司的 VHDL/Verilog 综合软件，使用广泛，Synplify Pro 除具有原理图生成器、延时分析器外，还带有一个 FSM Complier(有限状态机编译器)，能从 HDL 设计文本中提出存在的 FSM 设计模块，并用状态图的方式显示出来
FPGA Complier Ⅱ	FPGA Complier Ⅱ是 Synopsys 公司的 VHDL/Verilog 综合软件。Synopsys 的综合器包括 FPGA Express、FPGA Complier，目前最新的版本是 FPGA Complier Ⅱ
Leonardo Spectrum	Leonardo Spectrum 是 Mentor 的子公司 Exemplar Logic 出品的 VHDL/Verilog 综合软件，并作为 FPGA Advantage 软件的一个组成部分。Leonardo Spectrum 可同时用于 FPGA/CPLD 和 ASIC 设计，性能稳定

4. 仿真器

仿真工具提供了对设计进行模拟仿真的手段，包括布线以前的功能仿真(前仿真)和布线以后包含延时的时序仿真(后仿真)。在一些复杂的设计中，仿真比设计本身还要艰难，因此有人认为仿真是 EDA 的精髓所在，仿真器的仿真速度、仿真的准确性和易用性等成为衡量仿真器性能的重要指标。

根据对设计语言的不同处理方式，仿真器分为编译型仿真器和解释型仿真器两类。编译型仿真器的仿真速度快，但需要预处理，因此不能即时修改。解释型仿真器的仿真速度要慢一些，但可以随时修改仿真环境和仿真条件。根据处理的 HDL 类型的不同，仿真器又可分为 Verilog 仿真器、VHDL 仿真器和混合仿真器，其中混合仿真器能够同时处理 Verilog 和 VHDL。

常用的 HDL 仿真软件如表 2-3 所列。

表 2-3　常用的 HDL 仿真软件

软件	说　明
Modelsim	Modelsim 是 Mentor 的子公司 Model Technology 的一个出色的 VHDL/Verilog 混合仿真软件，它属于编译型仿真器，仿真速度快，功能强
NC-Verilog/NC-VHDL/NC-Sim/Verilog-XL	这几个软件都是 Cadence 公司的 VHDL/Verilog 仿真工具，其中 NC-Verilog 的前身是著名的 Verilog 仿真软件 Verilog-XL，用于对 Verilog 程序进行仿真；NC-VHDL 用于 VHDL 仿真；而 NC-Sim 则能够对 VHDL/Verilog 进行混合仿真
VCS/Scirocco	VCS 是 Synopsys 公司的 Verilog 仿真软件，Scirocco 是 Synopsys 公司的 VHDL 仿真软件
Active HDL	Active HDL 是 Aldec 公司的 VHDL/Verilog 仿真软件，简单易用

5. 芯片(IC)版图设计软件

提供 IC 版图设计工具的著名公司有 Cadence、Mentor、Synopsys 等，Synopsys 的优势在于其逻辑综合工具，而 Cadence 和 Mentor 则能够在设计的各个层次提供全套的开发工具。在晶体管级或基本门级提供图形输入工具的有 Cadence 的 Composer、Viewlogic 的 Viewdraw 等，专用于 IC 的综合工具有 Synopsys 的 Design Complier、Behavial Complier，Synplicity 的 Synplify ASIC，Cadence 的 Synergy 等。

6. 其他 EDA 专用工具

除上面介绍的 EDA 软件外，一些公司还推出了一些开发套件和专用的开发工具，比如 Quartus Prime 推出的 Platform Designer 就是一种基于 PBD(Platform Based Design)设计理念的开发工具，它是一种基于 IP 的面向 SOC 的设计环境，可以在更短的时间内设计出满足需求的电路。专用的 EDA 开发套件和开发工具如表 2-4 所列。

表 2-4　专用的 EDA 开发套件和开发工具

软件	说　　明
Advantage	Mentor 公司的 VHDL/Verilog 完整开发系统，可以完成除适配和编程外的所有工作，包括三套软件：HDL Designer Series(输入及项目管理)，Leonardo Spectrum(逻辑综合)和 Modelsim(模拟仿真)
DSP Builder	Intel(Altera)的 DSP 开发工具，设计者可以在 MATLAB 和 Simulink 软件中进行高级抽象层的 DSP 算法设计，然后自动将算法设计转化为 HDL 文件，实现了从常用 DSP 开发工具(MATLAB)到 EDA 工具(Quartus Ⅱ)的无缝连接。DSP Builder 还能够生产 SOPC Builder Ready DSP 模块，采用 SOPC Builder 可将其集成到一个完整的 SOPC 系统设计中
SOPC Builder/Qsys/Platform Designer	自从 Quartus Ⅱ 10 之后，Qsys 代替了 SOPC Builder，用于系统级的 IP 集成，能将不同的 IP 模块及 Nios Ⅱ 核方便快捷地整合成一个系统，提高 FPGA 设计的效率；从 Quartus Prime 17.1 版开始，Qsys 更名为 Platform Designer，内容和名字更为统一
System Generator	Xilinx 的 DSP 开发工具，实现 ISE 与 MATLAB 的接口，能有效地完成数字信号处理的仿真和最终 FPGA 实现

2.3　EDA 的设计流程

要用 EDA 工具设计电子系统，除了需要扎实的电路与系统的理论知识外，还必须具备两个条件：一要会选择和使用 EDA 工具；二要清楚地知道用 EDA 工具设计电子系统的流程。虽然不同公司的 EDA 软件有不同的使用方法，但用这些 EDA 工具设计电子系统的基本流程却是一样的，如图 2-4 所示。下面对该流程做一个简略的介绍。

图 2-4 所示是一个采用自上而下设计方法的流程。为了控制设计复杂性和规范设计文档，通常采用硬件描述语言(High Speed IC Hardware Description language，HDL)来描述系统的行为与结构，并且在部件级或子系统级以上同时伴以方块图来描述系统结构。当系

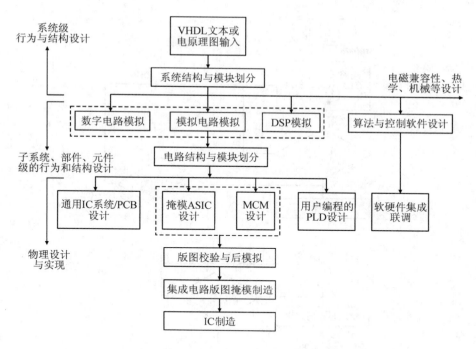

图 2-4　EDA 工具设计电子系统的基本流程

统级的模拟验证(这部分未画出)通过后,就可进行子系统级以下的设计了。这时根据子系统、部件的类型需要选择不同的设计工具,有数字电路模拟软件、模拟电路模拟软件、DSP模拟软件以及软件设计工具可供选择。经过模拟验证后的各个子系统电路,在进入物理设计与实现之前,首先按其实现的物理类型将电路的组成模块做一个划分,每个模块选择一种最合适的实现方式。例如,用通用集成电路和印刷电路板实现;用掩模 ASIC 实现(即在硅片上制作专用集成电路);MCM(Multichip Module—多芯片模块)是用多片未封装的硅电路片,在陶瓷片上经二次集成后的模块;采用用户编程的可编程逻辑器件(PLD)实现等。最后一种实现方法可在实验室条件下制作各种 ASIC,适合于小批量的样机试制。选择何种实现方法,是由系统设计目标决定的,涉及性能、价格和上市时间等多方面的因素,属于一种多目标优化的工程问题。一个完整的电子系统设计,除了电路和软件的设计外,还要做电磁兼容性(EMC)、热学、机械等方面的设计,也要有相应的工具与专业人员去完成这些工作。

当前电子系统设计的自动化在数字领域中发展很快,如果想得到设计周期短、投入少、风险小的实现方案,可选择 PLD 器件来实现数字系统。

数字系统设计流程图如图 2-5 所示,具体介绍如下:

1. 电路设计与输入

电路设计与输入是指通过某些规范的描述方式,将设计者的电路构思输入给 EDA 工具。常用的设计输入方法有硬件描述语言(HDL)设计输入法和原理图设计输入法等。原理图设计输入法在早期应用比较广泛,它根据设计需求,选用器件,绘制原理图,完成输入过程。这种方法的优点是直观,便于理解,元器件库资源丰富。但是在大型设计中,这种方法的可维护性较差,不利于模块构造与重用。例如当所选用芯片更新换代后,所有的原理图都要做相应的改动。

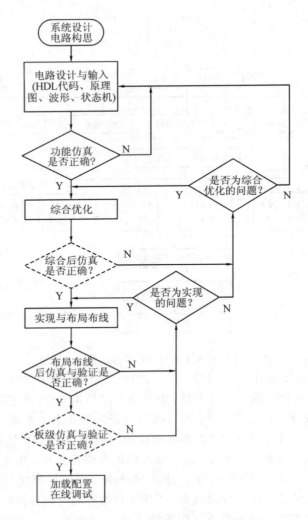

图 2-5　数字系统设计流程图

目前进行大型工程设计时，最常用的设计方法是 HDL 设计输入法，其中影响最为广泛的 HDL 语言是 VHDL 和 Verilog HDL。它们的共同特点是利于自上而下设计和模块的划分与复用，可移植性与通用性好，设计时不会因芯片工艺与结构的不同而变化，更利于向 ASIC 移植。

波形输入和状态机输入是两种常用的辅助设计输入方法。使用波形输入法时，只要绘制出激励波形和输出波形，EDA 软件就能自动地根据响应关系进行设计；使用状态机输入法时，设计者只需画出状态转移图，EDA 软件就能生成相应的 HDL 代码或者原理图，使用十分方便。但是需要指出的是，波形输入法和状态机输入法只能在某些特殊情况下减轻设计者的工作量，并不适合所有的设计。

2. 功能仿真

电路设计完成后，要用专用的仿真工具对设计的电路进行功能仿真，验证电路功能是否符合设计要求。不考虑信号延时等因素的仿真称为功能仿真，有时也被称为前仿真。

3. 综合优化

综合优化(Synthesize)是指将 HDL 语言、原理图等设计输入翻译成由与门、或门、非门、RAM、触发器等基本逻辑单元组成的逻辑连接(网表)，并根据目标与要求(约束条件)优化所生成的逻辑连接，输出 edf 和 edn 等标准格式的网表文件，供 FPGA/CPLD 厂家的布局布线器进行实现。

软件程序编译器和硬件综合器是有本质区别的。如图 2-6 所示为软件程序编译器和硬件综合器的比较，软件程序编译器是将 C 语言或汇编语言等编写的程序编译为二进制代码，而硬件综合器则是将用硬件描述语言编写的程序代码转化为具体的电路结构网表。

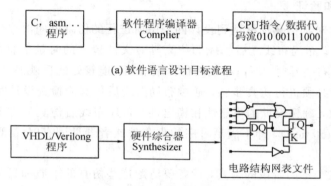

(a) 软件语言设计目标流程

(b) 硬件语言设计目标流程

图 2-6　软件程序编译器和硬件综合器的比较

4. 综合后仿真

综合优化完成后需要检查综合结果是否与原设计一致，即进行综合后仿真。在进行综合后仿真时，把综合生成的标准延时文件反标注到综合仿真模型中，可估计门延时带来的影响。综合后仿真虽然比功能仿真精确一些，但是只能估计门延时，而不能估计线延时，而且仿真结果与布线后的实际情况还有一定的差距，并不十分准确。这种仿真的主要目的在于检查综合器的综合结果是否与设计输入一致。目前主流综合工具日益成熟，对于一般性设计，如果设计者确信自己表述明确，没有综合歧义发生，则可以省略综合后仿真步骤。但是如果在布局布线后仿真时发现电路结构与设计意图不符，则常常需要回溯到综合后仿真以确认是否是由于综合歧义造成的。

5. 实现与布局布线

综合结果的本质是一些由与门、或门、非门、触发器、RAM 等基本逻辑单元组成的逻辑网表，它与芯片实际的配置情况还有较大差距。此时应该使用 FPGA/CPLD 厂商提供的软件工具，根据所选芯片的型号将综合输出的逻辑网表适配到具体的 FPGA/CPLD 器件上，这个过程就叫做实现过程。因为只有器件开发商最了解器件的内部结构，所以实现步骤必须选用器件开发商提供的工具。在实现过程中最主要的过程是布局布线(Place And Route，PAR)。所谓布局(Place)，是指将逻辑网表中的硬件元件或者底层单元合理地配置到FPGA内部的固有硬件结构上，布局的优劣对设计的最终实现结果(在速度和面积两个方面)影响较大；所谓布线(Route)，是指根据布局的拓扑结构，利用 FPGA 内部的各种连线合理、正确连接各个元件的过程。FPGA 的结构相对复杂，为了获得更好的实现结果，特别是保证能够满足设计的时序条件，一般采用时序驱动的引擎进行布局布线，所以对于不同的设计输入，特别是不同的时序约束，获得的布局布线结果一般有较大的差异。CPLD 结构相对简单得多，其资源有限而且布线资源一般为交叉连接矩阵，故 CPLD 的布局布线过程相对简单、明了得多，这一过程一般被称为适配过程。一般情况下，用户可以通过设置参数指定布局布线的优化准则，总的来说优化目标主要有面积和速度两个方面。一般根据设计的主要矛盾，选择面积或速度，或者平衡两者等为优化目标。但是当两者优化目标冲突时，一般满足时序约束要求要更重要一些，此时选择速度优化目标效果更佳。

6. 时序仿真和验证

将布局布线的时延信息反标注到设计网表中所进行的仿真就叫时序仿真或布局布线后仿真，简称后仿真。布局布线之后生成的仿真延时文件包含的时延信息最全，不仅包含门延时，还包括实际布线延时，所以布线后仿真最准确，能较好地反映芯片的实际工作情况。一般来说，布线后必须进行仿真步骤，通过布局布线后仿真能检查设计时序与 FPGA 实际运行情况是否一致，确保设计的可靠性和稳定性。布局布线后仿真的主要目的在于发现时序违规(Timing Violation)，即不满足时序约束条件或者器件固有时序规则(建立时间、保持时间等)的情况。

到此介绍了三个不同阶段的仿真，读者要清楚这些仿真的本质和目的。功能仿真的主要目的在于验证语言设计的电路结构和功能是否和设计意图相符；综合后仿真的主要目的在于验证综合优化后的电路结构是否与设计意图相符，是否存在歧义综合结果；布局布线后仿真(时序仿真)的主要目的在于验证是否存在时序违规。这些不同阶段、不同层次的仿真配合使用，能够更好地确保设计的正确性，明确定位问题，节约调试时间。

有时为了保证设计的可靠性，在时序仿真后还要做一些验证。验证的手段比较丰富，可以用 Quartus II 内嵌时序分析工具完成静态时序分析(Static Timing Analyzer，STA)，也可以用第三方验证工具(如 Synopsys 的 Formality 验证工具、PrimeTime 静态时序分析工具等)完成静态时序分析，还可以用 Quartus II 内嵌的 Chip Editor 分析芯片内部的连接与配置情况。

7. 板级仿真与验证

在有些高速电路设计情况下还需要使用第三方的板级验证工具进行仿真与验证，用来分析高速电路设计的信号完整性、电磁干扰(EMI)等电路特性。

8. 调试与加载配置

设计开发的最后一步就是在线调试或者将生成的配置文件写入芯片中进行测试。把适配后生成的编程文件装入 PLD 器件中的过程称为下载。通常将对基于 EEPROM 工艺的非易失结构 CPLD 器件的下载称为编程，而将基于 SRAM 工艺结构的 FPGA 器件的下载称为配置。编程需要满足一定的条件，如编程电压、编程时序和编程算法等。有两种常用的编程方式：在系统编程(In-System Programmable，ISP)和使用专用的编程器编程。现在的 PLD 器件一般都支持在系统编程，因此在设计数字电路系统和做 PCB 时，应预留器件的下载接口。

习　题　2

1. 谈谈自己对 EDA 技术的认识。
2. 现代 EDA 技术的特点有哪些？
3. EDA 技术的发展方向有哪些？
4. 结合自己的使用情况谈谈对 EDA 工具的认识。
5. EDA 的设计流程有哪些？
6. 前仿真和后仿真的区别是什么？
7. 综合优化的含义是什么？
8. 硬件综合器和软件编译器的差异在哪里？
9. 电路设计源文件采用的输入方式有哪些？

第 3 章　可编程逻辑器件

3.1　概　　述

可编程逻辑器件(Programmable Logic Device，PLD)是用户可自行定义其逻辑功能的一种专用集成电路(ASIC)，近年来发展十分迅速，已在国内外的计算机硬件、通信网络、工业控制、智能仪表、数字视听设备、家用电器等领域得到了广泛的应用。

可编程逻辑器件是一种数字集成电路的半成品，在它的芯片上按照一定的排列方式集成了大量的门电路和触发器等基本逻辑元件。使用者可以利用某种开发工具对它进行加工，相当于把片内的元件连接起来，使它完成某个逻辑电路或系统功能，成为一个可以在实际电子系统中使用的专用集成电路。

3.1.1　可编程逻辑器件的发展简史

可编程逻辑器件是 20 世纪 70 年代发展起来的一种新型逻辑器件，它是大规模集成电路技术的飞速发展与计算机辅助设计(CAD)、计算机辅助生产(CAM)和计算机辅助测试(CAT)相结合的一种产物，是现代数字电子系统向着超高集成度、超低功耗、超小型封装和专用化方向发展的重要基础。

综观可编程逻辑器件的发展情况，大体可以分为六个发展阶段。

(1) 20 世纪 70 年代初，熔丝编程的可编程只读存储器(PROM)和可编程逻辑阵列(PLA)是最早的可编程逻辑器件。

(2) 20 世纪 70 年代末，AMD 公司对 PLA 器件进行了改进，推出了可编程阵列逻辑(PAL)。

(3) 20 世纪 80 年代初，Lattice 公司发明了电可擦写的、比 PAL 器件使用更灵活的通用可编程阵列逻辑(GAL)。

(4) 20 世纪 80 年代中期，Xilinx 公司提出了现场可编程的概念，同时生产出了世界上第一个现场可编程逻辑阵列(FPGA)。

(5) 20 世纪 80 年代末，Lattice 公司又提出了在系统可编程的概念，即 ISP 技术，并且推出了一系列具备系统可编程能力的复杂可编程逻辑器件(CPLD)。

(6) 进入 20 世纪 90 年代以后，集成电路技术进入到飞速发展的时期，并且出现了内嵌了复杂功能块(如加法器、乘法器、RAM、PLL、CPU 核、DSP 核等)的超大规模器件——片上可编程系统(SOPC)。

3.1.2　可编程逻辑器件的分类

1. 按集成度分类

集成度是 PLD 器件的一项重要指标，按集成度 PLD 可分为低密度 PLD（LDPLD）和高密度 PLD（HDPLD）。LDPLD 包括 PROM、PLA、PAL 和 GAL 这四类器件；HDPLD 主要包括 CPLD 和 FPGA 这两类器件，如表 3 - 1 所列。

表 3 - 1　PLD 器件按集成度分类

低密度 PLD（LDPLD）				高密度 PLD（HDPLD）	
PROM	PLA	PAL	GAL	CPLD	FPGA

（1）可编程只读存储器（Programmable Read-Only Memory，PROM）。PROM 采用熔丝工艺编程，只能写一次，不可以擦除或重写。随着技术的发展和应用需求，出现了一些可多次擦除使用的存储器件，如紫外线擦除可编程只读存储器（EPROM）和电擦写可编程只读存储器（EEPROM）。

（2）可编程逻辑阵列（PLA）。它是基于与一或阵列的一次性编程器件，由于器件内部的资源利用率低，PLA 现在基本已经被淘汰。

（3）可编程阵列逻辑（PAL）。它也是基于与一或阵列结构的器件，采用熔断丝工艺，一旦一次性编程后就不能再改写。

（4）通用可编程阵列逻辑（GAL）。GAL 器件和 PAL 器件相比，增加了一个可编程的输出逻辑宏单元，在实际应用中，由于 GAL 器件对 PAL 器件具有 100％ 的兼容性，所以 GAL 器件几乎完全代替了 PAL 器件。

（5）复杂可编程逻辑器件（Complex Programmable Logic Device，CPLD）。CPLD 是在 PAL、GAL 的基础上发展起来的，一般采用 E^2COMS 工艺，也有少数厂商采用 Flash 工艺，其基本结构由可编程 I/O 单元、基本逻辑单元、布线池和其他辅助功能模块构成。CPLD 可实现的逻辑功能相比 PAL、GAL 有了大幅度地提升，一般可以完成电子系统设计中较复杂且较高速度的逻辑功能，如接口转换、总线控制等。

（6）现场可编程逻辑阵列（Filed Programmable Gate Array，FPGA）。FPGA 是在 CPLD 的基础上发展起来的新型高性能可编程逻辑器件，它一般采用 SRAM 工艺，也有一些专用器件采用 Flash 工艺或反熔丝（Anti-Fuse）工艺等。FPGA 的集成度很高，其器件密度从数万系统门到数千万系统门不等，可以完成极其复杂的时序与组合逻辑电路功能，适用于高速、高密度的高端数字逻辑电路设计领域。FPGA 由可编程输入/输出单元、基本可编程逻辑单元、嵌入式块 RAM、丰富的布线资源、底层嵌入功能单元、内嵌专用硬核等组成。

2. 按器件结构分类

目前常用的可编程逻辑器件都是从与一或阵列和门阵列两类基本结构发展起来的，所以又可从结构上将其分为以下两大类。

（1）乘积项结构器件。其基本结构为与一或阵列，大部分简单的 PLD 和 CPLD 都属于这个范畴。

（2）查找表结构器件。其基本结构类似于门阵列，先由简单的查找表组成可编程逻辑门，然后再构成阵列形式。大多数 FPGA 属于此类器件。

3. 按编程特点分类

所有的 CPLD 器件和 FPGA 器件均采用了 CMOS 技术，但它们在编程工艺上却有很大的区别。按照编程工艺划分，可编程逻辑器件又可分为以下六种类型。

（1）熔丝（Fuse）型器件。早期的 PROM 器件就是采用熔丝结构，根据设计的熔丝图文件来烧断对应的熔丝，达到编程的目的。

（2）反熔丝（Antifuse）型器件。反熔丝是对熔丝技术的改进，在编程处通过击穿漏层使得两点之间获得导通，与熔丝烧断获得开路正好相反。

无论是熔丝还是反熔丝结构，都只能编程一次，编程后不能修改。

（3）UEPROM 型器件，即紫外线擦除/电可编程器件。它是用较高的编程电压进行编程，当需要再次编程时，可用紫外线进行擦除。它可进行多次编程。

（4）EEPROM 型器件，即电可擦写编程器件。目前多数的 CPLD 采用此类编程方式，它是对 EPROM 编程方式的改进，用电擦除取代了紫外线擦除，提高了使用的方便性。

（5）Flash 型器件。采用 Flash 工艺的 FPGA 器件，可以实现多次编程，同时掉电后不需要重新配置。

（6）SRAM 型器件，即采用 SRAM 查找表结构的器件，大多数 FPGA 采用此类结构。

3.1.3　可编程逻辑器件的发展趋势

可编程逻辑器件作为一种行业，目前已经具有相当的规模，其市场份额的增长主要来自大容量的 CPLD 和 FPGA。可编程逻辑器件是当今世界上最富吸引力的半导体器件，在现代电子系统设计中扮演着越来越重要的角色，其未来的发展将呈现以下几个方面的趋势：

（1）向高密度、高速度、宽频带、高保密方向进一步发展。

14 nm 制作工艺目前已用于 FPGA/CPLD 器件的制作（如 Stratix 10 器件采用 14 nm 三栅极工艺制作），FPGA 在性能、容量方面取得的进步非常显著。在高速收发器方面，FPGA 也已取得显著进步，可解决视频、音频及数据处理的 I/O 带宽问题，这正是 FPGA 优于其他解决方案之处。

（2）向低电压、低功耗、低成本、低价格的方向发展。

功耗已成为电子系统设计开发中最重要的考虑因素之一，并影响着最终产品的体积、质量和效率。FPGA/CPLD 器件的内核电压呈不断降低的趋势，经历了 5 V→3.3 V→2.5 V→1.8 V→1.2 V→1.0 V 的演变，未来还会更低。工作电压的降低使得芯片的功耗显著减小，使 FPGA/CPLD 器件适用于便携、低功耗应用场合，如移动通信设备、个人数字助理等。

（3）向 IP 软核/硬核复用、系统集成的方向发展。

FPGA 平台已经广泛嵌入了 RAM/ROM、FIFO 等存储器模块，以及 DSP 模块和硬件乘法器等，可实现快速的乘、累加操作，同时越来越多的 FPGA 集成了硬核 CPU 子系统（ARM/MIPS/MCU）及其他软/硬核 IP，正向着系统集成的方向快速发展。

（4）向模数混合可编程方向发展。

迄今为止，PLD 的开发和应用的大部分工作都集中在数字逻辑电路上，模拟电路及数模混合电路的可编程技术在未来将得到进一步发展，比如 MAX10 中的集成模拟模块和ADC 及温度传感器等这样的芯片将来会更多。

（5）FPGA/CPLD 器件将在物联网、人工智能、云计算、网络通信、图像处理、机器人等领域大显身手。

在云计算领域，已经有众多研究和产业证明了 FPGA 技术可以有效提高各种云端负载的处理性能，同时还可以降低功耗。微软公司于 2014 年率先公布了运用 FPGA 将搜索引擎Bing 的性能提升一倍的成功案例，这被认为是 FPGA 技术进入云计算领域的一个里程碑事件。随后，亚马逊公司于 2016 年末在其 EC2 云计算平台中首次加入了 FPGA 实例，不久后，百度云、阿里云、腾讯云、华为云也都迅速上线了云端 FPGA 实例并开启公测。在云端FPGA 起步后的短短一年多时间里，各大互联网厂商已经在人工智能、基因测序、图像处理、视频转码、大数据分析、数据库等关键领域取得了令人瞩目的应用效果。

在边缘计算领域，FPGA 也同样应用广泛。边缘计算是随着物联网的普及而越来越受关注的一种计算形态，它在靠近物或数据源头的一侧就地提供计算、存储、网络等服务。通常，边缘计算在追求较高数据处理能力的同时，还要求处理器具备小型化、低功耗和灵活应对各种应用场景的能力。而近年来流行起来的 SoC FPGA，通过在单个芯片上集成 ARM硬核处理器和 FPGA，充分迎合了边缘计算的几点要求。至今，SoC FPGA 产品被广泛应用在智能摄像头、自动驾驶、无人机、摄像机、智能语言助手等家喻户晓的电子产品中。

3.2　可编程逻辑器件的基本结构

3.2.1　可编程逻辑器件（PLD）的基本结构

任何组合逻辑电路都可表示为其所有输入信号的最小项的和或者最大项的积的形式，而任何时序逻辑电路又都可以由组合电路和存储元件（触发器）构成。因此，从原理上说，与一或阵列加上触发器的结构就可以实现任意的数字逻辑电路。PLD 器件即采用这样的结构，再加上可以灵活配置的互连线，从而实现任意的逻辑功能。

图 3-1 中所示为 PLD 器件的基本结构框图，它由输入缓冲电路、与阵列、或阵列和输出缓冲电路等四部分组成。

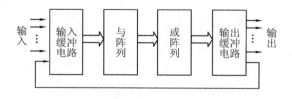

图 3-1　PLD 器件的基本结构框图

所谓的可编程，是指改变与阵列和或阵列内部连线的编程方式。电路可以通过软件编程确定与阵列和或阵列内部的硬件电路的连接。

各个 PLD 可编程的部位如表 3-2 所列。

表 3-2　PLD 可编程部位

器件名	与阵列	或阵列	输出电路
PROM	固定	可编程	固定
PLA	可编程	可编程	固定
PAL	可编程	固定	固定
GAL	可编程	固定	可组态

CPLD 是由 GAL 发展起来的,其主体仍是与—或阵列,并以可编程逻辑宏单元为基础,可编程连线集中在一个全局布线区。

随着器件规模的增大,设计人员又开发出另外一种可编程逻辑结构,即查找表(Look Up Table,LUT)结构,目前绝大多数 FPGA 器件都采用查找表结构。

FPGA 是以基本门单元为基础,构成门单元阵列,可编程的连线分布在门单元与门单元之间的布线区。下面重点介绍 FPGA 和 CPLD 的基本内部结构。

3.2.2　FPGA 的基本结构

FPGA 内部结构是基于查找表(Look-Up-Table)的结构,查找表本质上就是一个 RAM。目前 FPGA 中多使用 4 输入的 LUT,因此可把每一个 LUT 看成一个有 4 位地址线的 16×1 的 RAM。当用户通过原理图或 HDL 语言描述了一个逻辑电路后,FPGA 开发软件会自动计算逻辑电路的所有可能的结果,并把结果事先写入 RAM,这样,每输入一个信号进行逻辑运算就等于输入一个地址进行查表,找出地址对应的内容,然后输出即可。表 3-3 列出了 4 输入与门的 LUT 结构。

表 3-3　4 输入与门的 LUT 结构

LUT 的实现方式		实际逻辑电路	
地址值	存储单元的内容	a, b, c, d 输入值	逻辑输出值
0000	0	0000	0
0001	0	0001	0
⋮	0	⋮	0
1111	1	1111	1

简化的 FPGA 基本由六个部分组成，分别为可编程 I/O 单元、基本可编程逻辑单元、嵌入式块 RAM、丰富的布线资源、底层嵌入功能单元和内嵌专用硬核等，如图 3-2 所示。

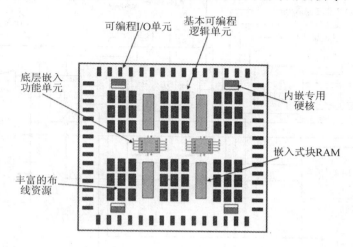

图 3-2　FPGA 的基本组成

1. 可编程 I/O 单元

I/O 单元是芯片与外部电路的接口部分，完成不同电气特性下对 I/O 信号的驱动与匹配需求。为了使 FPGA 有更灵活的应用，目前大多数 FPGA 的 I/O 单元被设计为可编程模式，即通过软件的灵活配置，适配不同的电气标准与 I/O 物理特性，以及调整匹配阻抗特性及上、下拉电阻和输出驱动电流的大小等。

可编程 I/O 单元支持的电气标准因工艺而异，不同器件商和不同器件族的 FPGA 支持的 I/O 标准也不同，常见的电气标准有 LVTTL、LVCMOS、SSTL、HSTL、LVDS、LVPECL 和 PCI 等。

2. 基本可编程逻辑单元

基本可编程逻辑单元是可编程逻辑的主体，可以根据设计要求灵活地改变其内部连接与配置，完成不同的逻辑功能。FPGA 一般基于 SRAM 工艺，其基本可编程逻辑单元几乎都是由查找表（LUT）和寄存器（Register）组成的。

一般来说，比较经典的基本可编程单元的配置是一个寄存器加一个查找表，但是不同厂商的寄存器和查找表的内部结构有一定的差异，而且寄存器和查找表的组合模式也不同。例如，Intel（Altera）的可编程逻辑单元通常被称为逻辑单元（Logic Element，LE），如图 3-3 所示为 Cyclone 器件逻辑单元（LE）的内部结构，LE 主要由一个 4 输入查找表 LUT、进位链和一个可编程的寄存器构成。4 输入 LUT 可以完成任意的 4 输入、1 输出的组合逻辑功能；进位链带有进位选择，能够灵活地构成 1 位加法或减法逻辑，并可以切换。每一个 LE 的输出都可以连接局部布线、行列、LUT 链、寄存器链等布线资源。Intel（Altera）的大多数 FPGA 将 10 个以上的 LE 有机地组合起来，构成更大功能单元——逻辑阵列模块（Logic Array Block，LAB）。如图 3-4 所示为 LAB 的内部结构，LAB 中除了 LE，还包含 LE 间的进位链、LAB 控制信号、局部互联线资源、LUT 级联链、寄存器级联链等连线与控制资源。

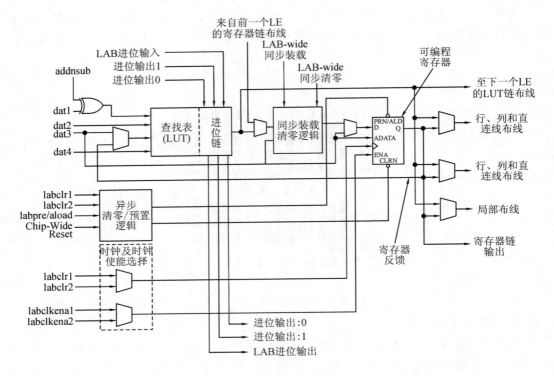

图 3 - 3　Cyclone LE 结构图

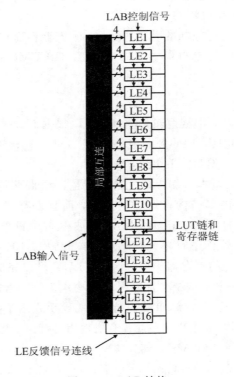

图 3 - 4　LAB 结构

　　Xilinx 可编程逻辑单元也称为 Slice，它是由上下两个部分构成的，每个部分都由一个 Register 加一个 LUT 组成，被称为逻辑单元（Logic Cell，LC）。两个 LC 之间有一些共用逻辑，可以完成 LC 之间的配合与级联。Lattice 的底层逻辑单元叫可编程功能单元（Programmable Function Unit，PFU），它由 8 个 LUT 和 8～9 个 Register 构成。当然这些可编程单元的配置结构随着器件的发展也在不断更新，最新的可编程逻辑器件常常根据设计需求推出一些新的 LUT 和 Register 的配置比率，并优化其内部的连接构造。

　　学习底层配置单元的 LUT 和 Register 配置比率的一个重要意义在于器件选型和规模估算。很多器件手册上用器件的 ASIC 门数或等效的系统门数表示器件的规模。但是由于目前 FPGA 内部除了基本可编程逻辑单元外，还包含有丰富的嵌入式 RAM、PLL 或 DLL，专用 Hard IP Core（硬知识产权功能核）等。这些功能模块也会等效出一定规模的系统门，所以用系统门权衡基本可编程逻辑单元的数量是不准确的，常常迷惑设计者。比较简单科学的方法是用器件的 Register 或 LUT 的数量权衡（一般来说两者比率为 1∶1）。例如，Xilinx 的 Spartan-Ⅲ系列的 XC3S1000 有 15 360 个 LUT，而 Lattice 的 CE 系列 LFEC15E 也有 15 360 个 LUT，所以这两款 FPGA 的可编程逻辑单元数量基本相当，属于同一规模的产品。同样道理，Intel（Altera）的 Cyclone 器件族的 EP1C12 的 LUT 数量是 12 060 个，就比前面提到的两款 FPGA 规模略小。需要说明的是，器件选型是一个综合性问题，需要将设计的需求、成本压力、规模、速度等级、时钟资源、I/O 特性、封装、专用功能模块等诸多因素综合考虑。

3. 嵌入式块 RAM

　　目前大多数 FPGA 都有内嵌的块 RAM（Block RAM）。FPGA 内部嵌入可编程 RAM 模块大大地拓展了 FPGA 的应用范围和使用灵活性。FPGA 内嵌的块 RAM 一般可以灵活配置为端口 RAM（Single Port RAM，SPRAM）、双端口 RAM（Double Ports RAM，DPRAM）、双伪端口 RAM（Pseudo DPRAM）、CAM（Content Addressable Memory）、FIFO（Fist In First Out）等常用存储结构。RAM 的概念和功能在此不再冗述。FPGA 中其实并没有专用的 ROM 硬件资源，实现 ROM 的思路是对 RAM 赋予初值，并保持该初值。

　　所谓 CAM，即内容地址存储器。CAM 这种存储器在其每个存储单元都包含了一个内嵌的比较逻辑，写入 CAM 的数据会和其内部存储的每一个数据进行比较，并返回与端口数据相同的所有内部数据的地址。概括地讲，RAM 是一种根据地址读、写数据的存储单元；而 CAM 和 RAM 恰恰相反，它返回的是与端口数据相匹配的内部地址。CAM 的应用非常广泛，比如在路由器的地址交换表中等。FIFO 是“先进先出队列”式存储结构。FPGA 内部实现 RAM、ROM、CAM、FIFO 等存储结构都可以基于嵌入式块 RAM 单元，并根据需求自动生成相应的黏合逻辑（Glue Logic）以完成地址和片选等控制逻辑。

　　不同器件商或不同器件族的内嵌块 RAM 的结构不同：Xilinx 常见的块 RAM 大小有 4 KB 和 18 KB 两种结构；Lattice 常用的块 RAM 大小是 9 KB；Intel（Altera）的块 RAM 最为灵活，一些高端器件内部同时含有 3 种块 RAM 结构，分别是 M512 RAM（512 KB）、M4K RAM（4 KB）和 M-RAM（512 KB）。

　　需要补充一点的是，除了块 RAM，Xilinx 和 Lattice 的 FPGA 还可以灵活地将 LUT 配置成 RAM、ROM、FIFO 等存储结构，这种技术被称为分布式 RAM（Distributed RAM）。根据设计需求，块 RAM 的数量和配置方式也是器件选择的一个重要标准。

4. 丰富的布线资源

布线资源连通 FPGA 内部所有单元，连线的长度和工艺决定着信号在连线上的驱动能力和传输速度。FPGA 内部有着非常丰富的布线资源，这些布线资源根据工艺、长度、宽度和分布位置的不同而被划分为不同的等级，有一些是全局性的专用布线资源，用以完成器件内部的全局时钟和全局复位/置位的布线；一些叫做长线资源，用以完成器件 Bank(分区)间的一些高速信号和一些第二全局时钟信号(有时被称为 Low Skew 信号)的布线；还有一些叫做短线资源，用以完成基本逻辑单元之间的逻辑互连与布线；另外，在基本逻辑单元内部还有着各式各样的布线资源和专用时钟、复位等控制信号线。

实现过程中，设计者一般不需要直接选择布线资源，而是由布局布线器自动根据输入的逻辑网表的拓扑结构和约束条件选择可用的布线资源连通所用的底层单元模块，所以设计者常常忽略布线资源。其实布线资源的优化与使用和设计的实现结果(包含速度和面积两个方面)有直接关系。

5. 底层嵌入功能单元

底层嵌入功能单元的概念比较笼统，这里指的是那些通用程度较高的嵌入式功能模块，比如 PLL(Phase Locked Loop)、DLL(Delay Locked Loop)、DSP、CPU 等。随着 FPGA的发展，这些模块被越来越多地嵌入到 FPGA 内部，以满足不同场合的需求。

目前大多数 FPGA 厂商都在 FPGA 内部集成了 DLL 或者 PLL 硬件电路，用以完成时钟的高精度、低抖动的倍频、分频、占空比调整、相移等功能。目前，高端 FPGA 产品集成的 DLL 和 PLL 资源越来越丰富，功能越来越复杂，精度也越来越高(一般在 ps 的数量级)。Intel(Altera)芯片集成的是 PLL，Xilinx 芯片主要集成的是 DLL，Lattice 的新型 FPGA同时集成了 PLL 与 DLL 以适应不同的需求。Intel(Altera)芯片的 PLL 模块分为增强型 PLL(Enhanced PLL)和快速 PLL(Fast PLL)。Xilinx 芯片 DLL 的模块名称为 CLKDLL，在高端 FPGA 中，CLKDLL 的增强型模块为 DCM(Digital Clock Manager，数字时钟管理)模块。这些时钟模块的生成和配置方法一般分为两种：一种方法是在 HDL 代码和原理图中直接实例化；另一种方法是在 IP 核生成器中配置相关参数，自动生成 IP。Intel(Altera)的 IP 核生成器被称为 Module/IP Manager。另外，可以通过在综合、实现步骤的约束文件中编写约束属性来完成对时钟模块的约束。

越来越多的高端 FPGA 产品将包含 DSP 或 CPU 等软件处理核，从而使 FPGA 由传统的硬件设计手段逐步过渡为系统级设计平台。例如：Intel(Altera)的 Stratix、Stratix GX、Stratix Ⅱ 等器件族内部集成了 DSP Core，这些器件族配合通用逻辑资源，还可以实现 ARM、MIPS、NIOS 等嵌入式处理器系统；Xilinx 的 Virtex Ⅱ 和 Virtex Ⅱ Pro 系列 FPGA 内部集成了 Power PC 450 的 CPU Core 和 MicroBlaze RISC 处理器 Core；Lattice 的 ECP 系列 FPGA 内部集成了系统 DSP Core 模块。这些 CPU 或 DSP 处理模块的硬件主要由一些加、乘、快速进位链、Pipelining 和 Mux 等结构组成，加上用逻辑资源和块 RAM 实现的软核部分，就组成了功能强大的软运算中心。这种 CPU 或 DSP 比较适合实现 FIR 滤波器、编码解码、FFT(快速傅里叶变换)等运算密集型应用。FPGA 内部嵌入 CPU 或 DSP 等处理器，使FPGA在一定程度上具备了实现软硬件联合系统的能力，FPGA 正逐步成为 SPOC(System On Programmable Chip)的高效设计平台。Intel(Altera)的系统级开发工具是

SOPC Builder 和 DSP Builder，通过这些平台用户可以方便地设计标准的 DSP 处理器（如 ARM、NIOS 等）、专用硬件结构与软硬件协同处理模块等。Xilinx 的系统级设计工具是 EDK 和 Platform Studio，Lattice 的嵌入式 DSP 开发工具是 Matlab 的 Simulink。

6. 内嵌专用硬核

这里的内嵌专用硬核与前面的底层嵌入单元是有区分的，不是所有 FPGA 器件都包含硬核（Hard Core）。这里讲的内嵌专用硬核主要是指那些通用性相对较弱、功能固定的电路模块。我们称 FPGA 和 CPLD 为通用逻辑器件，是区分于专用集成电路（ASIC）而言的。其实 FPGA 在应用方面有两个阵营：一个是通用性较强，目标市场范围很广，价格适中的 FPGA；另一个是针对性较强，目标市场明确，价格较高的 FPGA。前者主要指低成本（Low Cost）FPGA，后者主要指某些高端通信市场的可编程逻辑器件。例如：Intel（Altera）的 Stratix GX 器件族内部就集成了 3.1875 Gb/s SERDES（串并收发单元）。

3.2.3　CPLD 的基本结构

CPLD 在工艺和结构上与 FPGA 有一定的区别。如前面介绍，FPGA 一般都采用 SRAM 工艺，其基本结构都是基于查找表和寄存器结构的。CPLD 一般都是基于乘积项结构的。CPLD 的结构相对比较简单，主要由可编程 I/O 单元、基本逻辑单元、布线池和布线矩阵以及其他辅助功能模块构成，如图 3-5 所示。

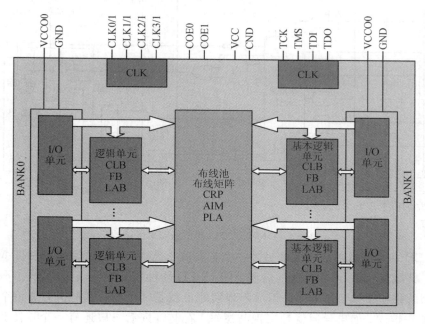

图 3-5　CPLD 的结构示意图

1. 可编程 I/O 单元

CPLD 的可编程 I/O 单元和 FPGA 的可编程 I/O 单元的功能一致，完成不同电气特性下对输入/输出信号的驱动与匹配。由于 CPLD 的应用范围局限性较大，所以其可编程 I/O 的性能和复杂度与 FPGA 相比有一定的差距。CPLD 的可编程 I/O 支持的 I/O 标准较少，频率也较低。

2. 基本逻辑单元

与 FPGA 相似，基本逻辑单元是 CPLD 的主体，通过不同的配置，CPLD 的基本逻辑单元可以完成不同类型的逻辑功能。需要强调的是，CPLD 的基本逻辑单元的结构与 FPGA相差较大。前面介绍过，FPGA 的基本逻辑单元通常是由 LUT 和 Register 按照 1：1 的比例组成的，而 CPLD 中没有 LUT 这种概念，其基本逻辑单元是一种被称为宏单元（Macro Cell，MC）的结构，如图 3-6 所示就是 MAX7000S 器件的宏单元结构。所谓宏单元，其本质是由一些与—或阵列加上触发器构成的，其中与—或阵列完成组合逻辑功能，触发器用以完成时序逻辑功能。器件规模一般用 MC 的数目表示，器件标称中的数字一般都包含有该器件的 MC 数量。CPLD 厂商通过将若干个 MC 连接起来完成相对复杂的一些逻辑功能。不同厂商的这种 MC 集合的名称不同：Intel（Altera）的 MAX7000、MAX3000 系列 EPLD将之称为逻辑阵列模块（LAB，Logic Array Block）；Lattice 的 LC4000、ispLSI5000、ispLSI2000 系列 CPLD 将之称为通用逻辑模块（Generic Logic Block，GLB）；Xilinx9500 和CoolRunner Ⅱ 将之称为功能模块（Function Block，FB），其功能一致，但结构略有不同。

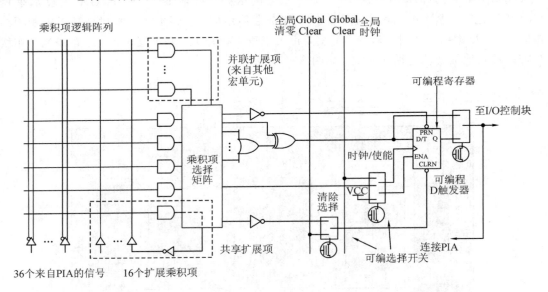

图 3-6　MAX7000S 器件的宏单元结构

与 CPLD 基本逻辑单元相关的另外一个重要概念是乘积项。所谓乘积项即 MC 中与阵列的输出，其数量代表了 CPLD 的容量，对 CPLD 的性能也有一定的影响，不同厂商的CPLD 定制的乘积项数目不同。乘积项阵列实际上就是一个与—或阵列，每一个交叉点都是一个可编程熔丝，如果导通就是实现与逻辑，在与阵列后一般还有一个或阵列，用以完成最小逻辑表达式中的或关系。与—或阵列配合工作，完成复杂的组合逻辑功能。MC 中的可编程触发器与 FPGA 内部的可编程触发器相似，一般也包含时钟、复位/置位配置功能，用以实现时序逻辑的寄存器或者锁存器等功能。

3. 布线池和布线矩阵

CPLD 的布线及连接方式与 FPGA 差异较大。前面讲过，FPGA 内部有不同速度、不同驱动能力的丰富布线资源，用以完成 FPGA 内部所有单元之间的互联互通。而 CPLD 的结构比较简单，其布线资源也相对有限，一般采用集中式分布线池结构。所谓布线池，其本质是一个开关矩阵，通过打通结点可以完成不同 MC 的输入与输出项之间的连接。Intel（Altera）的布线池叫做可编程互连阵列（Programmable Interconnect Array，PIA）；Lattice 的布线池被称为全局布线池（Global Routing Pool，GRP）；Xilinx9500 系列 CPLD 的布线池被称为高速互联与交叉矩阵（FastCONNECT Ⅱ Switch Matrix）；CoolRunner Ⅱ 系列 CPLD 则称之为先进的互联矩阵（Advanced Interconnect Matrix，AIM）。由于 CPLD 的器件内部互联资源比较缺乏，所以在某些情况下器件布线时会遇到一定的困难，Lattice 的 LC4000 系列器件在输出 I/O Bank 和功能模块 GLB 之间还添加了一层输出布线池（Output Routing Pool，ORP），在一定程度上提高了设计的布通率。

由于 CPLD 的布线池结构固定，所以 CPLD 的输入管脚到输出管脚的标准延时固定，被称为 Pin to Pin 延时，用 Tpd 表示。Pin to Pin 延时反映了 CPLD 器件可以实现的最高频率，也就清晰地标明了 CPLD 器件的速度等级。

4. 其他辅助功能模块

CPLD 中还有一些其他的辅助功能模块，如 JTAG（IEEE1532、IEEE1149.1）编程模块，以及一些全局时钟、全局使能、全局复位/置位单元等。

3.2.4　FPGA 和 CPLD 的异同

FPGA/CPLD 既继承了 ASIC 的大规模、高集成度、高可靠性的优点，又克服了普通 ASIC 设计周期长、投资大、灵活性差的缺点，逐步成为复杂数字硬件电路设计的理想首选。FPGA、CPLD 有以下几个特点：

（1）规模越来越大。随着 VLSI（Very Large Scale IC，超大规模集成电路）工艺的不断提高，单一芯片内部可以容纳上百万个晶体管，FPGA 芯片的规模也越来越大。单片逻辑门数已逾千万，如 Intel（Altera）Stratix Ⅱ 的 EP2S180 已经达到千万门的规模。芯片的规模越大所能实现的功能就越强，同时也更适于实现片上系统（SOC）。

（2）开发过程投资小。FPGA/CPLD 芯片在出厂前都做过严格的测试，而且 FPGA/CPLD 设计灵活，发现错误时可直接更改设计，减少了投资风险，节省了许多潜在的花费。所以不但许多复杂系统使用 FPGA 完成，甚至设计 ASIC 时也要把实现 FPGA 功能样机作为必需的步骤。

（3）FPGA/CPLD 一般可以反复地编程、擦除。在不改变外围电路的情况下，设计不同片内逻辑就能实现不同的电路功能。所以，用 FPGA/CPLD 试制功能样机，能以最快的速度占领市场。甚至在有些领域，因为相关标准协议发展太快，设计 ASIC 跟不上技术的更新速度，只能依靠 FPGA/CPLD 完成系统的研制与开发。

（4）FPGA/CPLD 开发工具智能化，功能强大。现在，FPGA/CPLD 开发工具种类繁多，智能化程度高，功能强大，应用各种工具可以完成从输入、综合、实现到配置芯片等一系列功能，还有很多工具可以完成对设计的仿真、优化、约束、在线调试等功能。这些工具易学易用，可以使设计者更能集中精力进行电路设计，快速将产品推向市场。

（5）新型 FPGA 内嵌 CPU 或 DSP 内核，支持软硬件协同设计，可以作为片上可编程系统(SOPC)的硬件平台。

(6) 新型 FPGA 内嵌高性能 ASIC 的 Hard Core。通过这些 Hard IP(知识产权)可以完成某些高速复杂设计(如 SPI4.2、PCI Express、Fibre-Channel 等通信领域成熟标准和接口等),提高系统的工作频率与效能,减轻设计者的任务量,规避了研发风险,加速了研发进程。

FPGA 与 CPLD 的区别及联系如表 3-4 所示。通过对照,可加深读者对 FPGA 和 CPLD 各自特点的整体把握。

表 3-4　FPGA 与 CPLD 的区别及联系

项　目	FPGA	CPLD	备　注
结构工艺	多为 LUT 加寄存器结构,实现工艺多为 SRAM,也包含 Flash、Anti-Fuse 等工艺	多为乘积项,工艺多为 EECMOS,也包含 EEPROM、Flash、Anti-Fuse 等不同工艺	
触发器数量	多	多	FPGA 更适合实现时序逻辑,CPLD 多用于实现组合逻辑
Pin to Pin 延时	不可预测	固定	对 FPGA 而言,时序约束和仿真非常重要
规模与逻辑复杂度	规模大,逻辑复杂度高,新型器件高达千万门级	规模小,逻辑复杂度低	FPGA 用以实现复杂设计,CPLD 用以实现简单设计
成本与价格	成本高,价格高	成本低,价格低	CPLD 用于实现低成本设计
编程与配置	一般包含两种:外挂 BootROM 和通过 CPU 或 DSP 等在线编程。多数基本属于 RAM 型,掉电后程序丢失	有两种编程方式,一种是通过编程器烧写 ROM,另一种较方便的方式是通过 ISP 模式。一般为 ROM 型,掉电后程序不丢失	FPGA 掉电后一般将丢失原有逻辑配置。而反熔丝工艺的 FPGA 的某些器件族和目前一些内嵌 Flash 或 EECMOS 的 FPGA 的 XP 器件族,可以实现非易失配置方式
保密性	一般保密性较差	好	一般 FPGA 不容易实现加密,但是目前一些采用 Flash 加 SRAM 工艺的新型器件(如 Lattice XP 系列等),在内部嵌入了加载 Flash,能提供更高的保密性
互联结构,连线资源	分布式,丰富的布线资源	集总式,相对布线资源有限	FPGA 布线灵活,但是时序更难规划,一般需要通过时序约束、静态时序分析、时序仿真等手段提高并验证时序性能
适用的设计类型	复杂的时序功能	简单的逻辑功能	

　　由于 FPGA 和 CPLD 在结构工艺、布局布线等方面的不同,对于实现同一个电路的内部结构也不同。图 3 - 7 所示的是一个由或门、非门、与门和 D 触发器构成的简单逻辑电路。

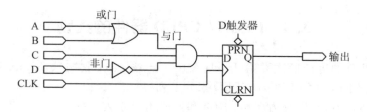

图 3 - 7　逻辑电路图

　　CPLD 是通过与一或阵列可编程的方式实现的,A、B、C、D 由 CPLD 芯片的引脚输入后进入可编程连线阵列(PIA),在内部产生 A、$\overline{A}$、B、$\overline{B}$、C、$\overline{C}$、D、$\overline{D}$ 这 8 个输出。图 3 - 8 所示的是组合逻辑部分的输出(即 AND3 的输出)在 CPLD 内部的实现方式,每一个叉表示相连(可编程熔丝导通),所以可得到 f=f1+f2=A * C * ! D+B * C * ! D。这样组合逻辑就实现了。在与门的输出电路中,D 触发器的实现比较简单,直接利用宏单元中的可编程 D 触发器即可。时钟信号 CLK 由 I/O 引脚输入后进入芯片内部的全局时钟专用通道,直接连接到可编程触发器的时钟端。可编程触发器的输出与 I/O 引脚相连,把结果输出到芯片引脚。这样,CPLD 就完成了以上电路的功能(这些步骤都是由软件自动完成的,不需要人为干预)。

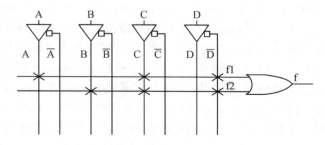

图 3 - 8　组合逻辑部分在 CPLD 内部实现方式

　　图 3 - 7 所示的逻辑电路是一个很简单的电路,只需要一个宏单元就可以完成,但对于一个复杂的电路,一个宏单元是不能实现的。这时就需要通过扩展项和共享扩展项将多个宏单元相连,宏单元的输出也可以连接到可编程连线阵列,再作为另一个宏单元的输入。这样,CPLD 就可以实现更复杂的逻辑功能。这种基于乘积项的 PLD 基本都是由 EEPROM 和 Flash 工艺制造的,一上电就可以工作,无需其他芯片配合。

　　而 FPGA 是基于查找表结构实现的。A、B、C、D 由 FPGA 芯片的引脚输入后进入可编程连线,然后作为地址线连到 LUT,LUT 中已经事先写入了所有可能的逻辑结果,通过地址查找到相应的数据然后输出,这样组合逻辑就实现了。该电路中 D 触发器是直接利用 LUT 后面的 D 触发器来实现的。时钟信号 CLK 由 I/O 引脚输入后进入芯片内部的时钟专用通道,直接连接到触发器的时钟端。触发器的输出与 I/O 引脚相连,把结果输出到芯片引脚。这样,FPGA 就完成了图 3 - 7 所示的逻辑电路功能。

尽管 FPGA 与 CPLD 在硬件结构上有一定的差异,但是对设计者而言,FPGA 和 CPLD 的设计流程是相似的,在使用 EDA 软件设计电路时方法也没有太大的差别。设计时,只需根据所选器件型号充分发挥器件的特性就可以了。

3.3　FPGA/CPLD 器件的类别

FPGA/CPLD 的生产商主要有 Intel(Altera 已被 Intel 收购)、Xilinx 和 Lattice 等几家,本节主要介绍 Intel 的 FPGA/CPLD 家族系列。

Intel 的 FPGA/CPLD 分为高端、中端和低成本等系列,每个系列又不断地更新换代,推陈出新。Intel 还与 TSMC(台积电)合作,在制作工艺上不断提升。

3.3.1　Stratix 高端 FPGA 系列

Stratix 高端 FPGA 系列从Ⅰ代、Ⅱ代发展到现在的 Stratix Ⅴ、Stratix 10 等,每一代的推出年份和采用的工艺技术如表 3-5 所列。

表 3-5　Stratix 系列每一代的推出年份和采用的工艺技术

器件系列	Stratix	Stratix Ⅱ	Stratix Ⅲ	Stratix Ⅳ	Stratix Ⅴ	Stratix 10
推出年份/年	2002	2004	2006	2008	2010	2013
采用的工艺技术/nm	130	90	65	40	28	14,三栅极

Stratix Ⅱ器件采用 1.2 V、90 nm 工艺制作,有 15 600~179 400 个等效 LE 和多达 9 Mb 的嵌入式 RAM。Stratix Ⅱ器件采用新的逻辑结构,和 Stratix 器件相比,性能平均提高了 50%,逻辑容量增加为原来的两倍,并支持 500 MHz 的内部时钟频率。

Stratix Ⅲ器件采用 65 nm 工艺制作,分为三个子系列:Stratix Ⅲ系列,主要用于标准型应用;Stratix Ⅲ L 系列,侧重 DSP 应用,包含大量乘法单元和 RAM 资源;Stratix Ⅲ GX 系列,集成高速串行收发模块。Stratix Ⅲ FPGA 最大容量达到 338 000 个逻辑单元,包含 9 Kb 分布式 RAM 和 144 Kb RAM 块,支持可调内核电压和自动功耗/速率调整。

Stratix Ⅳ采用 40 nm 工艺制作,芯片内集成了速度可达 11.3 Gb/s 的收发器,可以实现单片系统(SOC)。

Stratix Ⅴ FPGA 采用 TSMC(台积电)28 nm 高 K 金属栅极工艺制作,达到 119 万个逻辑单元或 14.3 兆个逻辑门;片内集成了 28.05 Gb/s 和 14.1 Gb/s 的高速收发器,1066 MHz 的 6×72 DDR3 存储器接口;能提供嵌入式 HardCopy 模块和集成内核,以及 PCI Express Gen3、Gen2、Gen1 硬核。

Stratix 10 FPGA 于 2013 年推出,采用了 Intel 14 nm 三栅极制造工艺,最高有 550 万个逻辑单元,并可集成 1.5 GHz 四核 64 位 ARM Cortex-A53 硬核处理器,能提供 144 个收发器,数据速率达到 30 Gb/s;支持 2666 Mb/s 的 DDR4,整体性能达到了新的高度。随后又推出了 Stratix 10 DX、Stratix 10 GX、Stratix 10 TX 等高性能 FPGA。

3.3.2　Arria 中端 FPGA 系列

Arria 是面向中端应用的 FPGA 系列,用于对成本和功耗敏感的收发器及嵌入式应用。

Arria 中端 FPGA 系列每一代的推出年份和采用的工艺技术如表 3 - 6 所列。

表 3 - 6 Arria 系列每一代的推出年份和采用的工艺技术

器件系列	Arria GX	Arria Ⅱ GX	Arria Ⅱ GZ	Arria Ⅴ GX、GT、SX	Arria Ⅴ GZ	Arria 10 GX、GT、SX
推出年份/年	2007	2009	2010	2011	2012	2013
采用的工艺技术/nm	90	40	40	28	28	20

Arria GX FPGA 系列于 2007 年推出，采用 90 nm 工艺。收发器速率为 3.125 Gb/s，支持 PCIE、以太网、Serial RapidIO 等多种协议。

Arria Ⅱ FPGA 基于 40 nm 工艺，其架构包括 ALM、DSP 模块和嵌入式 RAM，以及 PCIE 硬核。Arria Ⅱ 包括两个型号：Arria Ⅱ GX 和 Arria Ⅱ GZ，后者的功能更强。

Arria Ⅴ GX 和 GT FPGA 使用了 28 nm 低功耗工艺，实现了低静态功耗，还提供速率达 10.3125 Gb/s 的低功耗收发器，设计了具有硬核 IP 的优异架构，从而降低了动态功耗，还集成了 HPS（包括处理器、外设和存储器控制器）。

对于中端应用，Arria Ⅴ GZ FPGA 实现了单位带宽最低功耗，收发器速率达到 12.5 Gb/s；在 10 Gb/s 数据速率时，Arria Ⅴ GZ FPGA 每通道功耗不到 180 mW，在 12.5 Gb/s 时，每通道功耗不到 200 mW。

Arria 10 系列在性能上超越了前一代高端 FPGA，而功耗低于前一代中端 FPGA，重塑了中端器件。Arria 10 器件采用了 20 nm 工艺技术和高性能体系结构，其串行接口速率达到 28.05 Gb/s，其硬核浮点 DSP 模块速率可达到每秒 1500 吉次浮点运算（GFLOPS）。

3.3.3 Cyclone 低成本 FPGA 系列

Cyclone 低成本 FPGA 系列从 Ⅰ 代、Ⅱ 代、Ⅲ 代发展到 Cyclone Ⅳ、Cyclone Ⅴ、Cyclone 10，每一代的推出年份和采用的工艺技术如表 3 - 7 所列。

表 3 - 7 Cyclone 系列每一代的推出年份和采用的工艺技术

器件系列	Cyclone	Cyclone Ⅱ	Cyclone Ⅲ	Cyclone Ⅳ	Cyclone Ⅴ	Cyclone 10
推出年份/年	2002	2004	2007	2009	2011	2017
采用的工艺技术/nm	130	90	65	60	28	20

Cyclone Ⅱ 器件采用 90 nm 工艺制作；Cyclone 器件的工艺是 130 nm。Cyclone 和 Cyclone Ⅱ 器件目前已停产。

Cyclone Ⅲ 器件采用 65 nm 低功耗工艺制作，能提供丰富的逻辑、存储器和 DSP 功能。Cyclone Ⅲ FPGA 含有 5000～12 万逻辑单元和 288 个 DSP 乘法器，存储器容量大幅增加，每个 RAM 块增加到 9 Kb，最大容量达到 4 Mb，18 位乘法器的数量也达到 288 个。

Cyclone Ⅳ FPGA 器件有两种型号，均采用 60 nm 低功耗工艺。一种型号为 Cyclone Ⅳ GX，具有 150 000 个逻辑单元、6.5 Mb RAM 和 360 个乘法器，以及 8 个支持主流协议的 3.125 Gb/s 收发器，Cyclone Ⅳ GX 还为 PCI Express 提供硬核 IP，其封装大小只有

11 mm×11 mm，非常适合低成本场合应用。另一个型号是 Cyclone Ⅳ E 器件，不带收发器，但它的内核电压只有 1.0 V，比 Cyclone Ⅳ GX 具有更低的功耗。

　　Cyclone Ⅴ 器件在 2011 年推出，采用了 TSMC(台积电)的 28 nm 低功耗工艺制作，适合于低成本、低功耗应用，并提供集成收发器型号及具有基于 ARM 的硬核处理器系统(HPS)的型号，HPS 包括处理器、外设和存储器控制器。

　　Cyclone 10 FPGA 于 2017 年推出，Cyclone 10 分为 Cyclone 10 GX 和 Cyclone 10 LP 两个子系列。Cyclone 10 GX 支持 12.5 Gb/s 收发器、1.4 Gb/s LVDS 和最高 72 位宽、1.866 Mb/s DDR3 SDRAM 接口，逻辑容量为 85 000~220 000 个逻辑单元，性能已经接近中高端 FPGA 的水平，适合于对成本敏感的高带宽、高性能应用，比如工业视觉、机器人和车载娱乐多媒体系统等。Cyclone 10 LP 适合于不需要高速收发器的低功耗、低成本应用，逻辑容量为 6 000 到 120 000 个逻辑单元，和上一代产品比，静态功耗降低一半，成本也将大幅降低。

3.3.4　Intel 的 CPLD 系列

　　Intel 的 CPLD 器件均是基于非易失体系结构的，无须外挂配置器件。早期的 CPLD 器件，比如 MAX7000S、MAX3000A 等采用 EEPROM 工艺，集成度为 32~512 个宏单元，工作电压多为 5.0 V。2004 年后推出的 MAX Ⅱ、MAX Ⅴ、MAX 10 系列器件兼具 FPGA 和 CPLD 的双重优点，解决了非易失、单芯片、低成本、低功耗、高密度的芯片实现方案。Intel 的 CPLD 系列每一代的推出年份和采用的工艺技术如表 3-8 所列。

表 3-8　CPLD 系列每一代的推出年份和采用的工艺技术

器件系列	早期的 CPLD	MAX Ⅱ	MAX ⅡZ	MAX Ⅴ	MAX 10
推出年份/年	1995—2002	2004	2007	2010	2014
采用的工艺技术	0.50~0.30 μm	0.18 μm	180 nm	180 nm	55 nm

　　MAX Ⅱ 采用 0.18 μm Flash 工艺制作，基于查找表结构，采用行列布线，每个 MAX Ⅱ 器件都嵌入了 8 Kb 的 Flash 存储器，用户可以将配置数据集成到器件中，无须外挂配置器件。

　　MAX Ⅴ 器件采用 180 nm 工艺制作，可靠性高，功耗低，采用非易失体系结构。MAX Ⅴ 体系结构集成闪存、RAM、振荡器和锁相环等传统结构，绿色封装(20 mm²)，静态功耗低至 45 μW。

　　MAX 10 器件采用 TSMC 的 55 nm 嵌入式 NOR 闪存技术制造，于 2014 年推出，是一种具有创新性的低成本、单芯片、小封装非易失器件，使用单核或双核电压供电，其密度范围为 2000~5000 个逻辑单元，采用小圆晶片级封装(3 mm×3 mm)。MAX 10 集成功能包括模数转换器和双配置闪存，还支持 Nios Ⅱ 软核、DSP 模块和软核 DDR3 存储控制器等。MAX 10 器件的特点包括双配置闪存和用户闪存，具有 736 Kb 用户闪存代码存储功能，以及具有集成模拟模块和 ADC 及温度传感器。

3.4　FPGA/CPLD 的配置

　　Intel(Altera)编程器硬件包括 MasterBlaster、ByteBlasterMV、ByteBlaster Ⅱ、USB-

Blaster 和 Ethernet Blaster 下载电缆。MasterBlaster 电缆既可以用于串口也可以用于 USB 口；ByteBlasterMV 电缆用于并口；USB-Blaster 电缆用于 USB 口；Ethernet Blaster 电缆用于 Ethernet 网口；ByteBlaster Ⅱ 电缆用于并口。

目前更好的选择是采用 USB 接口的 USB-Blaster 下载电缆，它除了可以用做编程下载电缆外，还可以用做 SignalTap Ⅱ 逻辑分析仪的调试电缆，也可以作为 Nios Ⅱ 嵌入式处理器的调试电缆，如图 3 - 9 所示。

USB-Blaster 下载电缆（或 ByteBlasterMV、ByteBlaster Ⅱ）与 Intel（Altera）器件的接口一般是 10 芯的，其信号定义如表 3 - 9 所示。

图 3 - 9　USB-Blaster 下载电缆

表 3 - 9　下载电缆接口引脚信号定义

引脚	1	2	3	4	5	6	7	8	9	10
PS 模式	DCK	GND	CONF_DONE	VCC	nCONFIG	—	nSTATUS	—	DATA0	GND
JTAG 模式	TCK	GND	TDO	VCC	TMS	—	—	—	TDI	GND
AS 模式	DCK	GND	CONF_DONE	VCC	nCONFIG	nCE	DATAOUT	nCS	ASDI	GND

3.4.1　CPLD 的配置

CPLD 器件可采用 JTAG 编程方式，其编程文件为 POF 文件（.pof）。如图 3 - 10 所示为单个 MAX 器件的 JTAG 编程连接，图中的电阻均为上拉电阻。CPLD 为非易失器件，一旦编程后，其编程数据便会一直保存在芯片内。

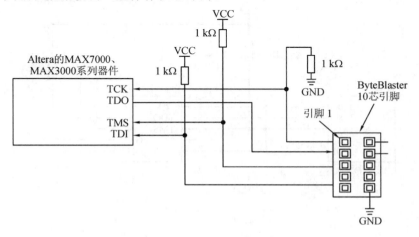

图 3 - 10　JTAG 编程连接图

3.4.2　FPGA 的配置

FPGA 器件是基于 SRAM 结构的，由于 SRAM 的易失性，每次加电时，配置数据都必须重新构造。

Intel(Altera)的 FPGA 器件主要有两类配置方式：主动配置方式和被动配置方式。主动配置方式由 FPGA 器件引导配置过程，它控制着外部存储器和初始化过程；被动配置方式是由外部计算机或控制器控制配置过程。

根据配置数据线的宽度，可将 FPGA 配置模式分为 JTAG、PS 和 AS 配置模式，如表 3－10 所示。

表 3－10　Cyclone 器件支持的配置模式

配置模式	特　　点	模式选择引脚设置
JTAG	使用下载电缆，或使用微处理器；可使用 SignalTap Ⅱ 嵌入式逻辑分析仪	MSEL1＝0，MSEL0＝1 或 0
PS(Passive Serial, 被动串行)	使用增强型 EPC 配置器件（EPC4，EPC8，EPC16），使用 EPC 配置器件（EPC1，EPC2）	MSEL1＝0，MSEL0＝1
AS(Active Serial, 主动串行)	使用串行配置器件（EPCS1，EPCS4，EPCS16，EPCS64）	MSEL1＝0，MSEL0＝0

1. JTAG 配置模式

JTAG 配置模式具有比其他配置模式更高的优先级，在 Cyclone 系列 FPGA 的非 JTAG 配置过程中，一旦发起 JTAG 配置命令，则非 JTAG 配置被终止，进入 JTAG 配置模式。

Cyclone 器件有 4 个专用的 JTAG 配置引脚：TDI、TDO、TMS 和 TCK。JTAG 配置模式电路如图 3－11 所示，在 FPGA 内部设有弱上拉电阻。TDI 引脚用于配置数据串行输入，数据在 TCK 的上升沿时输入 FPGA；TDO 用于配置数据串行输出，数据在 TCK 的下降沿时从 FPGA 输出；TMS 提供控制信号用于测试访问（TAP）端口控制器的状态机转移；TCK 则用于提供时钟。

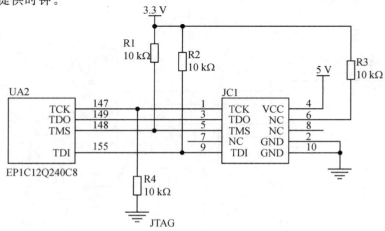

图 3－11　Cyclone 器件的 JTAG 配置模式电路

2. PS 配置模式

在 PS 配置模式中，由 EPC 配置器件或外部计算机(或微处理器)控制配置过程。EPC 配置器件将配置数据存放于 EPROM 中，并按照内部晶振产生的时钟频率将数据输出。如图 3-12 和图 3-13 所示分别为单个 EPC 器件配置 FPGA 的电路图和单片机 89C52 配置 FPGA 的电路图。

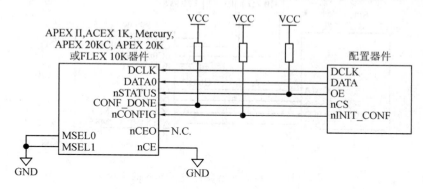

图 3-12 单个 EPC 器件配置 FPGA 的电路图

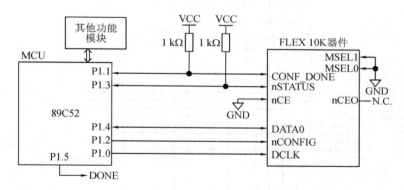

图 3-13 单片机 89C52 配置 FPGA 的电路图

3. AS 配置方式

当 Cyclone 系列 FPGA 的 MSEL[10] 为 00 时，即选择了 AS 配置模式。在 AS 配置模式中，必须使用一个串行 Flash 来储存 FPGA 的配置数据，以作为串行配置器件。串行配置器件是非易失性存储器，如 EPCS1、EPCS4、EPCS16、EPCS64 等，选用哪一种芯片由FPGA 的容量决定。表 3-11 所列为 EPCS 串行配置器件的基本性能，这些专用配置器件可以用 USB-Blaster 或 Byteblaster II 下载电缆在线改写，工作电压为 3.3 V。

表 3-11 EPCS 串行配置器件基本性能

型号	容量/MB	工作电压/V	是否可重复性编程	封装
EPCS1	1	3.3	可以	8 脚 SOIC
EPCS4	4	3.3	可以	8 脚 SOIC
EPCS16	16	3.3	可以	8 脚 SOIC
EPCS64	64	3.3	可以	8 脚 SOIC

如图 3-14 和图 3-15 所示分别为 AS 模式下配置器件 EPCS 与 EPCS4 和 FPGA 的连接图。带有编程接口的Cyclone器件的 AS 配置模式图,通过一个 10 针插头对 EPCS 器件进行编程。

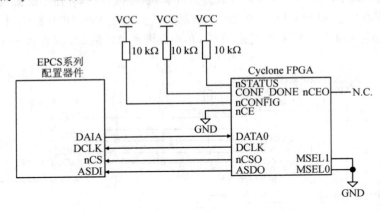

图 3-14　EPCS 配置器件和 FPGA 的连接图

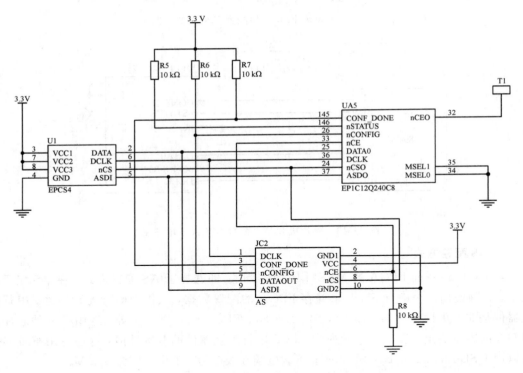

图 3-15　EPCS4 配置器件和 FPGA(EP1C12Q240C8)的连接图

3.5　SOPC 概述

SOPC(System On Programmable Chip)即可编程的片上系统,或者说是基于大规模 FPGA 的单片系统。SOPC 技术最早是由 Intel(Altera)公司提出来的,它是基于 FPGA 解决方案的片上系统(SOC)设计技术。它将处理器、I/O 口、存储器以及需要的功能模块集成到一片 FPGA 内，构成一个可编程的片上系统。SOPC 的设计技术是现代计算机辅助设计技术、EDA 技术和大规模集成电路技术高度发展的产物。SOPC 技术是将尽可能大且完整的电子系统，包括嵌入式处理器系统、接口系统、硬件协处理器或加速系统、DSP 系统、数字通信系统、存储电路以及普通数字系统等，在单一 FPGA 中嵌入实现。SOPC 技术大量采用 IP 核复用、软硬件协同设计、自上而下和自下而上混合设计的方法，同时可进行设计、调试和验证，使原本需要写上几千行 HDL 语言代码的功能模块通过嵌入 IP 核后，只需几十行 C 语言代码即可实现。因此，可以使得整个设计在规模、可靠性、体积、功耗、功能、性能指标、上市周期、开发成本、产品维护及其硬件升级等多方面实现最优化。

3.5.1　IP 核复用技术

IP(Intellectual Property)原意为知识产权、著作权，在 IC 设计领域是指实现某种功能的设计。IP 核（IP 模块）是指完成某种功能的虚拟电路模块又称为虚拟部件（Virtual Component，VC），它是以 HDL 语言描述的构成 VLSI 中各种功能单元的软件群。

IP 核分为软核、硬核及固核。

软核（Soft Core）定义为功能经过验证的、可综合的、实现后电路结构总门数在 5000 门以上的 HDL 模型。软核是指在寄存器级或门级对电路功能用 HDL 进行描述的设计模块，用户可修改，具有最大的灵活性，主要用于接口、算法、编码、译码和加密模块的设计。

硬核（Hard Core）是指以版图形式描述的设计模块。它基于一定的设计工艺，针对某一具体芯片，用户不能改动。常用硬核有存储器、模拟器件及接口。

固核（Firm Core）介于硬核和软核之间，用户可重新定义关键的性能参数，内部连线可重新优化。

如图 3-16 所示为由 IP 核构成的片上系统（SOC）。典型的 IP 核有：① 微处理器核（MPU core）；② 数字信号处理器核（DSP core）；③ 存储器核（Memory core）；④ 特定功能核（如 MPEG 编解码器核、A/D 核、D/A 核）；⑤ 标准接口核（如 Ethernet、USB、PCI 及 IEEE1394 核）。

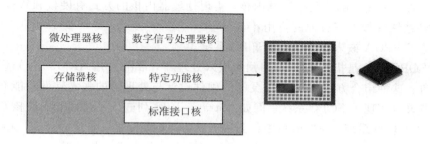

图 3-16　由 IP 核构成片上系统（SOC）

近年来，越来越多的公司投入 IP 核的开发，IP 核已作为一种商品被广泛销售和使用。

运用 IP 核技术可以缩短硬件开发时间，避免重复劳动，也可保证大规模器件的性能和提高其可靠性。在电子系统的设计过程中，可先自行设计 IP 或购买第三方的 IP，然后在功能上进行整合，最后迅速形成产品。

3.5.2　片上系统(SOC)

SOC(System On Chip)称为片上系统,是把一个完整的系统集成在一个芯片上,或用一个芯片实现一个功能完整的系统。它包括 CPU、I/O 接口、存储器,以及一些重要的模拟集成电路。

SOC 的实现方式主要有两种:

(1) 采用全定制方式:将设计的网表文件提交给半导体厂家制作流片。缺点是风险高,费用高,周期长。

(2) 采用 PLD 方式:由于 CPLD 和 FPGA 集成度越来越高,速度越来越快,用户可以通过编程完成设计。其优点是风险小,费用低,周期短。

3.5.3　可编程片上系统(SOPC)

可编程片上系统(SOPC)是一种特殊的嵌入式系统,它是 PLD 与 SOC 技术融合的结果。首先它是片上系统(SOC),即由单个芯片完成整个系统的主要逻辑功能;其次,它是可编程系统,具有灵活的设计方式,可裁减、扩充和升级,并具备软硬件在系统可编程的功能。

1. SOPC 的基本特征

SOPC 具有以下基本特征:

(1) 至少包含一个嵌入式处理器内核。

(2) 具有小容量片内高速 RAM 资源。

(3) 丰富的 IP 核资源可供选择。

(4) 足够的片上可编程逻辑资源。

(5) 处理器调试接口和 FPGA 编程接口。

(6) 包含部分可编程模拟电路。

(7) 单芯片、低功耗、微封装。

2. SOPC 的现状

SOPC 的一个重要部件是处理器内核,实现处理器内核的方式有硬核和软核两种方式。目前 SOPC 系统有如下三方面的应用:

(1) 基于 FPGA 嵌入 IP 硬核的 SOPC 系统。

这种 SOPC 系统是指在 FPGA 中预先嵌入处理器,常用含有 ARM32 位知识产权处理器核的器件。这种结合方式将 FPGA 灵活的硬件设计与处理器的强大软件功能有机地结合在一起,高效地实现了 SOPC 系统。例如,Stratix 10 系列嵌入了高性能的四核 64 位 ARM Cortex-A53 处理器系统,使性能不断得到提升,功耗不断降低,非常适合 5G 无线通信、软件定义射频、军事安全计算、网络功能虚拟化(NFV)、数据中心加速等。

(2) 基于 FPGA 嵌入 IP 软核的 SOPC 系统。

这种 SOPC 系统是指在 FPGA 中嵌入软核处理器,用户可以根据设计的要求,利用相应的 EDA 工具,对软核处理器及其外围设备进行构建,使该嵌入式系统在硬件结构、功能特点、资源占用等方面全面满足电子系统设计的要求。例如,Xilinx 公司的 Micro Blaze 核,Intel(Altera)公司的 Nios Ⅱ核,它们各自的特点如表 3 - 12 所列。

表 3 - 12　嵌入软核处理器的 SOPC 特点

公司	软核处理器	特　点	产品
Xilinx	Micro Blaze	和 ARM7 比较接近，32 KB 指令集（RISC），3 级流水线，哈佛结构，采用 IBM 的总线构造 CoreConnect，开发工具为 ISE	Virtex 系列 Spartan 系列
Intel（Altera）	Nios Ⅱ	32 KB 指令集（RISC），据说可以达到 200DMIPS，即整数计算能力为（200×100 万）条指令/秒，采用 Intel（Altera）特有的总线结构 Avalon，支持 RTOS，开发工具为 Quartus Ⅱ 中的 SOPC Builder/Qsys/PlatformDesigner	Stratix 系列 Cyclone 系列

（3）基于 HardCopy 技术的 SOPC 系统。

这种 SOPC 系统是指将成功实现于 FPGA 器件上的 SOPC 系统通过特定的技术直接向 ASIC 转化。把大容量 FPGA 的灵活性和 ASIC 的市场优势结合起来，实现对有较大批量要求并对成本敏感的电子产品的设计，避开了直接设计 ASIC 的困难。

习　题　3

1. 简述各种低密度可编程逻辑器件的结构特点。
2. 根据各种可编程器件的结构和编程方式，PLD 器件通常分为哪几种类型？
3. CPLD 和 FPGA 的区别是什么？简述 CPLD 和 FPGA 在电路结构形式上的特点。
4. 简述 CPLD/FPGA 的基本结构，并解释其中的主要概念。
5. 什么是记忆查找表的可编程逻辑结构？
6. 解释编程和配置这两个概念。
7. 简述 ISP 技术的特点及优越性。
8. 可编程逻辑器件有哪些基本资源？
9. 如何选用 CPLD 和 FPGA？

第 4 章　Quartus Ⅱ 集成开发工具

Quartus Ⅱ 是 Intel(Altera)公司提供的 EDA 设计工具。作为当今业界最优秀的 EDA 设计工具之一，该工具软件为 Intel(Altera)公司的器件能达到最高性能和集成度提供了保证。Quartus Ⅱ 系统提供了一种与结构无关的设计环境，它使 Intel(Altera)通用可编程逻辑器件的设计者能方便地进行设计输入、快速处理和器件编程。

从 Quartus Ⅱ 10.0 版本开始，Quartus Ⅱ 软件中取消了自带的波形仿真工具，采用第三方仿真工具 ModelSim 进行仿真。

从 Quartus Ⅱ 13.1 版本开始，Quartus Ⅱ软件已不再支持 Cyclone Ⅰ 和 Cyclone Ⅱ 器件，因此，如果要使用 Cyclone Ⅱ器件，能够采用的 Quartus Ⅱ软件的最高版本是 Quartus Ⅱ 13.0sp1。

从 Quartus Ⅱ 13.1 版本之后，Quartus Ⅱ只支持 64 位操作系统(Windows 7、Windows 8、Windows 10)。建议用 15.0 以上版本，因为 Quartus Ⅱ 15.0 除支持 Arria 10 系列新器件外，采用新的编译算法 Spectra-Q Engine，编译速度提高 5～10 倍，还多了很多免费 IP。

从 Quartus Ⅱ 15.1 版本开始，Quartus Ⅱ开发工具更名为 Quartus Prime。2016 年 5 月 Intel 公司发布了 Quartus Prime 16.0 版本，2017 年 Intel 公司发布了 Quartus Prime 17.0 版本。

Quartus Ⅱ 是 Intel(Altera)的 FPGA/CPLD 集成开发软件，具有完善的可视化设计环境，并具有标准的 EDA 工具接口。基于 Quartus Ⅱ 进行 EDA 设计开发的流程图如图 4-1 所示，包括以下步骤：

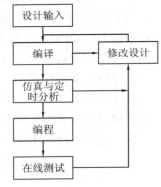

(1) 设计输入：包括原理图输入、HDL 文本输入、EDIF 网表输入及波形输入等四种方式。

(2) 编译：先根据设计要求设定编译方式和编译策略，如器件的选择、逻辑综合方式的选择等。然后根据设定的参数和策略，对设计项目进行网表提取、逻辑综合、器件适配，并产生报告文件、延时信息文件及编程文件，供分析、仿真和编程使用。

图 4-1　Quartus Ⅱ 设计开发流程

(3) 仿真与定时分析：包括功能仿真、时序仿真和定时分析，用以验证设计项目的逻辑功能和时序关系是否正确。

(4) 编程与在线测试：用得到的编程文件通过编程电缆配置 PLD，加入实际激励，进行在线测试。

(5) 修改设计：在设计过程中，如果出现错误，则需要重新回到设计输入阶段，在改正错误或调整电路后重复上述过程。

4.1　Quartus Ⅱ 软件的图形用户界面(GUI)

打开 Quartus Ⅱ 软件，界面如图 4-2 所示。

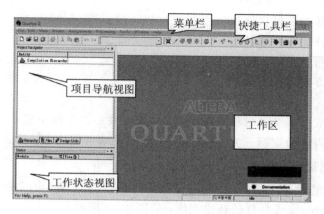

图 4 - 2　Quartus Ⅱ 软件界面

Quartus Ⅱ 软件界面有六个窗口，可以通过"View"→"Utility Windows"命令进行显示和隐藏切换。

1. Project Navigator 窗口

Project Navigator 窗口包括三个可以相互切换的标签，其中"Hierarchy"标签提供了逻辑单元、寄存器以及存储器位资源使用等信息；"Files"和"Design Units"标签提供了工程文件和设计单元的列表。

2. Status 窗口

Status 窗口显示编译各阶段的进度和逝去时间。

3. Node Finder 窗口

Node Finder 窗口允许设计者查看存储在工程数据库中的任何节点名。

4. Messages 窗口

Messages 窗口提供了详细的编译报告、警告和错误信息。设计者可以根据某个消息定位到 Quartus Ⅱ 软件不同窗口中的一个节点。

5. Change Manager 窗口

Change Manager 窗口可以跟踪在 Chip Editor 中对设计文件进行的变更消息。

6. Tcl Console 窗口

Tcl Console 窗口在图形用户界面中提供了一个可以输入 Tcl 命令或执行 Tcl 脚本文件的控制台。

4.2　基于 Quartus Ⅱ 软件进行 EDA 设计开发流程

4.2.1　新建项目

1. 新建项目步骤

Quartus Ⅱ 只对项目进行编译、综合、下载编程。创建新项目需要完成以下步骤：

（1）生成一个新的项目文件。

（2）将设计文件加入新项目。

（3）指定项目所针对的目标器件。

（4）指定第三方 EDA 软件。

注意：

（1）如果在生成项目文件时没有设计文件，需要在后续工作中完成。

（2）可以根据需要指定第三方 EDA 软件，没有要求可使用 Quartus Ⅱ 自带工具。

2. 完成项目创建工作步骤

启动 Quartus Ⅱ 软件之后，选择"File"→"New Project Wizard"命令，利用项目向导（New Project Wizard）完成项目的新建工作，如图 4-3 所示。

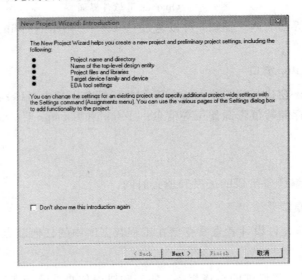

图 4-3　New Project Wizard 对话框

（1）单击"Next"按钮进入项目创建窗口，生成项目存放路径、项目名、顶层实体名，如图 4-4 所示。注意：工程名和顶层实体名必须相同。

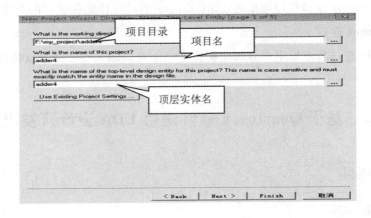

图 4-4　生成项目路径、项目名和顶层实体名

（2）继续单击"Next"按钮添加项目文件，将已有的文件添加进项目，如图 4-5 所示。

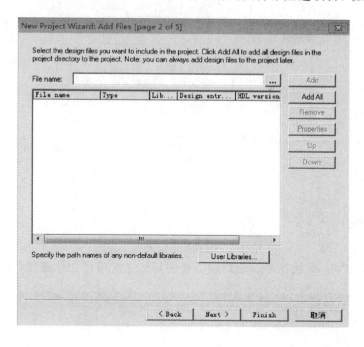

图 4-5 添加文件

（3）如果没有需要添加的文件，则单击"Next"按钮选择器件，指定可编程逻辑器件型号，如图 4-6 所示。

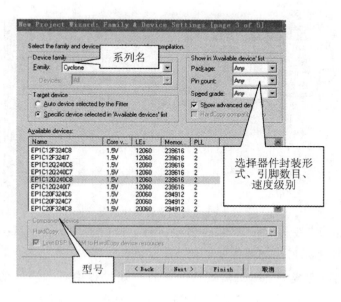

图 4-6 选择器件

（4）继续单击"Next"按钮选择添加第三方 EDA 工具，如图 4-7 所示。

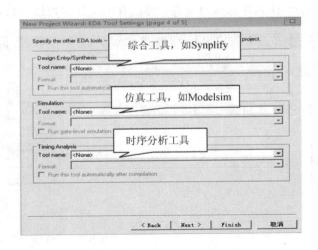

图 4-7　选择第三方 EDA 工具

（5）继续单击"Next"按钮显示由新建项目向导建立的项目文件摘要，如图 4-8 所示。

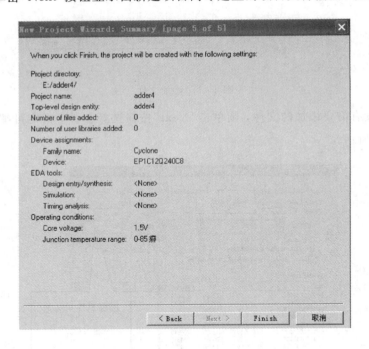

图 4-8　显示项目文件摘要

（6）单击"Finish"按钮完成项目的创建工作，这时在"Project Navigator"窗口下的"Hierarchy"标签中显示所用的器件型号和顶层实体名。

（7）项目的创建完成后，如果需要修改项目创建过程中各个步骤的选项，可以利用"Assignments"菜单下的"Settings"对话框进行修改，如图 4-9 所示。

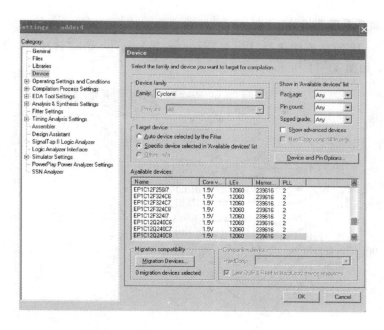

图 4 - 9　"Settings"对话框

4.2.2　新建文件

选择菜单"File"→"New"新建文件，如图 4 - 10 所示。在弹出的对话框中，设计者可以选择需要创建的文件类型。常用的文件创建类型有原理图文件（Block Diagrams/Schematics）和硬件描述语言文件（如 Verilog HDL、VHDL、AHDL 等），还有"Other Files"标签下的矢量波形文件（Vector WaveForm File）。

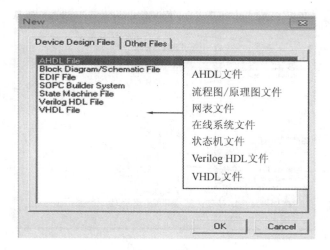

图 4 - 10　新建文件

下面以 4 位全加器为例介绍原理图设计方法。

1. 1 位半加器原理图设计

（1）在图 4-10 对话框中选择"Block Diagram/Schematic File"选项后，单击"OK"按钮进入编辑窗口，如图 4-11 所示。

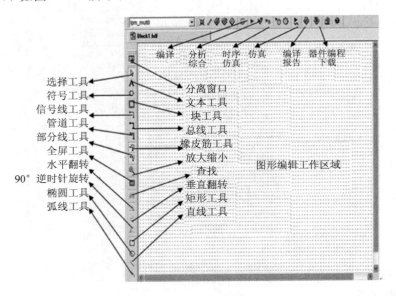

图 4-11　原理图编辑窗口

（2）在图形编辑工作区域双击鼠标左键或单击符号工具，弹出元器件符号选择对话框，如图 4-12 所示。宏功能函数（megafunctions）库中包含很多种可直接使用的参数化模块，基本单元符号（Primitives）库中包含所有 Altera 公司的基本单元，其他库（Others）中包含与 MAX+PLUS Ⅱ 兼容的所有中规模器件，如常用的 74 系列符号。

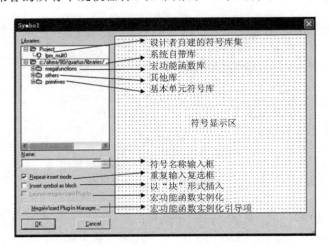

图 4-12　元器件符号选择对话框

（3）在"Primitives"库中选择"logic"子库中的异或门（XOR）和两输入与门（AND2），以及两个输入引脚和两个输出引脚，相互连接构成 1 位半加器，如图 4-13 所示。

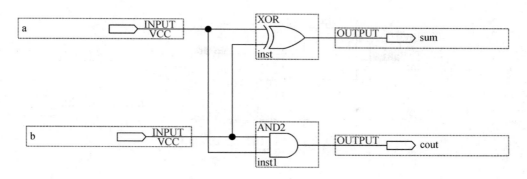

图 4-13　1 位半加器原理图

（4）将设计好的半加器原理图保存于已建的项目目录"F：\my_project\adder4"下，文件名为"half_adder.bdf"。

（5）在打开半加器原理图的情况下，选择"File"→"Create/Update"→"Cerate Symbol File For Current File"命令，即可将当前文件"half_adder.bdf"变成一个元件模块符号存盘，等待在 1 位全加器的设计中调用。

2. 1 位全加器原理图设计

（1）选择"File"→"New"命令，在弹出的对话框中选择"Block Diagrams/Schematics File"类型，打开一个新的原理图编辑窗口。在编辑窗口双击鼠标，弹出"Symbol"窗口，如图 4-14 所示。在此窗口中，除了 Quartus Ⅱ 软件自带的元器件外，上一步中生成的 half_adder 半加器模块也在可调用库元件列表中。

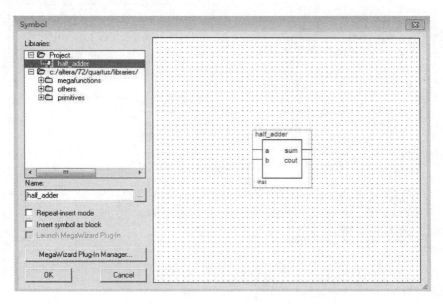

图 4-14　"Symbol"窗口

（2）在原理图中调入半加器、或门（OR2）、输入引脚、输出引脚，并将这些元件进行连接，构成 1 位全加器，如图 4-15 所示。将设计好的 1 位全加器以文件名"full_adder.bdf"保存在项目目录"F：\my_project\adder4"下。

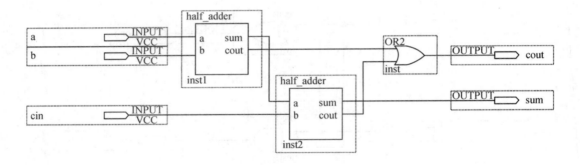

图 4-15　1 位全加器原理图

（3）在打开 1 位全加器原理图的情况下，选择"File"→"Create/Update"→"Cerate Symbol File For Current File"命令，即可将当前文件"full_adder. bdf"变成一个元件模块符号存盘，等待在 4 位全加器的设计中调用。

3. 4 位全加器原理图设计

（1）选择"File"→"New"命令，在弹出的对话框中选择"Block Diagrams/Schematics File"类型，打开一个新的原理图编辑窗口。在编辑窗口双击鼠标，弹出 Symbol 窗口，如图 4-16 所示。在此窗口中，除了 Quartus Ⅱ 软件自带的元器件外，上一步中生成的 full_adder 全加器模块也在可调用库元件列表中。

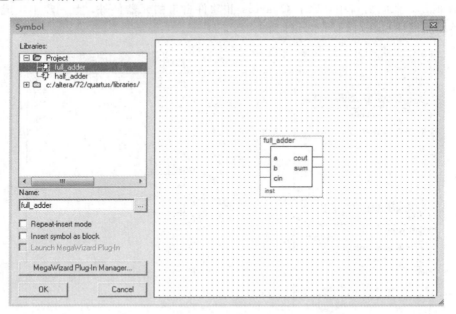

图 4-16　1 位全加器模块图

（2）在原理图中调入 4 个 1 位全加器、输入引脚、输出引脚，并将这些元件进行连接，构成 4 位全加器，如图 4-17 所示。将设计好的全加器以文件名"adder4. bdf"保存在项目目录"F：\my_project\adder4"下。

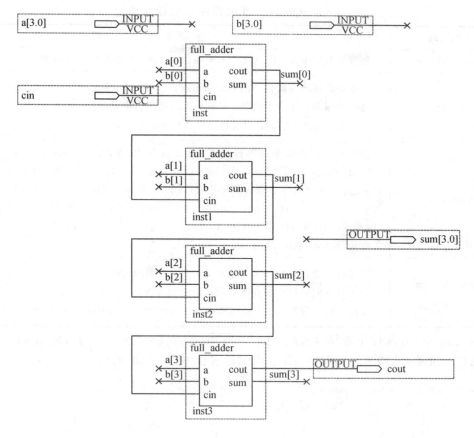

图 4 - 17　4 位全加器原理图

4.2.3　编译设计项目

Quartus Ⅱ 编译器主要完成设计项目的检查和逻辑综合,将项目最终设计结果生成器件下载文件,并为模拟和编程产生输出文件。

1. Quartus Ⅱ 编译器的典型工作流程

Quartus Ⅱ 编译器的典型工作流程如图 4 - 18 所示。表 4 - 1 所列为 Quartus Ⅱ 编译过程中各个功能模块的简单功能描述,同时也给出了对应功能模块的可执行命令文件。

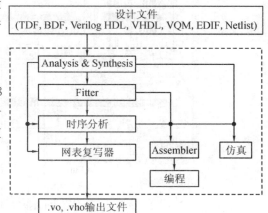

图 4 - 18　Quartus Ⅱ 编译器的典型工作流程

表 4 - 1　Quartus Ⅱ 编译器功能模块描述

功能模块	功能描述
Analysis & Synthesis	创建工程数据库、设计文件逻辑综合、完成设计逻辑到器件资源的技术映射
Fitter	完成设计逻辑在器件中的布局和布线； 选择适当的内部互连路径、引脚分配以及逻辑单元分配； 在运行 Fitter 之前，必须成功运行 Analysis & Synthesis
Assembler	产生多种形式的器件编程映像文件，包括 Programmer Object Files（.pof）、SRAM Object Files（.sof）、Hexadecimal Output Files（.hexout）、Tabular Text Files（.ttf）以及 Raw Binary Files（.rbf）；.pof 和.sof 文件是 Quartus Ⅱ 软件的编程文件，可以通过 MasterBlaster 或 ByteBlaster 下载电缆下载到器件中；.hexout、.ttf 和.rbf 用于提供 Altera 器件支持的其他可编程硬件厂商；在运行 Assembler 之前，必须成功运行 Fitter
Classic Timing Analyzer	计算给定设计与器件上的延时，并注释在网表文件中； 完成设计的时序分析和所有逻辑的性能分析； 在运行时序分析之前，必须成功运行 Analysis & Synthesis 和 Fitter

　　在 Quartus Ⅱ 软件中选择"Processing"→"Complier Tool"命令，则出现 Quartus Ⅱ 编译器窗口，如图 4 - 19 所示。图中标出了全编译过程中各个模块的功能。

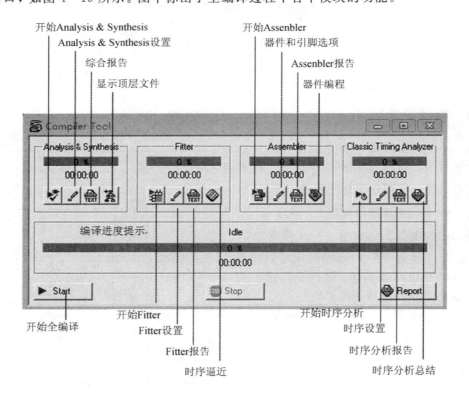

图 4 - 19　Quartus Ⅱ 编译器窗口

2. 启动编译器

Quartus Ⅱ 软件的编译器包括多个独立的模块，各模块可以单独运行，也可以选择"Processing"→"Start Compilation"命令或者工具栏"▶"按钮启动全编译过程。

4 位全加器的设计需通过三个原理图设计文件实现，分别为"half_adder. bdf""full_adder. bdf""adder4. bdf"，并且都放在项目目录"F：\my_project\adder4"下。由于 Quartus Ⅱ 软件的编译器是对项目进行编译，项目代表了一个电路系统实体，所以顶层实体名必须和项目名一致。另外顶层实体是由顶层文件实现的，所以顶层实体名和顶层文件名也要一致。在上述三个文件中，哪个是顶层文件？哪些又是子文件呢？很明显，在原理图设计过程中，4 位全加器设计文件（adder4. bdf）属于顶层文件，因为该文件中调用了 4 个 1 位全加器（full_adder. bdf），1 位全加器又调用了 1 位半加器（half_adder. bdf）。在项目导航视图窗口，"Files"标签下右击"adder4. bdf"，选择"Set as Top-level Entity"选项，这时"Hierarchy"标签下显示的顶层实体名就和该顶层文件名一致。

单击工具栏"▶"按钮进行全编译，在编译过程中，状态窗口和消息窗口会自动显示出来。在状态窗口中将显示全编译过程中各个模块和整个编译进程的进度以及所用的时间，在消息窗口中将显示编译过程中的信息，如图 4 - 20 所示。最后的编译结果将在编译报告中显示出来，整个编译过程在后台完成。

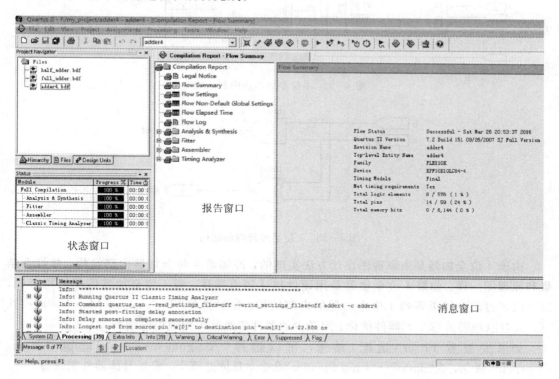

图 4 - 20　全编译过程窗口

在编译过程中如果出现设计上的错误，可以先在消息窗口中选择错误信息，然后在错误信息上双击鼠标左键，或单击鼠标右键，从弹出的右键菜单中选择"Locate in Design File"选项可以在设计文件中定位错误所在的地方。在右键菜单中选择"Help"选项，可以查看错误信息的帮助，修改所有错误，直到全编译成功为止。

　　如果要查看综合结果，可以选择"Tools"→"Netlist Viewers"→"RTL Viewer"命令。在 Netlist Viewers 中有三个选项，分别是 RTL Viewer(寄存器传输级查看器)、State Machine Viewer (状态机查看器)和 Technology Map Viewer(技术映射查看器)。如图 4 – 21 所示的 4 位全加器的综合结果和原理图一样，由 4 个 1 位全加器级联构成。单击每一个 1 位全加器，可以得到如图 4 – 22 所示的内部结构，和 1 位全加器原理图一样，是由 2 个 1 位半加器级联构成；单击 1 位半加器，可以得到如图 4 – 23 所示的内部结构，和 1 位半加器原理图一样。

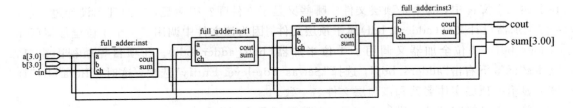

图 4 – 21　4 位全加器的综合结果

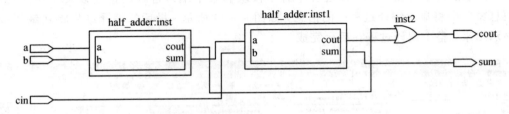

图 4 – 22　1 位全加器的内部结构

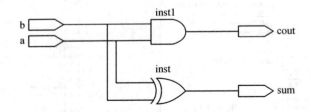

图 4 – 23　1 位半加器内部结构

　　由于 4 位全加器是由原理图设计方法实现的，即知道 4 位全加器内部结构，故综合结果和原理图一样。如果 4 位全加器是用硬件描述语言描述，即 4 位全加器内部结构未知，故可以通过综合结果得到 4 位全加器的内部结构。如果选择"Technology Map Viewer"选项，则对原理图进行了元器件优化，用最少的器件资源就可构成内部结构。

　　如果要查看 Fitter(适配)结果，可以选择"Assignments"→"Timing Closure Floorplan"命令，或"Toos"→"Chip Planner"命令，具体选哪个，根据具体器件来选择。

　　对综合得到的网表文件需要进行适配。适配器的主要作用是将电路与目标器件 FPGA/CPLD 中的可编程单元进行映射，通过 FPGA/CPLD 生成实际的硬件电路。以 Cyclone 系列 EP1C12Q240C8 芯片为例，如图 4 – 24 所示，深色部分为 4 位全加器所用的逻辑单元。将芯片结构放大，如图 4 – 25 所示，4 位全加器用了 10 个 LE，14 个 I/O 引脚。

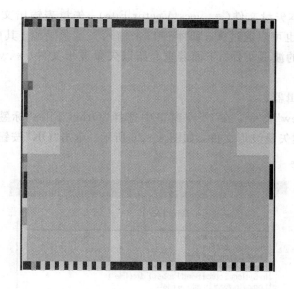

图 4-24　4 位全加器所用 EP1C12Q240C8 芯片逻辑单元

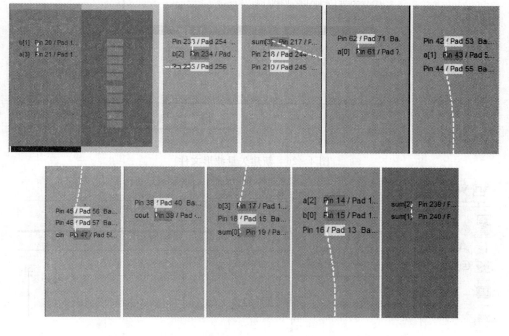

图 4-25　4 位全加器所用 EP1C12Q240C8 芯片器件资源

4.2.4　仿真验证的设计项目

完成了设计项目的输入、综合以及布局布线等步骤后，还需要使用 EDA 仿真工具或 Quartus Ⅱ 仿真器进行设计功能与时序仿真。功能仿真只检验设计项目的逻辑功能，时序仿真则将延时信息也考虑在内，更符合系统的实际工作情况。仿真时，应设定仿真类型（功能仿真或时序仿真）和矢量激励源等。矢量激励源可以是矢量波形文件（＊.vwf，Vector

Waveform File)、文本矢量文件(* . vec，Vector File)、矢量表输出文件(* . tbl)或功率输入文件(* . pwf)等，也可以通过 Tcl 脚本窗口来输入矢量激励源。其中，" * . vwf"文件是 Quartus Ⅱ 中最主要的波形文件。下面着重介绍以矢量波形文件(* . vwf)作为激励源进行仿真的步骤。

（1）打开波形编辑器。

选择"File"→"New"命令，在 New 窗口中选择"Other Files"标签下的"Vector Waveform File"选项，新建矢量波形文件，如图 4 - 26 所示。单击"OK"按钮，即出现如图 4 - 27 所示的波形编辑窗口。

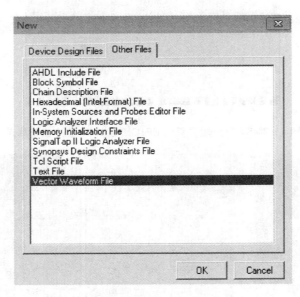

图 4 - 26　新建矢量波形文件

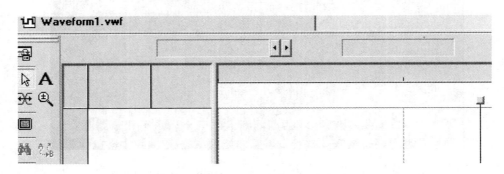

图 4 - 27　波形编辑窗口

（2）输入信号节点。

图 4 - 27 所示波形编辑窗口分为左、中、右三栏，左栏为波形工具栏，给激励源设置波形，中间一栏显示信号节点名和光标值，右栏为波形显示栏。在中间一栏空白处双击鼠标左键，弹出信号节点查找框，如图 4 - 28 所示。

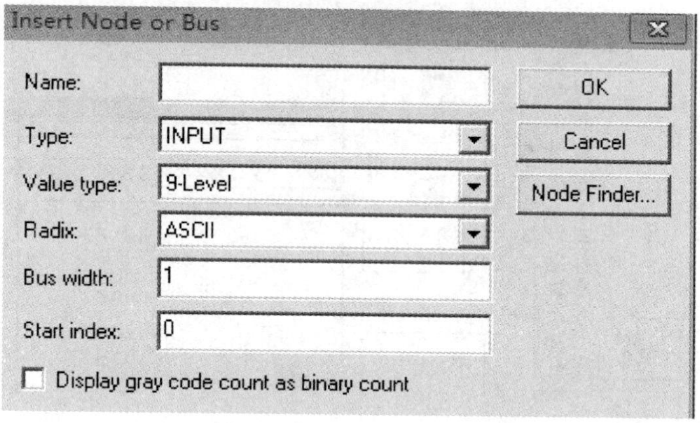

图 4-28　信号节点查找框

　　单击信号节点查找框中的"Node Finder"按钮，弹出"Node Finder"窗口（如图 4-29 所示），先从该窗口"Filter"列表中选择"Pins：all"选项，在"Named"栏中键入"＊"，然后单击"List"按钮，则在"Nodes Found"栏将列出设计中的所有节点名。可以通过移进/移出按钮，对指定的节点号进行操作。

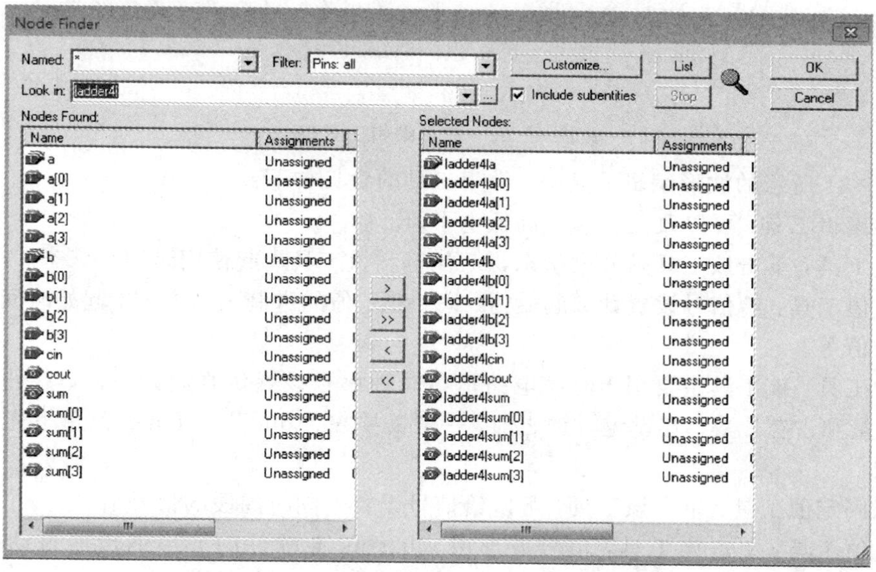

图 4-29　"Node Finder"窗口

　　（3）编辑输入信号波形。

　　单击图 4-29 中的"OK"按钮，进入波形编辑窗口。通过波形编辑窗口的波形编辑工具条，编辑各输入信号的激励波形，如图 4-30 所示。选中输入端口号，利用工具条上相应的工具给输入信号赋值。工具条上相应工具作用如图 4-31 所示。

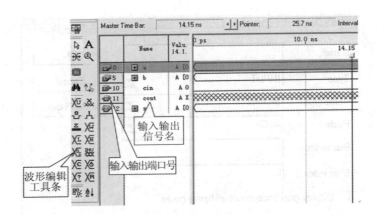

图 4-30　编辑输入信号波形

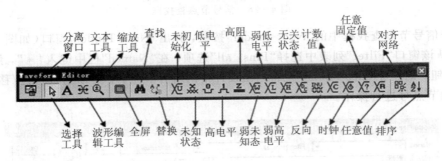

图 4-31　波形编辑工具条

图 4-31 所示的波形编辑工具中，常用工具的含义如下：

波形编辑工具：可以改变波形的高低电平值。

缩放工具：单击该工具是放大状态，shift 键和该工具一起使用是缩小状态。

计数值工具：给信号设置计数起始值、终止值、值的进制表示方式、起始时间、终止时间和步长值等。

时钟工具：该工具主要用于时序电路里给时钟信号设置仿真起始时间、终止时间、周期、位移量和占空比等。在设置时钟之前，一般需要在"Edit/End Time"菜单下先设定仿真结束时间。

任意固定值工具：单击该工具，可以给信号设置不同时间段的信号值。

任意值工具：单击该工具，信号波形由 Quartus Ⅱ 软件的波形编辑器自动生成随机波形。

Quartus Ⅱ 软件的波形编辑器默认的仿真结束时间为 1 μs，通过选择"Edit/End Time"命令，可在"Time"框内修改仿真结束时间，单位可以是 s、ms、μs、ns、ps。

以 4 位全加器仿真为例，给图 4-30 中输入信号 a、b、cin 分别设置波形，设置波形如图 4-32 所示，步骤如下。

① 选择"Edit/End Time"命令，设置仿真结束时间为 40 ns。

② 选择信号 a，单击任意固定值工具，设置 10 ns 区间 a 取值为 5，10～20 ns 区间取值为 10，20～30 ns 区间取值为 13。

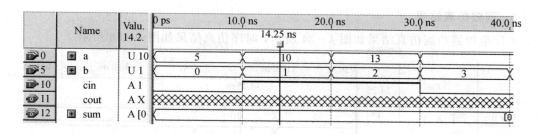

图 4-32 设置输入信号波形

③ 选择信号 b，单击计数值工具，设置 b 在 40 ns 区间的计数值。

④ 选择信号 cin，单击波形编辑工具，在波形区间 10～30 ns 之间拖动，电平变为高电平。

波形设置完成后，保存该矢量波形文件为"adder4.vwf"，保存路径在项目目录"F：\my_project\adder4"下。

（4）仿真器参数的设置。

选择"Processing"→"Simulator Tool"选项，在弹出的对话框中选择仿真模式。仿真模式有功能仿真（Functional）和时序仿真（Timing）两种。下面分别进行这两种仿真，注意观察他们之间的区别。

仿真工具参数设置窗口如图 4-33 所示。先在"Simulation Mode"栏选择"Functional"选项，在"Simulation input"栏选择"adder4.vwf"选项，然后单击"Generate Functional Simulation Netlist"按钮（在功能仿真之前，要先生成功能仿真所需的网表文件），生成网表文件，最后单击"start"按钮，开始进行仿真。单击"Report"按钮，可查看仿真结果。

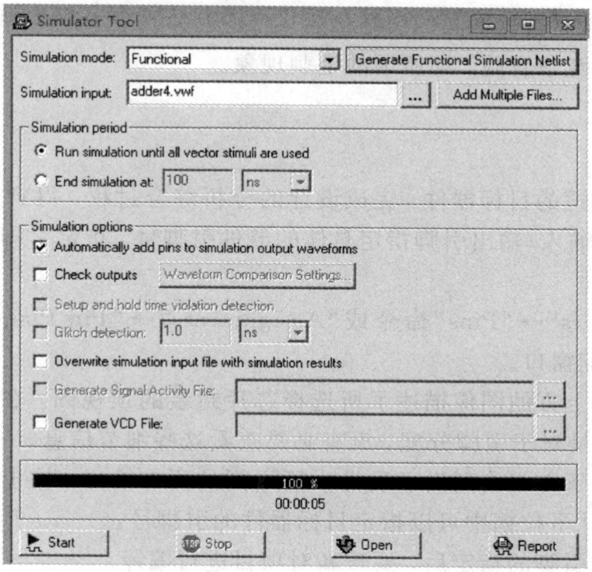

图 4-33 仿真工具参数设置窗口

5. 观察仿真结果

4 位全加器功能仿真结果如图 4-34 所示,时序仿真结果如图 4-35 所示。

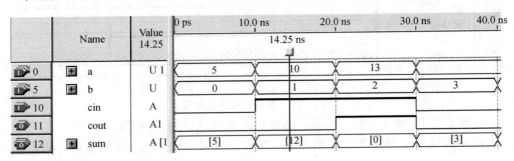

图 4-34　功能仿真结果

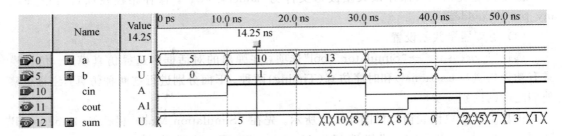

图 4-35　时序仿真结果

从图中可以看出,功能仿真没有任何延时信息,只是逻辑功能的验证,而时序仿真时,不同的输入数据得到的输出结果都会发生延时,并且输出信号 sum 发生了毛刺现象,这是因为输入信号 a、b、cin 通过不同的门结构后,门延迟和线延迟不一样所致。一般组合电路时序仿真时容易出现竞争冒险,即所谓的毛刺现象。

4.2.5　引脚分配

在选择好一个合适的目标器件,完成设计的分析综合过程,得到工程的数据库文件以后,需要对设计中的输入/输出引脚指定具体的器件引脚号。指定引脚号的过程则称为引脚分配或引脚锁定。

选择"Assignments"→"Pins"命令或"Assignments"→"Pin Planner"命令,弹出如图 4-36 所示的引脚分配窗口。

位于图 4-36 中上方的图像描述了所选择芯片封装的顶视图。在该窗口中,尽管有大量信息是可用的,但是对于引脚分配,没有必要查看这些细节信息。

位于图 4-36 中下方表格列出了设计中所用到的所有输入、输出引脚。用鼠标左键双击"Location"单元,从下拉框中可以指定目标器件的引脚号。

完成所有设计中引脚的指定后,要重新对项目进行编译。

4.2.6　器件编程下载

使用 Quartus Ⅱ软件成功编译设计项目之后,就可以对 Altera 器件进行编程或配置。

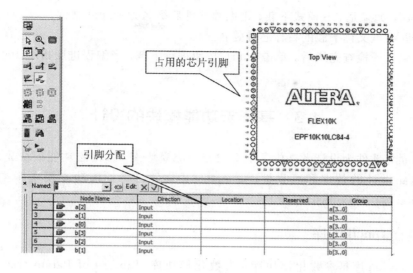

图 4 - 36　引脚分配窗口

Quartus Ⅱ 编译器的 Assembler 模块自动将适配过程的器件、逻辑单元和引脚分配信息转换为器件的编程图像，并将这些图像以目标器件的编程器对象文件(. pof)或 SRAM 对象文件(. sof)的形式保存为编程文件。Quartus Ⅱ 软件的编程器(Programmer)使用该文件对器件进行编程配置。

　　Altera 编程器硬件包括 MasterBlaster、ByteBlasterMV、ByteBlaster Ⅱ、USB-Blaster 和 Ethernet Blaster 下载电缆。MasterBlaster 电缆既可以用于串口也可以用于 USB 口，ByteBlasterMV 电缆用于并口，USB-Blaster 电缆用于 USB 口，Ethernet Blaster 电缆用于 Ethernet 网口，ByteBlaster Ⅱ 电缆用于并口。

　　对器件编程按以下步骤进行：

　　(1) 选择"Tools"→"Programmer"命令，打开下载窗口，如图 4 - 37 所示。

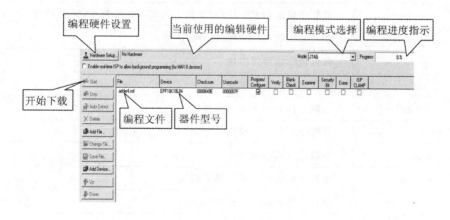

图 4 - 37　下载窗口

　　(2) 选择编程硬件设置按钮，按提示对话框安装驱动程序(一般在 Quartus Ⅱ 安装路径下找"usb-blaster"文件夹进行安装)。

　　(3) 硬件驱动安装完成后，查看编程模式选项，如果是 JTAG 模式下载，则编程文件后

缀名为 ∗.sof，如果是 AS 模式下载，则编程文件后缀名为 ∗.pof 文件。

（4）查看编程文件下载的目标芯片是否正确。

（5）相关选项检查完毕后，单击"start"按钮进行下载，当编程进度指示 100％时，说明成功下载。

4.3　基于宏功能模块的设计

　　Quartus Ⅱ 软件为设计者提供了丰富的宏功能模块库，采用宏功能模块完成设计可极大地提高电路设计的效率和可靠性。Quartus Ⅱ 软件自带的宏功能模块库主要有三个：Megafunction 库、Maxplus2 库和 Primitives 库。

4.3.1　Megafunction 库

　　Megafunction 库是参数化模块库，参数化模块库（Library of Parametrized Modules，LPM）中是一些经过验证的功能模块，用户可以根据自己的需要设定模块的端口（Ports）和参数（Parameters），即可完成模块的定制。Megafunction 库中的参数化模块均针对 Altera 的 FPGA/CPLD 器件做了优化。

　　按照 Megafunction 库中模块的功能，将其分为算术运算模块库（arithmetic）、逻辑门库（gates）、存储器库（storage）和 I/O 模块库 （I/O）4 个子库。

1. 算术运算模块库（arithmetic）

　　算术运算模块库模块的宏功能及其功能如表 4-2 所列。如需要对其进行更详尽的了解，可以查看 Quartus Ⅱ 软件的帮助文档。

表 4-2　算术运算模块库模块及其功能列表

序号	宏模块名称	功 能 描 述
1	altaccumulate	参数化累加器宏模块（不支持 MAX3000 和 MAX7000 系列）
2	altfp_add_sub	浮点加法器/减法器宏模块
3	altfp_div	参数化除法器宏模块
4	alt_mult	参数化乘法器宏模块
5	altmemmult	参数化存储乘法器宏模块
6	altmult_accum	参数化累加器宏模块
7	altmult_add	参数化乘加器宏模块
8	altsqrt	参数化整数平方根运算宏模块
9	altsquare	参数化平方运算宏模块
10	divide	参数化除法器宏模块
11	lpm_abs	参数化绝对值运算宏模块（Altera 推荐使用）
12	lpm_add_sub	参数化加法器/减法器宏模块（Altera 推荐使用）

序号	宏模块名称	功 能 描 述
13	lpm_compare	参数化比较器宏模块（Altera 推荐使用）
14	lpm_counter	参数化计数器宏模块（Altera 推荐使用）
15	lpm_divide	参数化除法器宏模块（Altera 推荐使用）
16	lpm_mult	参数化乘法器宏模块（Altera 推荐使用）
17	parallel_add	并行加法器宏模块

这里以参数化除法器（lpm_divide）为例来说明宏功能模块的使用方法。lpm_divide 模块属于 Megafunction 库，其 I/O 端口和基本参数如表 4-3 所列。

表 4-3　lpm_divide 宏模块 I/O 端口及基本参数

	端口名称	功能描述
输入端口	numer[]	被除数
	denom[]	除数
	clock	流水线时钟
	clken	流水线时钟使能信号
	aclr	异步清零信号
输出端口	quotient[]	商
	remain[]	余数
参数设置	LPM_WIDTHN	被除数和商端口的数据线宽度
	LPM_WIDTHD	除数和余数端口的数据线宽度
	LPM_REMAINDERPOSITIVE	指定余数输出是否始终为正数
	LPM_NREPRESENTATION	指定被除数是否为有符号数
	LPM_DREPRESENTATION	指定除数是否为有符号数

利用 lpm_divide 模块设计除法器电路步骤如下：

（1）输入 lpm_divide 宏功能模块及端口、参数设置。

首先在图形编辑窗口中双击空白处，打开"Megafunction"目录，在"arithmetic"库中找到 lpm_divide 宏功能模块，选中后单击"OK"按钮，弹出如图 4-38 所示的参数设置窗口。在此窗口中，输出文件的类型依然选择"Verilog HDL"，文件名用默认的"lpm_divide0"。然后单击"Next"按钮，出现被除数和除数设置窗口，如图 4-39 所示，共有三项设置，包括被除数和除数的数据线宽度，以及在 Numerator Representation 和 Denominator Representation 框中选择被除数和除数是否为有符号数。

注： 如果选择为有符号数，则数据都是以补码形式表示的。本例中，被除数和除数的数据线宽度都设置为 8b，被除数和除数都设置为有符号数。

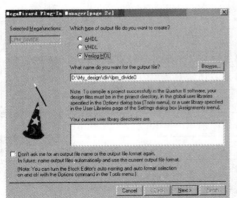

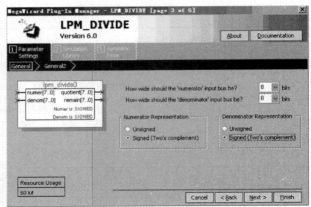

图 4-38　生成文件类型和文件名设置　　　　图 4-39　输入数据线宽度及类型设置

　　接着单击图 4-39 中的"Next"按钮，弹出如图 4-40 所示的窗口，在"Do you want to pipeline the function?"选项中选择是否以流水线方式来实现除法运算，若选择以流水线方式实现，则还要设置流水线级数，此外还可根据需要增加异步清零端和时钟使能端；在"Which do you wish to optimize?"选项中对占用资源和速度进行取舍；在"Always return a positive remainder?"选项中选择余数是否始终为正数。需要注意的是，选择不同选项，最后输出的结果也不同，所以要根据实际的需要进行选择。在本例中分别对两种选择情况进行仿真，并做比较。

　　至此，lpm_divide 的参数已设置完毕，单击"Next"按钮，在新弹出窗口中选择生成的文件，如图 4-41 所示，一般按照默认即可。最后单击"Finish"按钮生成模块。在图形编辑窗口的适当位置单击鼠标，即将 lpm_divide 模块调用进来，再为其添加输入和输出端口构成一个完整的除法器电路，如图 4-42 所示。

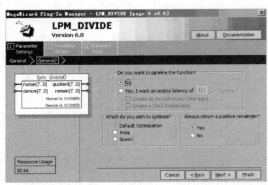

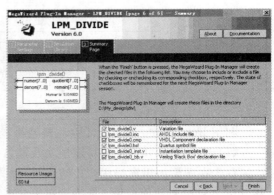

图 4-40　流水线、优化、余数表示方式设置　　　　图 4-41　选择生成文件

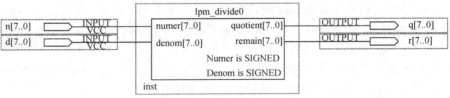

图 4-42　除法器电路

（2）编译和仿真。对上面设计的除法器电路存盘，进行编译。在前面的设置中，如果在
"Always return a positive remainder?"选项中选择"Yes"，即余数始终以正数形式表示，则
功能仿真的波形如图 4 - 43(a)所示；若在"Always return a positive remainder?"选项中选
择"No"，会得到如图 4 - 43(b)所示的功能仿真波形。对比图 4 - 43(a)和图 4 - 43(b)可以看
到，设置不同，得到的商和余数也不同。在实际应用中应注意此差异，避免出错。

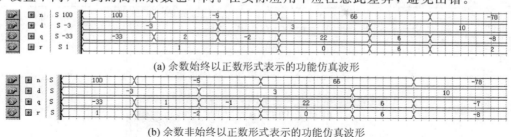

(a) 余数始终以正数形式表示的功能仿真波形

(b) 余数非始终以正数形式表示的功能仿真波形

图 4 - 43　余数功能仿真波形

2. 逻辑门库(gates)

逻辑门库(gates)的宏模块及其功能，如表 4 - 4 所列。

表 4 - 4　逻辑门库(gates)宏模块及其功能列表

序号	宏模块名称	功 能 描 述
1	busmux	参数化多路复用器
2	lpm_and	参数化与门宏模块
3	lpm_bustri	参数化三态缓冲器
4	lpm_clshift	参数化组合逻辑移位器或桶形移位器
5	lpm_constant	参数化常量宏模块
6	lpm_decode	参数化译码器
7	lpm_inv	参数化反相器
8	lpm_mux	参数化多路复用器
9	lpm_or	参数化或门宏模块
10	lpm_xor	参数化异或门宏模块
11	mux	参数化多路复用器

下面举一个 lpm_constant(参数化常量宏模块)应用的例子。在信号处理中，不可避免
地会出现正数和负数情况。在基于 FPGA 实现时，运算数据通常都是以补码形式表示的。
当运算结果输出到 D/A 芯片时，若直接将补码输入到 DAC，转换后的信号会有问题。因为
多数 D/A 芯片要求输入为不含符号且只表示幅度的码字，也就是当输入全为 0 时，D/A 芯
片输出为 0；当输入全为 1 时，D/A 芯片输出最大值，而补码显然不满足这个条件。因此，
需要对补码形式的结果做处理，保持其相对大小不变，再将处理后的数据输入到 D/A 芯
片。图 4 - 44所示的电路即可完成这一功能，图中，假定输入数据宽度为 10 b，输入数据与
常量 512 异或后输出。lpm_constant 模块的调用与前面介绍的乘法器、除法器模块的调用
方法相同，其参数设置也非常简单，只要在图 4 - 45 所示的界面中设置数据位宽和所需的
常量即可。我们知道，10 位的数据补码表示的范围为 -512 ～ +511。如图 4 - 46 所示的仿

真波形中可以看出，经过与常量 512 异或处理后，-512 对应的二进制为 00 0000 0000，而 +511 对应于 11 1111 1111，即将补码转换为幅度码。

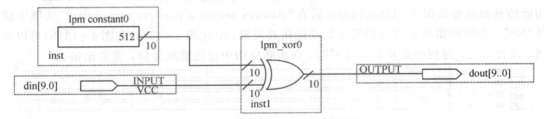

图 4 - 44　补码转换为幅度码的电路

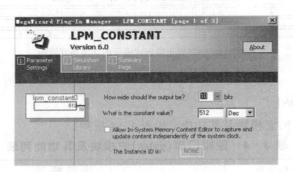

图 4 - 45　lpm_constant 参数设置

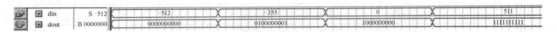

图 4 - 46　转换电路仿真波形

3. I/O 模块库（I/O）

I/O 模块库的宏模块及其功能如表 4 - 5 所列。

表 4 - 5　I/O 模块库的宏模块及其功能列表

序号	宏模块名称	功能描述
1	alt2gxb	吉比特速率无线收发机宏模块
2	alt2gxb_reconfig	吉比特速率无线收发机重配置宏模块
3	altasmi_parallel	主动串行存储器并行接口宏模块
4	altcdr_tx	时钟数据恢复（CDR）发射机宏模块
5	altcdr_rx	时钟数据恢复（CDR）接收机宏模块
6	altclkctrl	时钟控制宏模块
7	altclklock	参数化锁相环（PLL）宏模块
8	altddio_bidir	双数据速率（DDR）双向宏模块
9	altddio_in	双数据速率（DDR）输入宏模块
10	altdio_out	双数据速率（DDR）输出宏模块
11	altdq	数据选通宏模块
12	altdqs	双向数据选通宏模块

续表

序号	宏模块名称	功能描述
13	altgxb	吉比特速率无线收发信机宏模块
14	altlvds_rx	LVDS(低电压差分信号)接收机宏模块
15	altlvds_tx	LVDS(低电压差分信号)发射机宏模块
16	altpll	参数化锁相环宏模块
17	altpll_config	参数化锁相环重配置宏模块
18	altremote_update	参数化远端升级宏模块
19	altstratixii_oct	参数化片内终端(OCT)宏模块
20	altufm_osc	振荡器宏模块
21	sld_virtual_jtag	虚拟 JTAG 宏模块

下面举一个用锁相环模块实现倍频和分频的例子,参数化锁相环宏模块 altpll 以输入时钟信号作为参考信号实现锁相,从而输出若干个同步倍频或者分频的片内时钟信号。与直接来自片外的时钟相比,片内时钟可以减少时钟延迟,减小片外干扰,还可改善时钟的建立时间和保持时间,是系统稳定工作的保证。不同系列的芯片对锁相环的支持程度不同,但是基本的参数设置大致相同。用锁相环模块实现倍频和分频的步骤如下:

(1) 在图形编辑窗口中双击空白处,选择"Megafunctions"→"I/O"→"altpll"命令或直接在"Name"栏中输入"altpll",单击"OK"按钮,出现如图 4 - 47 所示的窗口。应根据实际情况选择芯片系列、速度等级和参考时钟。本例中芯片系列选择 Cyclone 系列,速度等级选8,输入参考时钟频率为 100 MHz。其他的选项由于芯片不同,对其支持的程度也不同,一般按默认选择即可。

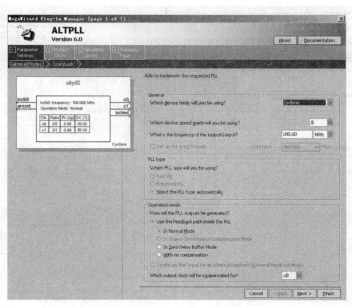

图 4 - 47　选择芯片速度等级和参考时钟窗口

（2）单击"Next"按钮，进入如图 4-48 所示的窗口，在此窗口可选择锁相环的输入控制信号、"Optional inputs"选项中的使能信号 pllena、异步复位信号 areset 和相位/频率检测器使能信号pfdena。另外，在"Lock output"选项中还可选择锁相输出标志 locked，通过此信号可以了解锁相环是否失锁，若失锁则该端口为 0。本例选择了异步复位信号 areset 和锁相输出标志 locked。

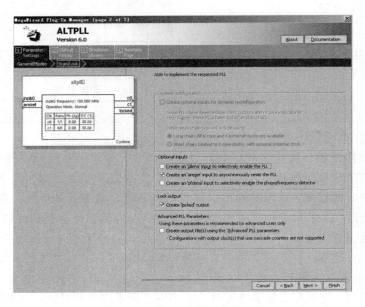

图 4-48　锁相环控制信号设置

（3）单击"Next"按钮，进入如图 4-49 所示的窗口，对输出时钟信号 c0 进行设置。在

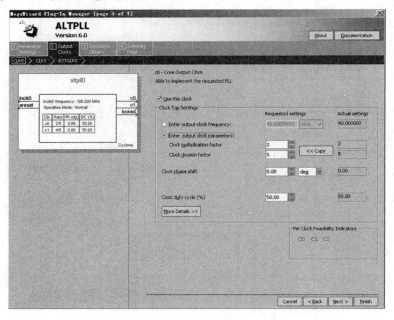

图 4-49　输入时钟设置

"Enter output clock frequency"栏用于输入所需得到的时钟频率。"Clock multiplication factor"和"Clock division factor"栏中分别是时钟的乘系数和除系数。输入的参考时钟频率分别乘上一个系数再除以一个系数,就可得到所需的时钟频率。当输入所需的输出频率后,只要单击"Copy"按钮,乘系数和除系数都会自动计算出来。在"Clock phase shift"栏中设置相移,在"Clock duty cycle"栏中设置输出信号的占空比。注意,若在设置窗口上方出现蓝色的"Able to implement the requested PLL"提示,表示所设置的参数可以接受;若出现红色的"Cannot implement the requested PLL"提示,则说明所设置的参数超出所能接受的范围,应修改设置的参数。单击"Next"按钮,可以设置第二个输出时钟。选中"Use this clock"选项,就可像设置 c0 一样对 c1 进行设置,这里不再重复说明。

(4)为设置好的锁相环模块添加输入和输出端口,构成一个完整的电路,如图 4 - 50 所示。进行功能仿真时锁相环的主要参数都会显示出来,本例中输入时钟频率为 100 MHz,有两个输出时钟 c0 和 c1,频率分别为 40 MHz 和 200 MHz,其占空比都为 50%。该电路的仿真波形如图 4 - 51 所示,其中,1kd 为锁相标志输出,高电平表示锁定,低电平表示失锁。

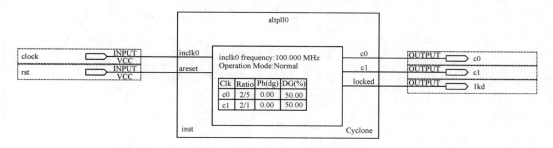

图 4 - 50　锁相环电路

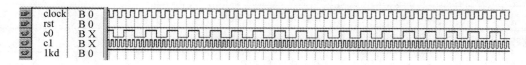

图 4 - 51　功能仿真波形

4. 存储器库(storge)

存储器库的宏模块及其功能如表 4 - 6 所列。

表 4 - 6　存储器库的宏模块及其功能列表

序号	宏模块名称	功能描述
1	alt3pram	参数化三端口 RAM 宏模块
2	altcam	内容可寻址存储器(CAM)宏模块
3	altdpram	参数化双端口 RAM 宏模块
4	altparallel_flash_loader	并行 Flash 装载器宏模块(仅支持 MAX Ⅱ系列)
5	altqpram	参数化双端口 RAM 宏模块
6	altserial_flash_loader	串行 Flash 装载器宏模块(仅支持 MAX Ⅱ系列)

序号	宏模块名称	功能描述
7	altshift_taps	参数化带抽头的移位寄存器宏模块
8	altsyncram	参数化真正双端口 RAM 宏模块
9	altufm_i2c	符合 I²C 接口协议的用户 Flash 存储器(仅支持 MAX Ⅱ系列)
10	altufm_none	用户 Flash 存储器(仅支持 MAX Ⅱ系列)
11	altufm_parallel	符合并行接口协议的用户 Flash 存储器(仅支持 MAX Ⅱ系列)
12	altufm_spi	符合 SPI 接口协议的用户 Flash 存储器(仅支持 MAX Ⅱ系列)
13	csdpram	参数化循环共享双端口 RAM 宏模块
14	csfifo	参数化循环共享 FIFO 宏模块
15	dcfifo	参数化双时钟 FIFO 宏模块
16	lpm_dff	参数化 D 触发器和移位寄存器
17	lpm_ff	参数化触发器
18	lpm_fifo	参数化存储器单时钟 FIFO 宏模块
19	lpm_fifo_dc	参数化存储器双时钟 FIFO 宏模块
20	lpm_latch	参数化锁存器
21	lpm_ram_dp	参数化双端口 RAM 宏模块
22	lpm_ram_dq	输入和输出端口分离的参数化 RAM 宏模块
23	lpm_ram_io	单 I/O 端口的参数化宏模块
24	lpm_rom	参数化 ROM 宏模块
25	lpm_shiftreg	参数化移位寄存器
26	lpm_tff	参数化 T 触发器
27	scfifo	参数化单时钟 FIFO 宏模块
28	sfifo	参数化同步 FIFO 宏模块

　　在进行数字信号处理(DSP)、数据加密或数据压缩等复杂数字逻辑设计时,经常要用到存储器。将存储模块(RAM 或 FIFO 等)嵌入 FPGA 芯片,不仅可简化设计,提高设计的灵活性,同时可提高系统的可靠性。片内 RAM 速度快,读操作的时间一般为 3~4 ns,写操作的时间大约为 5 ns 或更短。多数 FPGA 器件都集成了片内 RAM,利用 FPGA 可以实现 RAM 和 ROM 的功能。

　　下面以用 ROM 模块实现一个 4×4 无符号数乘法器为例进行说明 ROM(Read Only Memory,只读存储器)是存储器的一种,利用 FPGA 可以实现 ROM 的功能,但不是真正意义上的 ROM,因为 FPGA 器件在掉电后,其内部的所有信息都会丢失,再次工作时需要重新配置。

　　(1) Quartus Ⅱ提供的参数化 ROM 是 lpm_rom 宏模块,lpm_rom 宏模块的端口及参数如表 4-7 所列。

表 4 - 7　lpm_rom 宏模块的端口及参数

	端口名称	功 能 描 述
输入端口	address[ ]	地址
	inclock	输入数据时钟
	outclock	输出数据时钟
	memenab	输出数据使能
输出端口	q[ ]	数据输出
参数设置	LPM_WIDTH	存储器数据线宽度
	LPM_WIDTHAD	存储器地址线宽度
	LPM_FILE	＊.mif 或 ＊.hex 文件，包含 ROM 的初始化数据

（2）lpm_rom 宏模块的参数设置步骤。首先在如图 4 - 52 所示的窗口中设置芯片的系列、数据线亮度和存储单元数目（地址线宽度）。本例中数据线宽度设置为 8b，存储单元的数目设置为 256。在"What should the RAM block type be?"选项中选择以何种方式实现存储器，由于芯片的不同，类型可能会有所区别，一般选择默认"Auto"即可。在最下面的"What clocking method would you like to use?"选项中选择时钟方式，可以使用一个时钟，也可使用双时钟（输入时钟和输出时钟）。在大多数情况下，使用一个时钟已足够。

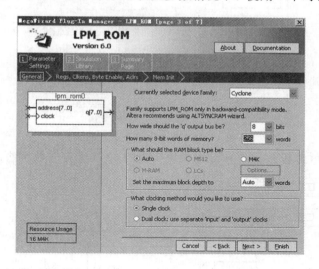

图 4 - 52　数据线和地址线宽度设置

接着单击"Next"按钮，在如图 4 - 53 所示的窗口中增加时钟使能信号和异步清零信号。这些信号只对寄存器方式的端口（Registered Port）有效，因此需要在"Which ports should be registered?"选项中选中输出端口"'q'output port"，将其设为寄存器型。

继续单击"Next"按钮，进入如图 4 - 54 所示的窗口，在这里将 ROM 的初始化文件（后缀名为 mif）加入到 lpm_rom 中。在"Do you want to specify the initial content of the memory?"选项中选中"Yes,…"选项，然后单击"Browse…"按钮，将已编辑好的 ＊.mif 文件添加进来（如何生成 mif 文件会在下面进行说明）。

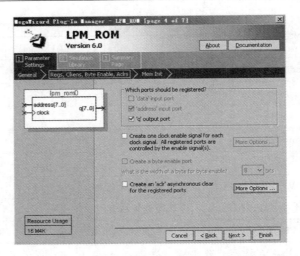

图 4-53　增加时钟使能信号和异步清零信号窗口

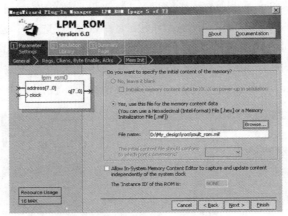

图 4-54　添加 . mif 文件窗口

如图 4-55 所示为基于 lpm_rom 宏模块实现的 4×4 无符号数乘法器电路图。

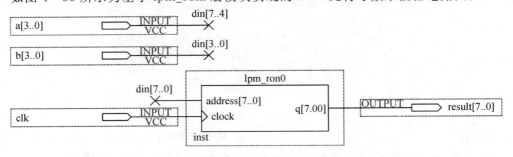

图 4-55　基于 lpm_rom 宏模块实现的 4×4 无符号数乘法器电路图

（3）mif 文件的生成。ROM 存储器的内容存储在 ＊. mif 文件中（本例中取名为 mult_rom. mif），本例中生成 ＊. mif 文件的更好的方法是编写 MATLAB 程序来完成此项任务，MATLAB 程序如下：

fid＝fopen（′D：\mult_rom. mif′，′w′）；

fprintf（fid，′WIDTH＝8；\n′）；

```
fprintf(fid, 'DEPTH=256；\n\n');
fprintf(fid, 'ADDRESS_RADIX=UNS；\n');
fprintf(fid, 'DATA_RADIX=UNS；\N\N');
fprintf(fid, 'CONTENT　BEGIN \n');
for i=0：15
  for j=0：15
    fprintf(fid, '%d ：%d；\n', i*16+j, i*j);
  end
end
fprintf(fid, 'END；\n');
fclose(fid);
```

在 MATALB 环境下运行上面的程序，即可在 D 盘根目录下生成 mult_rom. mif 文件。

（4）仿真。至此已完成整个设计，对整个设计进行编译和仿真，仿真波形如图 4-56 所示。

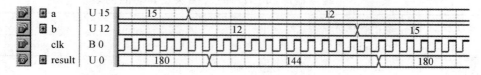

图 4-56　仿真波形

4.3.2　Maxplus2 库

Maxplus2 库主要由 74 系列数字集成电路组成，包括时序电路宏模块和运算电路宏模块两大类。其中时序电路宏模块包括触发器、锁存器、计数器、分频器、多路复用器和移位寄存器；运算电路宏模块包括逻辑预算模块、加法器、减法器、乘法器、绝对值运算器、数值比较器、编译码器和奇偶校验器。

对于这些小规模的集成电路，在数字电路课程中有详细的介绍。它们的调入方法和 Megafunction 库中的宏模块是一样的，只是端口和参数无法设置。

下面以 7490 为例来说明 Maxplus2 库的应用。在图形编辑窗口中，双击空白处，选择 "Maxplus2"目录下的 7490，或者直接在"Name"栏中输入 7490，单击"OK"按钮即可将 7490 模块调入图形编辑窗口。重复此步骤，依次调入 GND、INPUT、OUTPUT 等元件。按照如图 4-57 所示进行连接，就构成了一个模 10 计数器电路。对该电路进行编译和仿真，其仿真波形如图 4-58 所示。

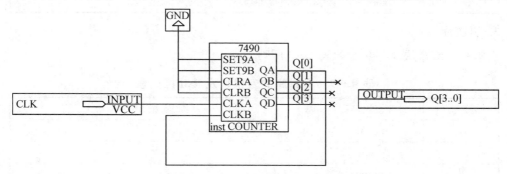

图 4-57　利用 7490 实现的模 10 计数器电路

图 4-58　仿真波形

4.3.3　Primitives 库

Primitives 库主要由五类模块组成，分别是缓冲器(buffer)库、引脚(pin)库、存储单元(storge)库、逻辑门(logic)库和其他(other)元件库。

1. 缓冲器库

缓冲器库的宏模块及其功能如表 4-8 所列。

表 4-8　缓冲器库(buffer)的宏模块及其功能列表

序号	宏模块名称	功 能 描 述
1	alt_inbuf	输入缓冲器
2	alt_iobuf	I/O 缓冲器
3	alt_outbuf	输出缓冲器
4	alt_outbuf_tri	三态输出缓冲器
5	carry	双端口缓冲器
6	carry_sun	进位缓冲器
7	cascade	级联缓冲器
8	clkclock	参数化锁相环
9	exp	扩展缓冲器
10	global	全局信号缓冲器
11	lcell	逻辑单元分配缓冲器
12	opndm	开漏缓冲器
13	row_global	行全局信号缓冲器
14	soft	软缓冲器
15	tri	三态缓冲器
16	wire	线段缓冲器

2. 引脚库

引脚库的宏模块及其功能如表 4-9 所列。

表 4-9　引脚库的宏模块及其功能列表

序号	宏模块名称	功 能 描 述
1	bidir	双向端口
2	input	输入端口
3	output	输出端口

3. 存储单元库

存储单元库的宏模块及其功能如表 4 – 10 所列。

表 4 – 10　存储单元库的宏模块及其功能列表

序号	宏模块名称	功　能　描　述
1	diff	D 触发器
2	dffe	带时钟使能的 D 触发器
3	dffea	带时钟使能和异步置数的 D 触发器
4	dffeas	带时钟使能和异步/同步置数的 D 触发器
5	dlatch	带使能端的 D 触发器
6	jkff	JK 触发器
7	jkffe	带时钟使能的 JK 触发器
8	latch	锁存器
9	srff	SR 触发器
10	srffe	带时钟使能的 SR 触发器
11	tff	T 触发器
12	tff	带时钟使能的 T 触发器

4. 逻辑门库

逻辑门库的宏模块及其功能如表 4 – 11 所列。

表 4 – 11　逻辑门库的宏模块及其功能列表

序号	宏模块名称	功　能　描　述
1	and	与门
2	band	低电平有效与门
3	bnand	低电平有效与非门
4	bnor	低电平有效或非门
5	bor	低电平有效或门
6	nand	与非门
7	nor	或非门
8	not	非门
9	or	或门
10	xnor	异或非门
11	xor	异或门

5. 其他元件库

其他元件库的宏模块及其功能如表 4 – 12 所列。

表 4 - 12   其他元件库的宏模块及其功能列表

序号	宏模块名称	功 能 描 述
1	constant	常量
2	gnd	地
3	param	参数
4	title	工程图明细表
5	vcc	电源

4.3.4 综合设计

1. 实验要求

基于 Quartus II 软件，用 7490 设计一个能计时(12 h)、计分(60 min)和计秒(60 s)的简单数字钟电路。

2. 实验内容

(1) 基于 Quartus II 的原理图输入方式，用 7490 连接成包含进位输出的模 60 计数器，并进行仿真，如果功能正确，将其生成元件。如图 4 - 59 所示为模 60 计数器的原理图，其功能仿真波形如图 4 - 60 所示。

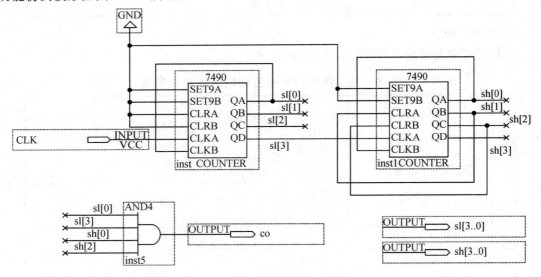

图 4 - 59 模 60 计数器原理图

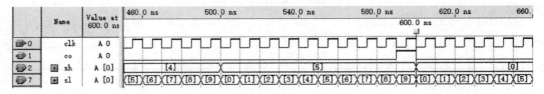

图 4 - 60 模 60 计数器功能仿真波形

(2) 将 7490 连接成模 12 计数器，进行仿真，如果功能正确，也将其生成一个元件。如图 4 - 61 所示为原理图，如图 4 - 62 所示为功能仿真波形。

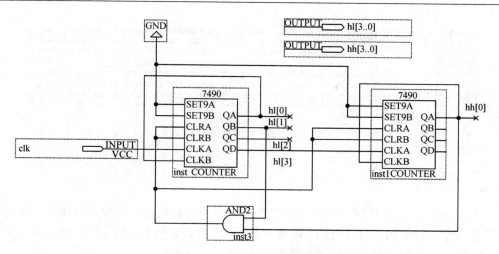

图 4-61　模 12 计数器原理图

图 4-62　模 12 计数器功能仿真波形

（3）分别将模 60 计数器和模 12 计数器生成元件符号，并在顶层原理图文件中调用连接成为简单的数字钟电路，能计时、计分和计秒，计满 12 h 后系统清零，重新开始计时。如图 4-63 所示为生成的顶层原理图，如图 4-64 所示为功能仿真波形。

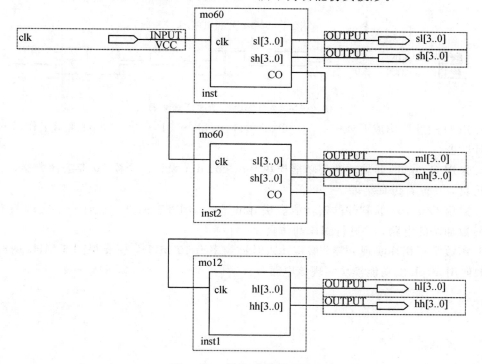

图 4-63　数字时钟原理图

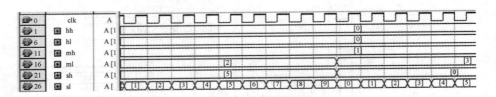

图 4-64　数字时钟功能仿真波形

习　题　4

1. 基于 Quartus Ⅱ软件，用 D 触发器设计一个 2 分频电路，并做波形仿真。在此基础上，设计一个 4 分频和 8 分频电路，做波形仿真。参考设计如下：图 4-65 所示为 2 分频电路图，如图 4-66 所示为其功能仿真波形。

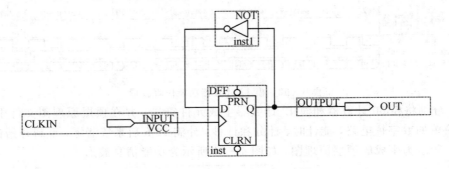

图 4-65　2 分频电路图

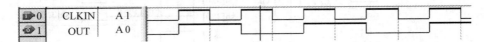

图 4-66　2 分频电路功能仿真波形

2. 用 D 触发器构成循环码(000→001→011→111→101→100→000)规律工作的六进制同步计数器。

3. 采用 Quartus Ⅱ软件的宏功能模块 lpm_counter 设计一个模 60 加法计数器，进行编译和仿真，并查看仿真结果。

4. 采用 Quartus Ⅱ软件的宏功能模块 lpm_rom，用查表的方式设计一个实现两个 8 位无符号数加法的电路，并进行编译和仿真。

5. 用数字锁相环实现分频，假定输入时钟频率为 10 MHz，想要得到 6 MHz 的时钟信号，如何用 altpll 宏功能模块实现该电路？

第 5 章　硬件描述语言 Verilog HDL 基础

　　硬件描述语言(Hardware Description Language，HDL)是具有特殊结构，能够对硬件逻辑电路的功能进行描述的一种高级编程语言，是硬件设计人员和电子设计自动化(EDA)工具之间的媒介面。其主要目的是用来编写设计文件，建立电子系统行为级的仿真模型，即利用计算机对用 Verilog HDL 或 VHDL 建模的复杂数字逻辑进行仿真，然后再自动综合以生成符合要求且在电路结构上可以实现的数字逻辑网表(Netlist)，并根据网表和某种工艺的器件自动生成具体电路，从而生成该工艺条件下这种具体电路的延时模型，仿真验证无误后，用于制造 ASIC 芯片或写入 CPLD 和 FPGA 器件中。

　　HDL 于 1992 年由 Iverson 提出，随后许多高等学校、科研单位、大型计算机厂商都相继推出了各自的 HDL，但最终成为 IEEE 技术标准的仅有两个，即 Verilog HDL 和 VHDL。Verilog HDL 提供简洁明了、可读性强的句法。VHDL 出现较晚，起源于 ADA 语言，格式严谨，不适合初学者。

5.1　概　　述

5.1.1　HDL 简介

　　HDL 是一种用形式化方法描述数字电路和系统的语言，目前在美国硅谷约有 90% 以上的 ASIC 和 FPGA 采用 HDL 进行设计。

　　HDL 发展至今已有 20 多年的历史，并成功地应用于电子系统设计中的建模、仿真、验证和综合等各个阶段。到 20 世纪 80 年代，已出现了上百种硬件描述语言，对设计自动化起到了极大的促进和推动作用。但是，这些语言一般各自面向特定的设计领域和层次，而且众多的语言使用户无所适从。因此，亟须一种面向设计的多领域、多层次并得到普遍认同的标准硬件描述语言。20 世纪 80 年代后期，VHDL 和 Verilog HDL 语言适应了这种趋势的要求，先后成为 IEEE 标准。

　　现在，随着系统级 FPGA 以及系统芯片的出现，软硬件协调设计和系统设计变得越来越重要。传统意义上的硬件设计越来越倾向于与系统设计和软件设计结合。硬件描述语言为适应新的情况，迅速发展，出现了很多新的硬件描述语言，如 Superlog、SystemC、Cynlib C++ 等。

5.1.2　VHDL 语言及特点

　　早在 1980 年，因为美国军事工业需要描述电子系统的方法，美国国防部开始进行 VHDL 的开发。1987 年，由 IEEE(Institute of Electrical and Electronics Engineers，国际

电气和电子工程师学会)将 VHDL 制定为标准。参考手册为 IEEE VHDL 语言参考手册标准草案 1076/B 版,于 1987 年批准,称为 IEEE 1076—1987。应当注意,起初 VHDL 只是作为系统规范的一个标准,而不是为设计制定的。第二个版本是在 1993 年制定的,称为 VHDL-93,增加了一些新的命令和属性。

实质上,底层的 VHDL 设计环境是由 Verilog HDL 描述的器件库支持的,因此,它们之间的互操作性十分重要。目前,Verilog 和 VHDL 的两个国际组织 OVI(Open Verilog International)和 VI(VHDL International)正在筹划这一工作,准备成立专门的工作组来协调 VHDL 和 Verilog HDL 语言的互操作性。OVI 也支持不需要翻译、由 VHDL 到 Verilog 的自由表达。

现在,VHDL 和 Verilog 作为 IEEE 的工业标准硬件描述语言,又得到了众多 EDA 公司的支持,在电子工程领域,已成为事实上的通用硬件描述语言。有专家认为,在 21 世纪, VHDL 与 Verilog 将承担起大部分的数字系统设计任务。

VHDL 主要用于描述数字系统的结构、行为、功能和接口。除了含有许多具有硬件特征的语句外,VHDL 的语言形式和描述风格十分类似于一般的计算机高级语言。VHDL 的程序结构特点是将一项工程设计或称设计实体(可以是一个元件、一个电路模块或一个系统)分成外部(或称可视部分,即端口)和内部(或称不可视部分),涉及实体的内部功能和算法完成部分。在对一个设计实体定义了外部界面后,一旦其内部开发完成后,其他的设计就可以直接调用这个实体。这种将设计实体分成内外部分的概念是 VHDL 系统设计的基本特点。应用 VHDL 进行工程设计的优点是多方面的,具有以下几点。

(1) 与其他的硬件描述语言相比,VHDL 具有更强的行为描述能力,从而决定了其成为系统设计领域最佳的硬件描述语言。强大的行为描述能力是避开具体的器件结构,从逻辑行为上描述和设计大规模电子系统的重要保证。

(2) VHDL 丰富的仿真语句和库函数,使得在任何大系统的设计早期就能查验设计系统的功能可行性,随时可对设计进行仿真模拟。

(3) VHDL 语句的行为描述能力和程序结构决定了其具有支持大规模设计的分解和已有设计的再利用功能。符合市场需求的大规模系统需要有多人甚至多个代发组共同并行工作才能高效完成。

(4) 对于用 VHDL 完成的一个确定的设计,可以利用 EDA 工具进行逻辑综合和优化,并自动地把 VHDL 描述设计转变成门级网表。

(5) VHDL 对设计的描述具有相对独立性,设计者可以在不懂硬件的结构,也不必知道最终设计实现的目标器件的情况下进行独立的设计。

5.1.3　Verilog HDL 语言

任何新生事物从产生到发展都有它的历史沿革。早期的硬件描述语言是以一种高级语言为基础,加上一些特殊的约定而产生的,目的是实现 RTL 级仿真,用以验证设计的正确性,解决传统手工设计过程中必须等到完成样机后才能进行实测和调试的弊端。

Verilog HDL 是在 1983 年由 GDA(GateWay Design Automation)公司的 Phil Moorby 首创的。Phil Moorby 后来成为 Verilog-XL 的主要设计者和 Cadence 公司的第一合伙人。1984—1985 年,Phil Moorby 设计出了第一个名为 Verilog-XL 的仿真器;1986 年,他对

Verilog HDL 的发展又作出了另一个巨大的贡献——提出了用于快速门级仿真的 XL 算法。

随着 Verilog - XL 算法的成功，Verilog HDL 语言得到迅速发展。1989 年，Cadence 公司收购了 GDA 公司，Verilog HDL 语言成为 Cadence 公司的私有财产。1990 年，Cadence 公司决定公开 Verilog HDL 语言，于是成立了 OVI 组织，负责促进 Verilog HDL 语言的发展。基于 Verilog HDL 的优越性，IEEE 于 1995 年制定了 Verilog HDL 的 IEEE 标准，即 Verilog HDL 1364—1995；2001 年发布了 Verilog HDL 1364—2001 标准。在这个标准中，加入了 Verilog HDL-A 标准，使 Verilog 有了模拟设计描述的能力。

Verilog HDL 的最大特点就是易学易用。如果学习者已具有 C 语言的编程经验，就可以在较短的时间内很快地学习和掌握，因而可以把 Verilog HDL 内容安排在与 ASIC 设计等相关课程内部进行讲授。由于 HDL 语言本身是专门面向硬件与系统设计的，这样的安排可以使学习者同时获得设计实际电路的经验。与之相比，VHDL 的学习要困难一些。但 Verilog HDL 较自由的语法，也容易造成初学者犯错误，这一点需要注意。

5.1.4　其他 HDL

1. ABEL-HDL

ABEL-HDL 是一种早期的硬件描述语言，在可编程逻辑器件的设计中，可方便、准确地描述所设计的电路逻辑功能。该语言支持逻辑电路的多种表达形式，其中包括逻辑方程、真值表和状态图。ABEL-HDL 语言和 Verilog HDL 语言同属于一种描述级别，但 ABEL-HDL 语言是从早期可编程逻辑器件(PLD)的设计中发展而来的。其特性受支持的程度远远不如 Verilog HDL。Verilog HDL 是从集成电路设计中发展而来的，语言较为成熟，支持的 EDA 工具很多。ABEL-HDL 被广泛用于各种可编程逻辑器件的逻辑功能设计，由于其语言描述的独立性，因而适用于各种不同规模的可编程器的设计。如 DOS 版的 ABEL3.0 软件可对包括 GAL 期间进行全方位的逻辑描述和设计，而在诸如 Lattice 的 ispEXPERT、DATAIO 的 Synario、Vantis 的 Design-Direct、Xilinx 的 FOUNDATION 和 WEBPACK 等 EDA 软件中，ABEL-HDL 同样可用于较大规模的 FPGA/CPLD 器件功能设计。ABEL-HDL 还能对所设计的逻辑系统进行功能仿真。ABEL-HDL 的设计也能通过标准格式设计转换文件转换成其他设计环境，如 VHDL、Verilog HDL 等。从长远来看，VHDL 和 Verilog HDL 的应用会比 ABEL-HDL 广泛得多，ABEL-HDL 只会在较小的范围内继续存在。

2. AHDL

AHDL(Altera HDL) 是 Altera 公司发明的 HDL，其优点是易学易用，学过高级语言的学习者可以在很短的时间内掌握 AHDL。其缺点是移植性不好，通常只用于 Altera 自己的开发系统。

3. Superlog

开发一种新的硬件设计语言总是有些冒险，而且未必能够利用已有的硬件开发的经验。能不能在原有硬件描述语言的基础上，结合高级语言 C、C++甚至 Java 等语言的特点进行扩展，达到一种新的系统级设计语言标准呢？

Superlog 就是在这样的背景下研制开发的系统级硬件描述语言。Verilog HDL 语言的首创者 Phil Moorby 和 Peter Flake 等硬件描述语言专家，在一家叫 Co-Design Automation 的 EDA 公司进行合作，开始对 Verilog HDL 进行扩展研究。1999 年，Co-Design 公司发布了 SUPERLOGTM 系统设计语言，同时发布了两个开发工具——Systemsimtm 和 Systemextm，一个用于系统级开发，一个用于高级验证。2001 年，Co-Design 公司向电子产业标准化组织 Accellera 发布了 Superlog 扩展综合子集 ESS，这样它就可以在现有 Verilog HDL 语言的 RTL 级综合子集的基础上，提供更多级别的硬件综合抽象级，为各种系统级的 EDA 软件工具所利用。

至今为止，已有超过 15 家芯片设计公司用 Superlog 来进行芯片设计和硬件开发。Superlog 是一种具有良好前景的系统级硬件描述语言。但由于整个 IT 产业的滑坡，EDA 公司进行了大的整合。

Superlog 集合了 Verilog HDL 的简洁、C 语言的强大、功能验证和系统级结构设计等特征，是一种高速的硬件描述语言。

Superlog 的系统级硬件开发工具主要有 Co-Design Automation 公司的 Systemsimtm 和 Systemextm，同时可以结合其他的 EDA 工具进行开发。

4. SystemC

随着半导体技术的迅猛发展，SoC 已经成为当今集成电路设计的发展方向。对于系统芯片的系统定义、软硬件划分、设计实现等环节，集成电路设计界一直在考虑如何满足 SoC 的设计要求，一直在寻找一种能同时实现较高层次的软件和硬件描述的系统级设计语言。

SystemC 正是在这种情况下，由 Synopsys 公司和 CoWare 公司积极响应目前各方对系统级设计语言的需求而合作开发的。1999 年 9 月 27 日，40 多家世界著名的 EDA 公司、IP 公司、半导体公司和嵌入式软件公司宣布成立"开放式 SystemC 联盟"。著名 Cadence 公司也于 2001 年加入了 SystemC 联盟。SystemC 从 1999 年 9 月联盟建立初期的 0.9 版本开始更新，从 1.0 版到 1.1 版，一直到 2001 年 10 月推出了 2.0 版。

实际使用中，SystemC 由一组描述类库和一个包含仿真核的库组成。在用户的描述程序中，必须包括相应的类库，可以通过通常的 ANSI C++编译器编译该程序。SystemC 提供了软件、硬件和系统模块。用户可以在不同的层次上自由选择，建立自己的系统模型，进行仿真、优化、验证、综合等。

选择何种语言主要还是看周围人群的使用习惯，这样可以方便日后的学习交流。当然，目前 Verilog HDL 和 VHDL 语言是使用用户最多的两类语言，因为在 IC 设计领域，90% 以上的公司都是采用 Verilog HDL 或 VHDL 进行设计。本书主要介绍 Verilog HDL 语言。

5.2　Verilog HDL 语言要素

Verilog HDL 程序是由各种符号流构成的，这些符号包括空白符、注释、关键字、标识符、运算符等。下面分别予以介绍。

5.2.1　空白符

在 Verilog HDL 代码中，空白符包括空格、Tab、换行和换页。空白符使代码错落有致，阅读起来更方便。在综合时空白符被忽略。

　　Verilog HDL 程序可以不分行，也可以加入空白符采用多行书写。例如：

　　　　inital begin a＝3′b001；b＝3′b110；end

这段程序等同于下面的书写格式：

　　　　inital

　　　　　begin　　　　　　//加入空格，换行符等，使代码错落有致，提高可读性

　　　　　　a＝3′b001；

　　　　　　b＝3′b110；

　　　　　end

5.2.2　注释

　　在 Verilog HDL 程序中有以下两种形式的注释：

　　(1) 单行注释：以"//"开始到本行结束，不允许续行。

　　(2) 多行注释：以"/ ＊"开始，到"＊/"结束。

5.2.3　关键字

　　Verilog HDL 语言内部已经使用的词称为关键字或保留字，这些关键字用户不能作为变量或节点名字使用。表 5-1 所列为 Verilog HDL 语言中的关键字。需注意的是，所有关键字都是小写的，例如大写的 MODULE 是标识符，小写的 module 则是关键字。

表 5-1　Verilog HDL 关键字

and	end	ifnone	or	rpmos	tranif1
always	endcase	initial	output	rtran	time
assign	endfunction	inout	parameter	rtranif0	tri
begin	endprimitive	input	pmos	rtranif1	triand
buf	endmodule	integer	posedge	scalared	trior
bufif0	endspecify	join	primitive	small	trireg
bufif1	endtable	large	pulldown	specify	tri0
case	endtask	macromodule	pullup	specparam	tri1 vectored
casex	event	medium	pull0	strength	wait
casez	for	module	pull1	strong0 strong1	wand
cmos	force	nand	rcmos	supply0	weak0
deassign	forever	negedge	real	supply1	weak1
default	fork	nor	realtime	table	while
defparam	function	not	reg	task	wire
disable	highz0	notif0	release	tran	wor
edge	highz1	notif1	repeat	tranif0	xnor
else	if	nmos	rnmos	strength	xor

5.2.4　标识符

任何用 Verilog HDL 语言描述的"东西"都通过其名字来识别，这个名字被称为标识符，如源文件名、模块名、端口名、变量名、常量名、实例名等。

标识符可由字母、数字、下划线（_）和 $ 符号构成，但第一个字符必须是字母（a～z，A～Z）或下划线（_），不能是数字或 $ 符号。标识符最长可以包括 1023 个字符。此外，标识符是区分大小写的。

以下是几个合法的标识符的例子：

```
count
COUNT           //COUNT 与 count 是不同的
_A1_d2          //以下划线开头
R56_68
FIVE
```

而下面几个例子则是不正确的：

```
123a
$ data
module
7seg.v
```

还有一类标识符称为转义标识符，转义标识符以符号"\"开头，以空白符结尾，可以包含任何字符。例如：

```
\7400
\n
```

反斜线和结束空白符并不是转义标识符的一部分，因此，标识符"\out"和标识符"out"恒等。

5.3　常　　量

Verilog HDL 有以下四种基本的逻辑状态：

（1）0：低电平、逻辑 0 或逻辑非。

（2）1：高电平、逻辑 1 或逻辑真。

（3）x 或 X：不确定或未知的逻辑状态。

（4）z 或 Z：高阻态。

Verilog HDL 中的所有数字都在上述四类逻辑状态中取值，其中 x 和 z 可不区分大小写，也就是说，值 0x1z 与值 0X1Z 是等同的。

在程序运行中，值不能被改变的量称为常量（Constants），Verilog HDL 中的常量主要有四种类型：整数、实数、字符串和 parameter 常量（或称符号常量）。

5.3.1　整数

整数一般有三种书写方式，如表 5 - 2 所列。

表 5 - 2　整数的书写方式

书 写 方 式	说　　　明	举　　例
+/−＜位宽＞'＜进制＞＜数字＞	完整的表达方式	8'b11000101 或 8'hc5
+/−＜进制＞＜数字＞	缺省位宽，则位宽为实际数字转换为二进制数的宽度	hc5，位宽为 8 位
+/−＜数字＞	缺省进制为十进制，位宽默认为 32 位	197

其中，位宽是指二进制数的位宽。进制有四种表示形式：二进制整数(b 或 B)、十进制整数(d 或 D 或默认)、十六进制整数(h 或 H)和八进制整数(o 或 O)。

另外，在书写时，十六进制中的 a～f 与值 x 和 z 一样，不区分大小写。

下面是一些合法的书写整数的例子：

8'b11000101　　　　//位宽为 8 位二进制数 1100 0101

8'hd5　　　　　　//位宽为 8 位十六进制数 d5

5'O27　　　　　　//5 位八进制数

4'D2　　　　　　//4 位十进制数 2

4'B1x_01　　　　//4 位二进制数 1x01

5'Hx　　　　　　//5 位 x(扩展的 x)，即 xxxxx

4'hZ　　　　　　//4 位 z，即 zzzz

8 'h 2A　　　　/ * 符号在位宽和'符号之间，以及进制和数值之间允许出现空格，但'符号和进制之间，数值间是不允许出现空格的，比如 8' h2A、8'h2 A 等形式都是不合法的写法 * /

下面是一些不合法的书写整数的例子：

4　 'd−4　　　//非法：数值不能为负

3' b 001　　　//非法：'符号和基数 b 之间不允许出现空格

(2+3)'b10　　　//非法：位宽不能为表达式

在书写和使用数字中需注意以下问题：

(1) 为提高可读性，在较长的数字之间可用下划线(_)隔开，但不可以用在进制和数字之间。

例如：

16' b1010_1011_1100_1111 //合法

8'b_0011_1010 //非法

(2) 问号(?)是高阻态的一种，与 z 相同，如 2'B1? ＝2'b1z，表示两位二进制数，其低位为高阻状态。

(3) 数字中，左边是数值最高有效位(Most Significant Bit，MSB)，右边是最低有效位(Least Significant Bit，LSB)。

(4) 位宽小于数字位数时，高位舍去。例如：

6'hf3＝6'b11_0011

(5) 位宽大于数字位数时，高位补 0。但如果数最左边一位为 x 或 z，则高位相应补 x 或 z。例如：

6'hf＝6'b00_1111

6'hx＝6'bxx_xxxx

（6）在位宽前加一个减号，即表示负数。减号不能放在位宽与进制之间，也不能放在进制与数字之间。例如：

$-8'd5$ 　　　//5 的补数，等价于 $8'b11111011$

$8'd-5$ 　　　//非法格式

5.3.2　实数

实数（Real）有下面两种表示法。

1. 十进制格式

十进制格式表示法为：数字 + 小数点（小数点两侧必须有数字）。例如：

2.0

0.1　　　　　　//以上两例是合法的实数表示形式

2.　　　　　　 //非法：小数点两侧都必须有数字

2. 指数格式

指数格式表示法为：数字 + e(E)（e 前面必须有数字，后面必须为整数）例如：

43_5.1e2　　　//其值为 43510.0

9.6E2　　　　 //960.0（e 与 E 相同）

5E-4　　　　　//0.0005

5.3.3　字符串

字符串是双引号内的字符序列。字符串不能分成多行书写。例如：

"INTERNAL ERROR"

字符串的作用主要是用于仿真时显示一些相关的信息，或者指定显示的格式。

字符串宽度为字符串中字符的个数乘以 8。例如：

"ERROR\n"　　//6 个字符，宽度为 $6×8(48b)$

字符串中有一类特殊字符，特殊字符必须用字符"\"来说明，如表 5-3 所列。

表 5-3　特殊字符

\n	\t	\\	\"
换行符	Tab 键	字符\本身	字符"

5.3.4　parameter 常量

在 Verilog HDL 语言中，用参数 parameter 来定义符号常量，即用 parameter 来定义一个标志符代表一个常量。参数常用来定义时延和变量的宽度。使用参数说明的常量只能被赋值一次。

参数定义格式如下：

parameter 参数名 1=表达式 1，参数名 2=表达式 2，…；

参数名通常用大写字母表示，例如：

parameter　SEL=8，CODE=$8'ha3$；

//分别定义参数 SEL 代表常数 8（十进制），参数 CODE 代表常量 a3（十六进制）

每个赋值语句的右边必须为常数表达式，即只能包含数字或先前定义过的符号常量。例如：

parameter addrwidth ＝ 16；　　　　　　　　　//合法格式

parameter addrwidth ＝ datawidth * 2；　　　　//非法格式

parameter datawidth ＝8，addrwidth ＝ datawidth * 2；　//合法格式

5.4　数　据　类　型

数据类型(Data Type)是用来表示数字电路中的物理连线、数据存储和传输单元等物理量的。

在程序运行过程中，其值可以改变的量，称为变量。

变量的数据类型有 19 种，常用的数据类型有三种：net 型、variable 型和 memory 型。

注意：在 Verilog-1995 标准中，variable 型变量称为 register 型；在 Verilog-2001 标准中将 register 一词改为 variable，以避免初学者将 register 和硬件中的寄存器概念混淆。

5.4.1　net 型

net 型数据相当于硬件电路中的各种物理连接，其特点是输出值随输入值的变化而变化。连线类型有两种驱动方式，一种方式是在结构描述中将其连接到一个门元件或模块的输出端，另一种方式是用持续赋值语句 assign 对其进行赋值。

net 型变量包括多种类型，如表 5-4 所列。表中符号"√"表示可综合。

表 5-4　常用的 net 型变量及可综合性说明

类型	功　能　说　明	可综合性
wire，tri	标准连线，缺省类型	√
wor，trior	多重驱动，线或特性	
wand，triand	多重驱动，线与特性	
trireg	电荷保持特性	
tri1	上拉电阻(Pullup)，将输出置 1	
tri0	下拉电阻(Pulldown)，将输出置 0	
supply1	电源线，逻辑 1	√
supply0	地线，逻辑 0	√

wire 类型是最常用的 net 型变量，常用来表示以 assign 语句赋值的组合逻辑信号。模块中的输入/输出信号没有明确指定数据类型时都被默认为 wire 类型。wire 类型信号可用作任何方程式的输入，或 assign 语句和实例元件的输出。对于综合器而言，其取值可为 0、1、x、z；如果 wire 类型变量没有连接到驱动，则其值为高阻态 z。

wire 类型变量的定义格式如下：

wire　数据名 1，数据名 2，…，数据名 n；

例如：

wire　a，b；　　　　//定义了两个 1 位宽的 wire 型变量 a 和 b

上面定义了两个变量 a、b 的宽度是一位的，位宽可以省略，若定义一个多位宽的 wire 类型数据（如总线），则定义格式如下：

　　　　wire[n−1：0] 数据名 1，数据名 2，…，数据名 m；//数据宽度为 n 位

或　　　　wire[n：1] 数据名 1，数据名 2，…，数据名 m；

　　例如：

　　　　wire[7：0] databus；　　　　//databus 的宽度是 8 位

　　　　wire[19：0] addrbus；　　　　//addrbus 的宽度是 20 位

5.4.2　variable 型

　　variable 型变量必须放在过程语句（如 initial、always）中，通过过程赋值语句赋值，在 always、initial 等过程块内被赋值的信号也必须定义成 variable 型。

　　注意：variable 型变量并不意味着一定对应着硬件上的一个触发器或寄存器等存储元件，在综合器进行综合时，variable 型变量会根据具体情况来确定是映射成连线还是映射为触发器或寄存器。

　　variable 型数据包括四种类型，如表 5−5 所列。表中符号"√"表示可综合。

表 5−5　常用的 variable 型变量及可综合性说明

类型	功能说明	可综合性
reg	行为描述中，过程赋值	√
integer	32 位带符号整型变量	√
real	64 位带符号实型	
time	64 位无符号时间变量	

　　表 5−5 中的 real 和 time 均为过程块中的数学描述，不对应具体硬件电路。integer 一般用于循环变量控制；real 一般用于延时时间计算等，主要用于仿真；time 一般为模拟时间的存储与计算处理。

　　1. reg 类型

　　reg 类型变量是最常用的一种 variable 型变量。定义格式如下：

　　　　reg　数据名 1，数据名 2，……数据名 n；

　　例如：

　　　　reg　a，b；　　　　//定义了两个 1 位宽的 reg 型变量 a、b

上面定义了两个变量 a，b 的宽度是 1 位的，位宽可以省略，若定义一个多位宽的 reg 型数据（如总线），定义格式如下：

　　　　reg[n−1：0] 数据名 1，数据名 2，…，数据名 m；//数据宽度为 n 位

或

　　　　reg[n：1] 数据名 1，数据名 2，…，数据名 m；

　　例如：

　　　　reg[7：0]　qout；　　　　//定义 qout 为 8 位宽的 reg 型向量

或

　　　　reg[8：1]　qout；

2. integer 类型

integer 类型变量多用于表示循环变量，如用来表示循环次数等。其定义格式如下：

　　integer　数据名 1，数据名 2，…，数据名 n；

例如：

　　integer i，j；

　　integer[31：0] d；

5.4.3　memory 型

在数字系统设计中，经常需要用到存储器。在介绍存储器之前，先来了解标量和向量的定义。

1. 标量与向量

宽度为 1 位的变量称为标量，如果在变量声明中没有指定位宽，则默认为标量(1 位)。举例如下：

　　wire a；　　　//a 为标量

　　reg　clk；　//clk 为标量 reg 型变量

线宽大于 1 位的变量(包括 net 型和 variable 型)称为向量(Vector)。向量的宽度用下面的形式定义：

　　[MSB：LSB]

方括号左边的数字表示向量的最高有效位(MSB)，右边的数字表示最低有效位(LSB)。例如：

　　wire[3：0]　bus；　　　　//4 位的总线

2. 位选择和域选择

在表达式中可任意选中向量中的一位或相邻几位，分别称为位选择和域选择。例如：

　　A＝mybyte[6]；　　　　//位选择，将 mybyte 的第 6 位赋给变量 A

　　B＝mybyte[5：2]；　　　　//域选择，将 mybyte 的第 5、4、3、2 位赋给变量 B

再比如：

　　reg[7：0] a，b；reg[3：0] c；reg d；

　　d＝a[7]&b[7]；　　　　//位选择

　　c＝a[7：4]＋b[3：0]；　　//域选择

3. memory 型变量

memory 型变量是由若干个相同宽度的 reg 类型向量构成的数组。Verilog HDL 通过 reg 类型变量建立数组来对存储器建模。memory 型变量可描述 RAM、ROM 和 reg 文件。memory 型变量通过扩展 reg 类型变量的地址范围来生成，具体格式如下：

　　reg[n−1：0] 存储器名[m−1：0]；

或

　　reg[n−1：0] 存储器名[m：1]；

用 Verilog HDL 定义存储器时，需定义存储器的容量和字长。容量表示存储器存储单元的数量，字长则是每个存储单元的数据宽度。

memory 型变量与 reg 型变量的区别如下：

（1）含义不同：memory 型变量可看作由多个 reg 类型变量构成。例如：

　　reg[n−1：0] rega；　　　　//一个 n 位的寄存器

　　reg mema [n−1：0]；　　//由 n 个 1 位寄存器组成的存储器

（2）赋值方式不同：一个 n 位的寄存器可用一条赋值语句赋值；一个完整的存储器则不行，若要对某存储器中的存储单元进行读写操作，则必须指明该单元在存储器中的地址。例如：

　　rega = 0；　　　　　　　　//合法赋值语句

　　mema = 0；　　　　　　　　//非法赋值语句

　　mema[8] = 1；　　　　　　//合法赋值语句

　　mema[1023：0] = 0；　　//合法赋值语句

需要指出的是，这里讨论的 Verilog HDL 存储器设计不管是 RAM 还是 ROM，在综合时，综合器通常会用触发器来实现。平时在实际设计中如果需要用到存储器，更多的是采用设计软件所提供的存储器宏功能模块去实现，这样，设计软件（如 Quartus Ⅱ）综合时，在没有人工指定的情况下，会自动采用 FPGA 器件中的嵌入式存储器块去物理实现。

5.5　运　算　符

Verilog HDL 提供了丰富的运算符，按功能来区分，包括算术运算符、逻辑运算符、关系运算符、等式运算符、位运算符、缩位运算符、移位运算符、条件运算符和位拼接运算符。

如果按运算符所带操作数的个数来区分，可分为以下三类：

（1）单目运算符：带一个操作数，如逻辑非！、按位取反～、缩减运算符、移位运算符。

（2）双目运算符：带两个操作数，如算术、关系、等式运算符，逻辑、位运算符的大部分。

（3）三目运算符：带三个操作数，如条件运算符。

下面按功能的不同对这些运算符分别进行介绍。

5.5.1　算术运算符

常用的算术运算符如表 5-6 所列。

表 5-6　算术运算符

算术运算符	说　明
＋	加
—	减
＊	乘
/	除
％	求模

进行整数除法运算时，结果值略去小数部分，只取整数部分；％称为求模（或求余）运算符，要求％两侧均为整型数据；求模运算结果值的符号位取第一个操作数的符号位。进行算术运算时，若某操作数为不定值 x，则整个结果也为 x。例如：

　　－10%3，结果为－1

　　10%－3，结果为 1

5.5.2　逻辑运算符

　　逻辑运算符把它的操作数当做布尔变量，进行逻辑运算后的结果也为布尔值（为 1 或 0 或 x）。逻辑运算符如表 5－7 所列。

表 5－7　逻辑运算符

逻辑运算符	说　　明
& &（双目）	逻辑与
‖（双目）	逻辑或
！（单目）	逻辑非

　　非零的操作数被认为是真（$1'b1$）；零被认为是假（$1'b0$）；不确定的操作数如 $4'bxx00$，被认为是不确定的（可能为零，也可能为非零，记为 $1'bx$）；但 $4'bxx11$ 被认为是真（记为 $1'b1$，因为它肯定是非零的）。

　　"& &"和"‖"运算符的优先级除高于条件运算符外，低于关系运算符、等式运算符等其他运算符；逻辑非"！"优先级最高。例如：

　　　　(a＞b)& &(b＞c)　　可简写为：a＞b & & b＞c

　　　　(a＝＝b)‖(x＝＝y)　可简写为：a＝＝b‖x＝＝y

　　　　(！a)‖(a＞b)　　　可简写为：！a‖a＞b

5.5.3　关系运算符

　　关系运算符有四种，如表 5－8 所列。

表 5－8　关系运算符

关系运算符	说　　明
＜	小于
＜＝	小于或等于
＞	大于
＞＝	大于或等于

　　注：其中，"＜＝"运算符也用于表示信号的一种赋值操作。

　　关系运算结果为 1 位的逻辑值 1、0 或 x。关系运算时，若关系为真，则返回值为 1；若声明的关系为假，则返回值为 0；若某操作数为不定值 x，则返回值为 x。所有的关系运算符优先级别相同。关系运算符的优先级低于算术运算符。

5.5.4　等式运算符

　　等式运算符有四种，如表 5－9 所列。

表 5-9　关系运算符

等式运算符	说　明
＝＝	相等
！＝	不等于
＝＝＝	全等
！＝＝	不全等

等式运算结果为 1 位的逻辑值 1 或 0 或 x。

相等运算符(＝＝)和全等运算符(＝＝＝)的区别为：使用相等运算符时，两个操作数必须逐位相等，结果才为 1；若某些位为 x 或 z，则结果为 x。使用全等运算符时，若两个操作数的相应位完全一致(如同是 1，或同是 0，或同是 x，或同是 z)，则结果为 1；否则为 0。它们的真值表如表 5-10 所列。

表 5-10　相等运算符和全等运算符的真值表

＝＝	0	1	x	z	＝＝＝	0	1	x	z
0	1	0	x	x	0	1	0	0	0
1	0	1	x	x	1	0	1	0	0
x	x	x	x	x	x	0	0	1	0
z	x	x	x	x	z	0	0	0	1

所有的等式运算符优先级别相同。

"＝＝＝"和"！＝＝"运算符常用于 case 表达式的判别，又称为 case 等式运算符。

5.5.5　位运算符

常用的位运算符如表 5-11 所列。

表 5-11　位运算符

位运算符	说　明
～	按位取反
＆	按位与
|	按位或
^	按位异或
～^，^～	按位同或

位运算其结果与操作数位数相同。位运算符中的双目运算符要求对两个操作数的相应位逐位进行运算。

两个不同长度的操作数进行位运算时，将自动按右端对齐，位数少的操作数会在高位用 0 补齐。例如：

若 A ＝ $5'b11001$，B ＝ $3'b101$，则

A ＆ B ＝($5'b11001$)＆($5'b00101$)＝ $5'b00001$

5.5.6　缩位运算符

缩位运算符是单目运算符，如表 5 – 12 所列。

表 5 – 12　缩位运算符

缩位运算符	说　明
&	与
~&	与非
|	或
~|	或非
^	异或
~^, ^~	同或

缩位运算法则与位运算符类似，但运算过程不同。

缩位运算法则是对单个操作数进行递推运算，即先将操作数的最低位与第二位进行与、或、非运算，再将运算结果与第三位进行相同的运算，依次类推，直至最高位，运算结果缩减为 1 位二进制数。例如：

```
reg[3：0] a;
b=|a;              //等效于 b =((a[0]|a[1])|a(2) )|a[3]
```

5.5.7　移位运算符

移位运算符是单目运算符，如表 5 – 13 所列。

表 5 – 13　移位运算符

移位运算符	说　明
<<	左移
>>	右移

移位运算符的格式为：

A>>n 或 A<<n

它表示将操作数右移或左移 n 位，同时用 n 个 0 填补移出的空位。例如：

4′b1001>>3 = 4′b0001；4′b1001>>4 = 4′b0000

将操作数右移或左移 n 位，相当于将操作数除以或乘以 2^n。

5.5.8　条件运算符

条件运算符为"?:"，这是一个三目运算符，其定义和 C 语言定义方式一样，即

信号 = 条件? 表达式 1：表达式 2

当条件为真时，信号取表达式 1 的值，否则信号取表达式 2 的值。

5.5.9　位拼接运算符

位拼接运算符为"{ }"，用于将两个或多个信号的某些位拼接起来，表示一个整体信

号。其格式为：

{信号 1 的某几位，信号 2 的某几位，……，信号 n 的某几位}

例如：

{a, b[3：0], w, 3′b101} = {a, b[3], b[2], b[1], b[0], w, 1′b1, 1′b0, 1′b1}

可用重复法简化表达式，例如：

{4{w}}＝{w, w, w, w}

还可用嵌套方式简化书写，例如：

{b, {3{a, b}}} //等同于{b, {a, b}, {a, b}, {a, b}}，也等同于{b, a, b, a, b, a, b}

在位拼接表达式中，不允许存在没有指明位数的信号，必须指明信号的位数；若未指明，则默认为 32 位的二进制数。例如：

{1, 0} = 64′h00000001_00000000　　//{1, 0}不等于 2′b10

5.5.10　运算符的优先级

以上运算符的优先级如表 5-14 所列。不同的综合开发工具，在执行这些优先级时可能有微小的差别，因此在书写程序时建议用括号()来控制运算的优先级，这样既能有效地避免错误，又能增加程序的可读性。

表 5-14　运算符的优先级

类　别	运　算　符	优先级
逻辑、位运算符	!、～	高
算术运算符	*、/、%	
	+、-	
移位运算符	<<、>>	
关系运算符	<、<=、>、>=	
等式运算符	= =、! =、===、! ==	
缩减、位运算符	&、～&	
	^、^～	
	|、～|	
逻辑运算符	&&	
	||	低
条件运算符	?:	

5.6　Verilog HDL 语言的基本结构

在数字电路设计中，数字电路可简单归纳为两种要素：线和器件。线是器件管脚之间的物理连线；器件也可简单归纳为组合逻辑器件（如与或非门等）和时序逻辑器件（如寄存器、锁存器、RAM 等）。一个数字系统（硬件）就是多个器件通过一定的连线关系组合在一起的。因此，Verilog HDL 的建模实际上就是使用 HDL 语言对数字电路的两种基本要素的特性及相互之间的关系进行描述的过程。

5.6.1　Verilog HDL 语言的建模

　　模块(Module)是 Verilog HDL 的基本描述单位，用于描述某个设计的功能或结构及与其他模块通信的外部端口。

　　模块在概念上可等于同一个器件，就如调用通用器件(与门、三态门等)或通用宏单元(计数器、ALU、CPU)等一样。因此，一个模块可在另一个模块中调用。

　　一个电路设计可由多个模块组合而成，因此一个模块的设计只是一个系统设计中的某个层次设计。模块设计可采用多种建模方式。

　　如图 5-1 所示为一个简单的与非门电路。该电路表示的逻辑函数为 $f=\overline{ab}$，用 Verilog HDL 语言对该电路描述如例 5-1 所示。

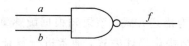

图 5-1　一个简单的与非门电路

【例 5-1】　与非门的 Verilog HDL 描述。

```
module NAND(a, b, f);        //模块名为 NAND，端口列表为 a、b、f
input a, b;                  //输入端口定义
output f;                    //输出端口定义
wire a，b, f;                //数据类型定义
assign f=～(a&b);            //逻辑功能描述
endmodule
```

通过上面的例子可对 Verilog HDL 程序有了一个初步的印象。从书写形式上看，Verilog HDL程序具有以下五个特点：

　　(1) Verilog HDL 程序是由模块构成的。每个模块的内容都以 module 这个关键字开头，以 endmodule 这个关键字结束，每个模块实现特定的功能。

　　(2) 每个模块首先要进行端口定义，并说明输入和输出口，然后对模块的功能进行定义。

　　(3) Verilog 程序书写格式自由，一行可以写几个语句，一个语句也可以分多行写。

　　(4) 除了 endmodule 等少数语句外，每个语句的最后必须有分号。

　　(5) 可用"/＊……＊/"和"//……"对 Verilog HDL 程序作注释。好的源程序都应加上必要的注释，以增强程序的可读性和可维护性。

5.6.2　Verilog HDL 模块的基本结构和模板

　　Verilog HDL 模块的基本结构完全嵌在 module 和 endmodule 关键字之间，每个 Verilog HDL 程序包括五个主要部分：模块声明、端口定义、信号类型定义、逻辑功能定义和结束行。

1. 模块声明

　　模块声明以 module 开头，紧接着是模块名和括号内的端口名列表，最后以分号结束。

2. 端口定义

Verilog HDL 中的端口有输入端口(input)、输出端口(output)和输入/输出双向端口(inout)三种。凡是在端口列表的端口,都必须经过定义。

3. 数据类型定义

Verilog HDL 支持的数据类型有连线类和寄存器类。每个类又可以细分,除了连线类可以使用缺省定义外,其他凡在后面的描述中出现的变量都应该给出数据类型定义。

4. 逻辑功能定义

Verilog HDL 中对模块进行逻辑功能定义有三种描述方式,即行为描述,结构化描述和数据流描述方式,包含 6 条语句,这些语句在后面逻辑功能定义一节有详细讲解。

(1) initial 语句:用于行为描述方式,该语句作为仿真测试文件中的初始化语句,只执行一次。

(2) always 语句:用于行为描述方式,该语句根据敏感事件列表条件,可执行多次。

(3) 模块调用语句:用于结构化描述方式,通常进行复杂系统设计时,往往会运用模块调用语句,将复杂系统分级设计。

(4) 门调用语句:用于结构化描述方式,通常用于电路内部结构已知的情况。

(5) UDP 调用语句:用于结构化描述方式,通常用于需要对用户自己定义的实体进行调用的情况。

(6) assign 语句:用于数据流描述方式,该语句通常描述的是组合逻辑电路。

5. 结束行

关键字 endmodule 用于结束行,注意其后没有分号。

将 Verilog HDL 模块的基本结构描述成模板形式,如图 5-2 所示。在电路系统设计时可以按照模板用 Verilog HDL 进行设计。

```
module   <顶层模块名>  (<输入输出端口列表>);
output   输出端口列表;              //输出端口定义
input    输入端口列表;              //输入端口定义
wire   信号名;              /*定义数据,信号的类型,函数声明*/
reg   信号名;
//逻辑功能定义部分
assign   <结果信号名>=<表达式>;        //使用assign语名定义逻辑功能

 always  @(<敏感信号表达式>)          //用always块描述逻辑功能
  begin
     //过程赋值
     //if-else, case语名
     //while,repeat,for循环语名
     //task,function调用
  end
//调用其他模块
<调用模块名module_name> <例化模块名>    (<端口列表port_list>);
//门元件例化
门元件关键字<例化门元件名>(<端口列表port_list>);
endmodule
```

图 5-2　Verilog HDL 模块的模板

5.6.3 模块声明与端口定义

1. 模块声明

模块声明包括模块名字，模块输入、输出端口列表。模块定义格式如下：

    module 模块名(端口 1，端口 2，端口 3，…)。

2. 端口定义

对模块的输入、输出端口要明确说明，其格式为：

    input   端口名 1，端口名 2，…，端口名 n； //输入端口
    output 端口名 1，端口名 2，…，端口名 n；//输出端口
    inout   端口名 1，端口名 2，…，端口名 n；//输入输出端口

端口是模块与外界连接和通信的信号线，如图 5－3 所示为模块的端口类型。

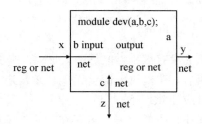

图 5－3 模块端口类型

【例 5－2】 模块定义和端口定义如图 5－4 所示。

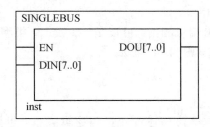

图 5－4 模块定义和端口定义

    module SINGLEBUS(EN, DIN, DOUT)；
    input EN ；   // 定义 1 位宽(标量)输入信号 EN
    input [7：0] DIN ；   // 定义 8 位宽(失量)输入信号 DIN
    output [7：0] DOUT ； // 定义 8 位宽(失量)输出信号 DOUT

定义端口时应注意以下三点：

（1）每个端口除了要声明是输入、输出还是双向端口外，还要声明其数据类型是 wire 型，还是 reg 等其他类型。

（2）输入和双向端口不能声明为 reg 型。

（3）在测试模块中不需要定义端口。

5.6.4 信号类型定义

对模块中用到的所有信号（包括端口信号、节点信号等）都必须进行数据类型的定义。Verilog HDL 语言提供了各种信号类型，分别用于模拟实际电路中的各种物理连接和物理实体。

如果信号的数据类型没有定义，则综合器将其默认为 wire 型。

在 Verilog - 2001 标准中，规定可将端口定义和信号类型定义放在一条语句中完成。例如：

    output reg f;   //f 为输出端口，其数据类型为 reg 型
    output reg[3：0] out;   //out 为输出端口，其数据类型为 4 位宽 reg 型

还可以将端口定义和信号类型定义放在模块列表中，而不是放在模块内部，如例 5 - 1 也可写为下面的形式。

【例 5 - 3】 将端口类型和信号类型定义放在模块列表中。

    module NAND(input wire a，input wire b，output wire f)；
    assign f＝～(a&b)；   //逻辑功能描述
    endmodule

例 5 - 3 和例 5 - 1 在功能上没有区别，但是例 5 - 3 在书写形式上更简单。端口类型和信号类型放在模块列表中声明后，在模块内部就无须再重复声明。

定义信号变量数据类型时应注意以下三点：

（1）信号可以分为端口信号和内部信号。出现在端口列表中的信号是端口信号，其他的信号为内部信号。

（2）对于端口信号，输入端口只能是连线类型。输出端口可以是 net(连线)类型，也可以是 reg(寄存器)类型。若输出端口在过程块中赋值，则为 reg 类型；若在过程块外赋值，则为 net 类型。

（3）内部信号类型与输出端口相同，可以是 net 或 reg 类型。若在过程块中赋值，则为 reg 类型；若在过程块外赋值，则为 net 类型。

5.6.5 逻辑功能定义

模块各变量定义完了后，就要描述各变量间逻辑关系，包括门级结构描述、数据流描述、行为描述以及混合描述等。在设计时可选用最适宜的设计风格。

1. Verilog HDL 设计的层次

Verilog HDL 是一种用于数字逻辑设计的语言，用 Verilog HDL 语言描述的电路就是该电路的 Verilog HDL 模型。Verilog HDL 既是一种行为描述语言，也是一种结构描述语言，也就是说，既可以用电路的功能描述，也可以用元件以及它们之间的连接来建立所设计电路的 Verilog HDL 模型。

一个复杂电路的完整 Verilog HDL 模型由若干个 Verilog HDL 模块构成，每个模块又由若干子模块构成，可分别用不同抽象级别的 Verilog HDL 描述。

在同一个 Verilog HDL 模块中，可以有以下多种级别的描述。

（1）系统级(System Level)：用高级语言结构(如 case 语句)实现的设计模块外部性能的模型。

（2）算法级（Algorithmic Level）：用高级语言结构实现的设计算法模型（写出逻辑表达式）。

（3）RTL（Register transfer Level）级：描述数据在寄存器之间流动和如何处理这些数据的模型。

（4）门级（Gate Level）：描述逻辑门（如与门、非门、或门、与非门、三态门等）以及逻辑门之间连接的模型。

（5）开关级（Switch Level）：描述器件中三极管和储存节点及其之间连接的模型。

Verilog HDL 允许设计者用结构描述、数据流描述和行为描述这三种方式来描述逻辑电路。

2. 结构描述

所谓结构描述方式，是指在设计中通过调用库中的元件或已设计好的模块来完成设计实体功能的描述。在结构体中，描述只表示元件（或模块）和元件（或模块）之间的互连，就像网表一样。当调用库中不存在的元件时，必须首先进行元件的创建，然后将其放在工作库中，这样才可以通过调用工作库来调用元件。

在 Verilog HDL 程序中可通过以下方式描述电路的结构：① 调用 Verilog HDL 内置门元件（门级结构描述）；② 调用开关级元件（晶体管级结构描述）；③ 用户自定义元件 UDP（也在门级）；④ 多层次结构电路的设计中，不同模块间的调用也属于结构描述。

需要说明的是，门级结构描述（即直接调用门原语进行逻辑的结构描述）建立的硬件模型不仅是可仿真的，也可综合；一个逻辑网络由许多逻辑门和开关组成，用逻辑门的模型来描述逻辑网络最直观。

门类型的关键字有 26 个，常用的有 12 个：not，and，nand，or，nor，xor，xnor，buf，bufif1，bufif0，notif1，notif0（各种三态门）。

Verilog HDL 的内置门元件见表 5 - 15 所列。

表 5 - 15　Verilog HDL 的内置门元件

类别	关键字	符号示意图	门名称
多输入门	and		与门
	nand		与非门
	or		或门
	nor		或非门
	xor		异或门
	xnor		同或门

续表

类别	关键字	符号示意图	门名称
多输出门	buf	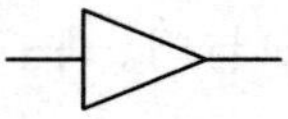	缓冲器
	not	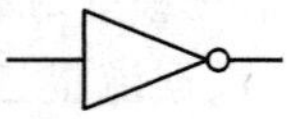	非门
三态门	bufif1	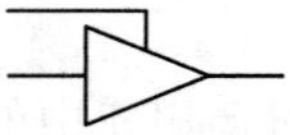	高电平使能三态缓冲器
	bufif0	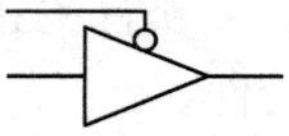	低电平使能三态缓冲器
	notif1	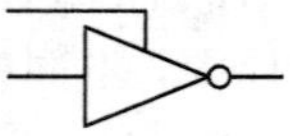	高电平使能三态非门
	notif0	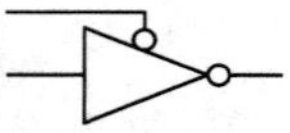	低电平使能三态非门

调用门元件的格式为：

　　　门元件名字 ＜例化的门名字＞(＜端口列表＞)

其中普通门的端口列表按下面的顺序列出：

　　　(输出，输入 1，输入 2，输入 3，…)；

例如：

　　　and a1(out, in1, in2, in3)；　　　//三输入与门

对于三态门，则按如下顺序列出输入/输出端口：

　　　(输出，输入，使能控制端)；

例如：

　　　bufif1 mytri1(out, in, enable)；//高电平使能的三态门

对于 buf 和 not 两种元件的调用需注意的是，它们允许有多个输出，但只能有一个输入。例如：

　　　not N1(out1, out2, in)；　　//1 个输入 in, 2 个输出 out1、out2

　　　buf B1(out1, out2, out3, in)；//1 个输入 in, 3 个输出 out1、out2、out3

如图 5－5 所示为用基本门实现的 4 选 1 数据选择器(MUX)的原理图。对于该电路，Verilog HDL 的门级结构描述如例 5－4 所示。

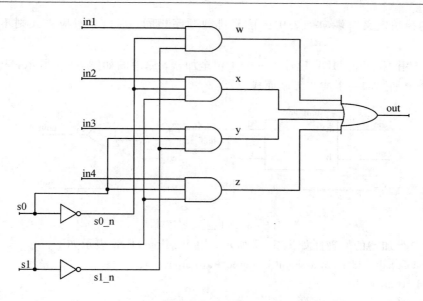

图 5-5　用基本门实现的 4 选 1 MUX 原理图

【例 5-4】　调用门元件实现 4 选 1 MUX。

```
module mux4_1a(out, in1, in2, in3, in4, s0, s1);
input in1, in2, in3, in4, s0, s1;
output out;
wire s0_n, s1_n, w, x, y, z;
not (s0_n, s0), (s1_n, s1);
and (w, in1, s0_n, s1_n);
and(x, in2, s0_n, s1);
and(y, in3, s0, s1_n);
and(z, in4, s0, s1);
or (out, w, x, y, z);
endmodule
```

3. 模块调用

如果数字系统比较复杂，可采用自上而下的方法进行设计。首先把系统分为几个模块，每个模块再分为几个子模块，以此类推，直到易于实现为止。这种自上而下的方法能够把复杂的设计分解为许多简单的逻辑来实现，同时也适合于多人进行分工合作，如同用 C 语言编写大型软件一样。Verilog HDL 语言能够很好地支持这种自上而下的设计方法。

对于顶层模块的内部设计，可以利用原理图的输入方式将各个子模块相互级联构成顶层模块，也可以利用 Verilog HDL 的输入方式调用各个子模块。

模块调用格式如下：

模块名　例化名（端口名表项）；

其中，模块名为定义该模块时所起的名字，例化名为该模块在此次调用中起的别名，可省略。

模块调用格式类似于门调用格式，只是在端口名列表里规定有所区别，主要有两种列表方式：位置对应方式和端口名对应方式。位置对应方式即调用时模块端口列表中信号的排列顺序与模块定义时端口列表中的信号排列顺序相同；端口名对应方式则不必按顺序调用。

例 5-4 用 Verilog HDL 设计了一个 1 位全加器，原理图如图 5-6 所示，其中 1 位全加器由两个半加器和一个或门级联而成。

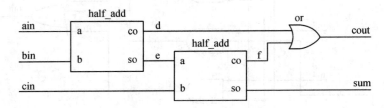

图 5-6　1 位全加器原理图

(1) 1 位半加器的原理图如图 5-7 所示，用 Verilog HDL 表示如下：

```
module half_add(input a, input b, output so, output co);
and a1(co, a, b);
xor x1(so, a, b);
endmodule
```

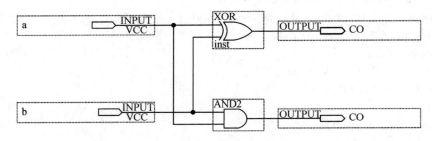

图 5-7　1 位半加器原理图

(2) 1 位全加器的 Verilog HDL 按如下实现：

位置对应方式调用半加器模块

```
module full_add(input ain, input bin, input cin, output sum, output cout);
    wire d, e, f;
    half_add a1(ain, bin, e, d);
    half_add a2(e, cin, sum, f);
    or a3(cout, d, f);
endmodule
```

端口名对应方式调用半加器模块

```
module full_add(input ain, input bin, input cin, output sum, output cout);
    wire d, e, f;
    half_add a1(.a(ain), .b(bin), .co(d), .so(e));
    half_add a2(.a(e), .b(cin), .so(sum), .co(f));
    or a3(cout, d, f);
endmodule
```

4. 用户自定义元件(UDP)

利用 UDP(User Defined Primitives)用户可以自己定义基本逻辑元件的功能，用户可以像调用基本门元件一样来调用这些自己定义的元件。

UDP 的关键词为 primitive 和 endprimitive。与一般的模块相比，UDP 模块具有以下特点：

（1）UDP 的输出端口只能有一个，且必须位于端口列表的第一项。只有输出端口能被定义为 reg 类型。

（2）UDP 的输入端口可有多个，一般时序电路 UDP 的输入端口可多至 9 个，组合电路 UDP 的输入端口可多至 10 个。

（3）所有的端口变量必须是 1 位标量。

（4）在 table 表项中，只能出现 0、1、x 三种状态，不能出现 z 状态。

定义 UDP 的语法如下：

```
primitive 元件名(输出端口，输入端口 1，输入端口 2，…)
output 输出端口名；
input 输入端口 1，输入端口 2，…；
reg 输出端口名；
initial begin
    输出端口或内部寄存器赋初值(0，1 或 x)；
    end
table
    //输入 1   输入 2 … ：输出
    真值列表
endtable
endprimitive
```

为了便于描述，增加可读性，Verilog HDL 语言在 UDP 元件的定义中引入了很多缩记符，前面已经介绍了一些，表 5 - 16 所列对这些缩记符做了总结。

表 5 - 16　UDP 中的缩记符

缩记符	含　义	说　明
x	不定态	—
?	0、1 或 x	只能表示输入
b	0 或 1	只能表示输入
—	保持不变	只用于时序元件的输出
(vy)	代表(01)，(10)，(0x)，(1x)，(x0)，(x1)，(? 1)等	从逻辑 v 到逻辑 y 的转换
*	同(??)	表示输入端有任何变化
R 或 r	同(01)	表示上升沿
F 或 f	同(10)	表示下降沿
P 或 p	(01)，(0x)或(x1)	包含 x 态的上升沿跳变
N 或 n	(10)，(1x)或(x0)	包含 x 态的下降沿跳变

1）组合电路 UDP 元件

【例 5 - 5】 1 位全加器进位输出 UDP 元件。

```
primitive carry_udp(output cout, input cin, input a, input b);
table                    //cin a b : cout
0   0   0   :   0;       //真值表
0   1   0   :   0;
0   0   1   :   0;
0   1   1   :   1;
1   0   0   :   0;
1   0   1   :   1;
1   1   0   :   1;
1   1   1   :   1;
endtable
endprimitive
```

【例 5 - 6】 包含 x 态输入的 1 位全加器进位输出 UDP 元件。

```
primitive carry_udpx(output cout, input cin, input a, input b);
table                    //cin a b : cout
0   0   0   :   0;       //真值表
0   1   0   :   0;
0   0   1   :   0;
0   1   1   :   1;
1   0   0   :   0;
1   0   1   :   1;
1   1   0   :   1;
1   1   1   :   1;
0   0   x   :   0;
0   x   0   :   0;
x   0   0   :   0;
1   1   x   :   1;
1   x   1   :   1;
x   1   1   :   1;
endtable
endprimitive
```

【例 5 - 7】 用简缩符"?"表述的 1 位全加器进位输出 UDP 元件。

```
primitive carry_udpx(output cout, input cin, input a, input b);
table                    //cin a b : cout
?   0   0   :   0;       //只要有两个输入为 0，则进位输出肯定为 0
0   ?   0   :   0;
0   0   ?   :   0;
?   1   1   :   1;       //只要有两个输入为 1，则进位输出肯定为 1
1   ?   1   :   1;
1   1   ?   :   1;
```

```
        endtable
    endprimitive
```

2）时序逻辑 UDP 元件

【例 5 - 8】　电平敏感的 1 位数据锁存器 UDP 元件。

```
primitive latch(output Q, input clk, input reset, input D);
    reg Q;
    initial Q=1′b1;              //初始化
    table                        //clk reset D: state: Q
        ?    1    ?    :    ?    :    0;
        0    0    0    :    ?    :    0;
        0    0    1    :    ?    :    1;
        1    0    ?    :    ?    :    —;
    endtable
endprimitive
```

【例 5 - 9】　上升沿触发的 D 触发器 UDP 元件。

```
primitive DFF(output Q, input D, input clk);
    reg Q;
    table                      //clk D : state : Q
    (01)    0   : ? : 0  ;     //上升沿到来，输出 Q=D
    (01)    1   : ? : 1  ;
    (0x)    1   : 1 : 1  ;
    (0x)    0   : 0 : 0  ;
    (?0)    ?   : ? : —  ;     //没有上升沿到来，输出 Q 保持原值
    ?     (??)  : ? : —  ;     //时钟不变，输出也不变
    endtable
endprimitive
```

5. 数据流描述

　　数据流的建模方式就是通过对数据流在设计中的具体行为的描述来建模，最基本的机制就是用连续赋值语句。在连续赋值语句中，某个值被赋给某个线网变量（信号）的格式如下：

```
assign  被赋值的连线变量=表达式；
```

例如：

```
assign   B = A;
```

　　该例子中，只要等式右侧 A 的值发生改变，就会重新对左侧被赋值变量 B 进行赋值。

　　用数据流描述模式设计电路与用传统的逻辑方程设计电路很相似，设计中只要有了布尔代数表达式就很容易将它用数据流方式表达出来。表达方法用 Verilog 中的逻辑运算符置换布尔逻辑运算符即可。

　　比如，如果逻辑表达式为

$$f = ab + \bar{c}d$$

则用数据流方式描述为：

```
assign f=(a&b)|(~(c&d))。
```

【例 5 - 10】　利用数据流描述方式实现 1 位全加器。

```
module full_add(input ain, input bin, input cin, output sum, output cout);
    assign {cout, sum}=ain+bin+cin;
endmodule
```

6. 行为描述

所谓行为描述，就是对设计实体的数学模型的描述，其抽象程度远高于结构描述方式。行为描述类似于高级编程语言，当描述一个设计实体的行为时，无需知道具体电路的结构，只需要描述清楚输入与输出信号的行为，而不需要花费更多的精力关注设计功能的门级实现。

Verilog HDL 的行为描述以过程块为基本组成单位，一个模块的行为描述由一个或多个并行运行的过程块组成。

过程块的定义格式如下：

过程语句@(事件控制敏感表)　　//(斜体部分可缺省)

块语句开始标识符：块名

块内局部变量说明

过程赋值语句

高级程序语句

块语句结束标识符

【例 5 - 11】　利用行为描述方式实现 1 位全加器。

```
module full_add(input ain, input bin, input cin, output reg sum, output reg cout);
    always @( * )
{cout, sum}=ain+bin+cin;
endmodule
```

例 5 - 11 中，用 always 过程语句引导过程块，用过程赋值语句表示输入变量与输出变量的关系。下面具体介绍各部分知识要点。

过程语句大多以 initial 和 always 为关键字引导，initial 引导的过程块大多用于仿真测试文件中；always 过程语句大多作为可综合的 Verilog HDL 行为描述方式，这种行为描述既适合设计时序逻辑电路，也适合设计组合逻辑电路。一个模块的行为描述中可以有多个 initial 和 always 语句，即有多个过程块存在，且相互独立，并行运行。

1) 时序控制

时序控制与过程语句关联。时序控制有两种形式：时延控制和事件控制。

时延控制表示在语句执行前的等待时延。时延控制中的时延可以是任意表达式，即不必限定为某一常量。

时延控制形式如下：

```
# delay procedural_statement;
# delay;    //这一语句促使在下一条语句执行前等待给定的时延。
```

例如：

```
initial
begin
```

```
                #3 Wave = 'b0111;
                #6 Wave = 'b1100;
                #7 Wave = 'b0000;
        end
```

　　initial 语句在 0 时刻开始执行，首先，等待 3 个时间单位执行第一个语句，然后等待 6 个时间单位执行第 2 个语句，再等待 7 个时间单位执行第 3 个语句，最后永远挂起。

　　在事件控制中，always 的过程语句基于事件执行。具体在下面将详细讲述。

　　2）initial 过程语句

　　initial 语句的使用格式如下：

```
    initial
        begin
            语句 1；
            语句 2；
            …
        end
```

　　initial 无触发条件，只执行一次，即在设计被开始模拟执行时开始（0 时刻）。initial 过程语句通常只用对设计进行仿真的测试文件中，用于对一些信号进行初始化和产生特定的信号波形。

　　【例 5 - 12】　用 initial 过程语句对测试变量赋值。波形描述如图 5 - 8 所示。

```
    timescale 1ns/1ps
    module test;
    reg a, b, c;
    initial begin
            a=0; b=1; c=0;
            #50 a=1; b=0;
            #50 a=0; c=1;
            #50 b=1;
            #50 b=0; c=0;
            #50 $finish;
        end
    endmodule
```

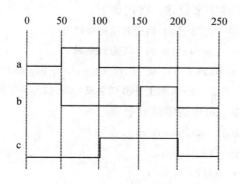

图 5 - 8　例 5 - 12 的波形描述

3）always 过程语句

always 以触发条件执行，或无触发条件时一直执行。事件控制敏感表只在 always 语句后出现，以激活过程语句的执行。在事件控制中，always 的过程语句基于事件执行。事件控制有两种方式：电平触发事件控制和边沿触发事件控制。

每一个 always 过程最好只由一种类型的敏感信号来触发，避免将边沿敏感型和电平敏感型信号列在一起。如下面的例子：

<pre>
@（posedge clk or negedge reset）   //两个敏感信号都是边沿触发
@（A or B）   //两个敏感信号都是电平触发
@（posedge clk or A）   //不宜将边沿敏感型和电平敏感型信号列在一起
</pre>

电平触发方式一般用于组合逻辑电路描述，格式如下：

<pre>
@（信号名）   //信号值有变化就触发过程语句的执行
@（信号名 1 or 信号名 2 or…）或   @（信号名 1，信号名 2，…）
//多个信号中，只要有 1 个信号值发生改变，就触发过程语句的执行   @（＊）或   @ ＊
// ＊ 表示该过程块中的所有信号变量
</pre>

在例 5-13 中用 case 语句描述的 4 选 1 数据选择器，只要输入信号 in0、in1、in2、in3 或选择信号 sel 中的任何一个改变，则输出也改变。所以敏感信号表达式写为 @（in0 or in1 or in2 or in3 or sel），或 @（in0，in1，in2，in3，sel），或 @（＊）或 @ ＊ 。

【例 5-13】 用 case 语句描述的 4 选 1 数据选择器。

```
module   mux4_1(output reg out, input in0, input in1, input in2, input in3, input[1：0]sel);
always @（＊）       //敏感信号列表
case(sel)
    2'b00：        out＝in0；
    2'b01：        out＝in1；
    2'b10：        out＝in2；
    2'b11：        out＝in3；
  default：        out＝2'bx；
endcase
endmodule
```

边沿触发方式一般用于时序逻辑电路，需要用时钟来控制。Verilog HDL 提供了 posedge 和 negedge 两个关键字来描述，格式如下：

<pre>
@（posedge clock）   //当 clock 的上升沿到来时
@（negedge clock）   //当 clock 的下降沿到来时
@（posedge clk or negedge reset）或 @（posedge clk or negedge reset）
                     //当 clk 的上升沿到来或 reset 信号的下降沿到来时
</pre>

【例 5-14】 同步置数、同步清零的计数器。

```
module count(out, data, load, reset, clk);
output[7：0] out; input[7：0] data;
input load, clk, reset; reg[7：0] out;
always @（posedge clk）            //clk 上升沿触发
```

```
        begin
        if(! reset) out＝8′h00；        //同步清 0，低电平有效
        else  if(load) out＝data；        //同步预置
                else out＝out＋1；        //计数
        end
    endmodule
```

【例 5 - 15】 同步置数、异步清零的计数器。

```
    module count(out, data, load, reset, clk)；
    output[7：0] out； input[7：0] data；
    input load, clk, reset；    reg[7：0] out；
    always @(posedge clk, negedge reset)        //clk 上升沿触发
        begin
        if(! reset) out＝8′h00；//同步清 0，低电平有效
        else  if(load) out＝data；//同步预置
                else out＝out＋1；    //计数
        end
    endmodule
```

在例 5 - 14 和例 5 - 15 中，清零信号有同步和异步之分。同步是指清零信号和时钟信号同步，即受时钟信号控制；异步是指清零信号和时钟信号不同步，即不受时钟信号控制。在例 5 - 14 中，触发条件只有时钟信号，当时钟上升沿到来时，再来判断是否需要清零和置数。在例 5 - 15 中，由于是异步清零，所以在触发条件中同时有时钟信号和清零信号，清零信号不受时钟影响。

注意：块内的逻辑描述要与敏感信号表达式中信号的有效电平一致。

例如，下面的描述是错误的。

```
        always @(posedge clk, negedge reset)        //低电平清零有效
            begin
            if(reset) out＝8′h00；//高电平清零有效，与 negedge reset 矛盾
        else  if(load) out＝data；
                else out＝out＋1；
            end
```

4) 块语句

块语句是由块标志符 begin-end 或 fork-join 界定的一组语句，当块语句只包含一条语句时，块标志符可以缺省。

块语句有以下两种：

(1) begin_end 语句：标识顺序执行的语句。

(2) fork_join 语句：标识并行执行的语句。

块语句有如下特点：

(1) 串行块 begin-end。

特点：块内的语句是顺序执行的，每条语句的延迟时间是相对于前一条语句的仿真时间而言的，直到最后一条语句执行完，程序流程控制才跳出该顺序块。

格式：

```
begin：块名        //斜体部分可缺省
    块内声明语句；
    语句 1；
    语句 2；
     ⋮
    语句 n；
end
```

例如：

```
begin
            b = a；
            c = b；        //c 的值为 a 的值
end
```

块内声明语句可以是参数声明、reg 型变量声明、integer 型变量声明和 real 型变量声明语句。

（2）并行块 fork-join。

特点：块内的语句是同时执行的，块内每条语句的延迟时间是相对于程序流程控制进入到块内时的仿真时间而言的，即每条语句都是从同一时刻并行执行。

格式：

```
fork：块名        //斜体部分可缺省
块内声明语句；
                语句 1；
                语句 2；
                 ⋮
                语句 n；
join
```

块内声明语句可以是参数声明、reg 型变量声明、integer 型变量声明、real 型变量声明语句、time 型变量声明语句和事件（event）说明语句。

【例 5－16】　分别用 begin-end 和 fork-join 产生信号波形。

```
timescale 1ns/1ps
        module test；
        reg data1，data2；
        initial
        begin
            #2 Data1＝1；
            #3 Data1＝0；
            #4 Data1＝1；
            #5 $finish；
        end
initial
        fork
            #2 Data2＝1；
            #3 Data2＝0；
```

　　　　　　　　♯4 Data2＝1;
　　　　　　　　♯5 ＄finish;
　　　　　　join
　　　　　endmodule
　　如图 5−9 和图 5−10 所示分别画出了 Data1 和 Data2 的仿真波形，从图中可以看出串行块的执行方式和并行块的执行方式之间的区别。仿真从 0 时刻开始，Data1 的每条赋值语句顺序执行，Data2 的每条赋值语句并行执行。

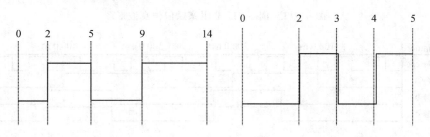

　　　　图 5−9　Data1 的仿真波形　　　　　　图 5−10　Data2 的仿真波形

5）过程赋值语句

过程赋值语句多用于对 reg 型变量进行赋值。该语句有以下两种赋值方式：

（1）非阻塞（non_blocking）赋值方式：赋值符号为"＜＝"，如 b＜＝ a。非阻塞赋值在整个过程块结束时才完成赋值操作，即 b 的值并不是立刻就改变的。

（2）阻塞（blocking）赋值方式：赋值符号为"＝"，如 b＝ a。阻塞赋值在该语句结束时就立即完成赋值操作，即 b 的值在该条语句结束后立刻改变。如果在一个块语句中有多条阻塞赋值语句，那么在前面的赋值语句没有完成之前，后面的语句就不能被执行，仿佛被阻塞了（Blocking）一样，因此称为阻塞赋值方式。

【例 5−17】　非阻塞赋值。

```
module    non_block(output reg c, output reg b, input a, input clk);
always @(posedge clk)
    begin
        b<=a;
        c<=b;
    end
endmodule
```

【例 5−18】　阻塞赋值。

```
module    block(output reg c, output reg b, input a, input clk);
always @(posedge clk)
    begin
        b=a;
        c=b;
    end
endmodule
```

将上面两段代码用 Quartus Ⅱ软件进行综合和仿真，分别得到仿真波形，如图 5−11

和图 5-12 所示。

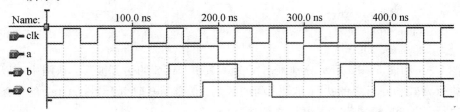

图 5-11　例 5-17 非阻塞赋值仿真波形图

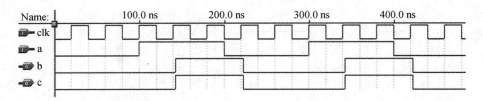

图 5-12　例 5-18 阻塞赋值仿真波形图

从图 5-11 和 5-12 中可看出两者的区别：对于非阻塞赋值，c 的值落后 b 的值一个时钟周期，这是因为该 always 块中两条语句是同时执行的，因此每次执行完后，b 的值得到更新，而 c 的值仍是上一时钟周期的 b 的值；对于阻塞赋值，c 的值和 b 的值一样，因为 b 的值是立即更新的，更新后又赋给了 c，因此 c 与 b 的值相同。

例 5-17 和例 5-18 综合后的电路分别如图 5-13 和图 5-14 所示。

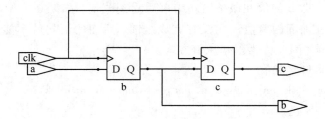

图 5-13　非阻塞赋值综合后电路图

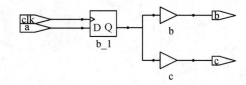

图 5-14　阻塞赋值综合后电路图

6）条件语句

条件语句分为两种：if-else 语句和 case 语句。它们都是顺序语句，应放在 always 块内。下面对这两种语句分别进行介绍。

（1）if-else 语句。其格式与 C 语言中 if-else 语句的格式类似。其使用方法有以下几种：

- if(表达式)　语句 1；
- if(表达式)　语句 1；

　　　　else　语句 2；
- if(表达式 1) 语句 1；
　　else if(表达式 2) 语句 2；
　　　　else if(表达式 3) 语句 3；
　　　　　　　　…
　　　　　　else if(表达式 n) 语句 n；
　　　　　　　　else　语句 n+1；

　　其中"表达式"为逻辑表达式或关系表达式，或 1 位的变量。若表达式的值为 0 或 z，则判定的结果为假；若为 1，则结果为真。语句可为单句，也可为多句；多句时一定要用 begin_end语句括起来，形成一个复合块语句。

　　注意：若 if 与 else 的数目不一样时，注意要用 begin_end 语句来确定 if 与 else 的配对关系。

　　【例 5 - 19】　模为 24 的 8421BCD 码加法计数器设计。

```
module COUNT24(output reg[3：0] data_l, output reg[3：0] data_h, clk, rst)；
input clk, rst；
    always@(posedge clk)                          //时钟上升沿计数
    begin
      if(rst) begin data_l=0; data_h=0; end       //同步复位
      else
        begin
        if(data_h==2)                             //十位为 2
           if(data_l==3)                          //个位为 3
             begin data_l=0; data_h=0; end        //高位和低位置 0
           else data_l=data_l+1；                  //十位为 2，个位不为 3
         else if(data_l==9)                       //十位不为 2，个位为 9
               begin data_h=data_h+1; data_l=0; end
             else data_l=data_l+1；                //十位不为 2，个位不为 9
        end
    end
endmodule
```

　　(2) case 语句。相对 if 语句只有两个分支而言，case 语句是一种多分支语句，故 case 语句多用于多条件译码电路，如描述译码器、数据选择器、状态机及微处理器的指令译码等。case 语句有 case、casez、casex 三种表示方式，这里分别予以说明。

　　case 语句的使用格式如下：

```
case（敏感表达式）
    值 1：语句 1；//case 分支项
    值 2：语句 2；
      ⋮
    值 n：语句 n；
    default：语句 n+1；
endcase
```

其中"敏感表达式"又称为"控制表达式"，通常表示为控制信号的某些位。值 1～n 称为分支表达式，用控制信号的具体状态值表示，因此又称为常量表达式。default 项可有可无，一个 case 语句里只能有一个 default 项。值 1～n 必须互不相同，否则会产生矛盾。值 1～n 的位宽必须相等，且与控制表达式的位宽相同。

【例 5-20】　设计 8 选 1 数据选择器，其中：D7～D0 是数据输入端，S2、S1 和 S0 是控制输入端，Y 是数据输出端。当 S2、S1、S0＝000 时，D0 数据被选中，输出 Y＝D0；当 S2、S1、S0＝001 时，D1 数据被选中，输出 Y＝D1，以此类推。

```
module   sel8(input [7:0]D, input [2:0]S, output reg Y);
always @(D or S)
begin
   case (S)
3'b000: Y=D[0];
3'b001: Y=D[1];
3'b010: Y=D[2];
3'b011: Y=D[3];
3'b100: Y=D[4];
3'b101: Y=D[5];
3'b110: Y=D[6];
3'b111: Y=D[7];
default: Y=0;
   endcase
  end
endmodule
```

casez 和 casex 语句是 case 语句的两种变体。在 case 语句中，分支表达式每一位的值都是确定的（或者为 0，或者为 1）。在 casez 语句中，若分支表达式某些位的值为高阻值 z，则不考虑对这些位的比较；在 casex 语句中，若分支表达式某些位的值为 z 或不定值 x，则不考虑对这些位的比较。在分支表达式中，可用"?"来标识 x 或 z。

【例 5-21】　用 casez 描述的数据选择器。

```
module mux_z(output reg out, input a, input b, input c, input d, select);
   input[3:0] select;
   always@ (*)
   begin
      casez (select)      //只比较值为 1 的位，? 位不比较
         4'b??? 1: out = a;
         4'b?? 1?: out = b;
         4'b? 1??: out = c;
         4'b1???: out = d;
      endcase
   end
endmodule
```

在使用条件语句时，应注意列出所有条件分支，否则当条件不满足时，编译器会生成一个锁存器保持原值。这一点可用于设计时序电路，如计数器，条件满足时加 1，否则保持原值不变。而在组合电路设计中，应避免生成隐含锁存器，有效的方法是在 if 语句最后写

上 else 项，在 case 语句最后写上 default 项。

【例 5－22】　隐含锁存器。

```
module DEV2(input C, input D, output reg Q);
    always@ (C or D)
        begin  if(C)  Q<=D; end
endmodule
```

【例 5－23】　数据选择器。

```
module DEV2(input C, input D, output reg Q);
    always@ (C or D)
        begin if(C)  Q<=D;  else  Q<=0;  end
endmodule
```

如果本来是想实现一个如图 5－15 所示的 2 选 1 的数据选择器，但如果不列出所有条件分支，则会生成 D 锁存器，如图 5－16 所示。

图 5－15　数据选择器

图 5－16　D 锁存器

例 5－22 中，由于没有加 else 说明，当 C 为低电平时 Q 的取值，所以 Q 就一直保持前一个值，相当于电路综合得到了一个锁存器。

7）循环语句

在 Verilog HDL 中存在四种类型的循环语句，用来控制语句的执行次数。这四种语句分别为：

for：有条件的循环语句。

repeat(n)：一条语句连续执行 n 次。

while：执行一条语句直到某个条件不满足。

forever：无限连续地执行语句，可用 disable 语句中断；多用在"initial"块中，以生成时钟等周期性波形。

(1) for 语句。for 语句的使用格式如下(同 C 语言)：

　　　　for(表达式 1；表达式 2；表达式 3)语句；

即

　　　　for(循环变量赋初值；循环结束条件；循环变量增值)；

下面通过 7 人表决器的例子说明 for 语句的使用：通过一个循环语句统计赞成的人数，若超过 4 人赞成则通过。用 vote[6：0]表示 7 人的投票情况，1 代表赞成，即 vote[i]为 1 代表第 i＋1 个人赞成，pass＝1 表示表决通过。

【例 5－24】　用 for 语句描述的 7 人投票表决器：若超过 4 人(含 4 人)投赞成票，则表决通过。

```
module  vote7 (output reg  pass, input [6：0]vote );
    reg[2：0] sum;                     //sum 为 reg 型变量，用于统计赞成的人数
    integer i;
    always @(vote)
```

```
      begin
        sum = 0;                              //sum 初值为 0
        for(i = 0; i<=6; i = i+1)    //for 语句
      if(vote[i])
          sum = sum+1;                        //只要有人投赞成票,则 sum 加 1
          if(sum[2])  pass = 1;               //若超过 4 人赞成,则表决通过
          else        pass = 0;
        end
    endmodule
```

仿真波形如图 5-17 所示,在 40~80 ns 区间,如果 vote 中超过 4 个位为 1,则 pass 为高电平,表示投票通过。

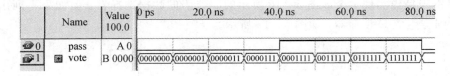

图 5-17　7 人投票表决器仿真波形

绝大多数的综合器都支持 for 语句。在可综合的设计中,若需要用到循环语句,应首先考虑用 for 语句实现。

(2) repeat 语句。repeat 语句的使用格式如下:

```
repeat (循环次数表达式)
    begin
        语句或语句块
    end
```

repeat 语句只有部分综合工具可以综合(如 Quartus Ⅱ),MAX+PLUS Ⅱ 则不支持。repeat 语句一般用于仿真测试中。

(3) while 语句。while 语句的使用格式如下(同 C 语言):

```
while (循环执行条件表达式)
    begin
        语句或语句块
    end
```

while 语句在执行时,首先判断循环执行条件表达式是否为真,若为真,则执行后面的语句或语句块;然后再回头判断循环执行条件表达式是否为真,若为真,再执行一次后面的语句;如此执行,直到条件表达式不为真。

因为 while 语句随着外部输入的不同,循环次数往往不是固定的,所以一般是不可综合的语句,只有当循环块有事件控制(如@(posedge clock))时才可综合,如例 5-25 所示。

【例 5-25】　用 while 语句对一个 8 位二进制数中值为 1 的位进行计数。

```
module count1s_while(output reg [3:0]count, input [7:0]rega, input clk );
    always @(posedge clk)
    begin: count1
    reg[7:0] tempreg;                //用作循环执行条件表达式
```

```
        count＝0;                        //count 初值为 0
        tempreg ＝ rega;                 //tempreg 初值为 rega
        while(tempreg)                   //若 tempreg 非 0，则执行以下语句
          begin
        if(tempreg[0]) count＝count＋1;   //只要 tempreg 最低位为 1，则 count 加 1
        tempreg ＝ tempreg ＞＞1;         //右移 1 位
          end
      end
    endmodule
```

仿真波形如图 5 - 18 所示，每一个时钟上升沿到来时，就对 rega 进行统计。

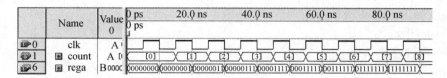

图 5 - 18　8 位二进制数中值为 1 的位进行计数仿真波形

（4）forever 语句。forever 语句的使用格式如下：

```
    forever
      begin
          语句或语句块
      end
```

forever 语句常用在测试模块中产生周期性的波形，可作为仿真激励信号。其常用 disable 语句跳出循环。forever 循环应包括定时控制或能够使其自身停止循环的语句，否则循环将无限进行下去。

尽管 Quartus Ⅱ 支持该语句，但一般情况下是不可综合的。如果 forever 循环被 @(posedge clock)形式的时间控制打断，则是可综合的。

8）任务与函数

任务与函数的关键字分别是 task 和 function，利用任务和函数可以把一个大的程序模块分解成许多小的任务和函数，以方便调试，并且能使程序的结构更加清晰。

（1）任务。当希望能够对一些信号进行一些运算并输出多个结果（即有多个输出变量）时，宜采用任务结构。常常利用任务来帮助实现结构化的模块设计，将批量的操作以任务的形式独立出来，使设计简单明了。

任务定义格式如下：

```
    task ＜任务名＞；//注意无端口列表
    端口及数据类型声明语句；
    其他语句；
    endtask
```

任务调用的格式为：

```
    ＜任务名＞（端口 1，端口 2，…）；
```

需要注意的是，任务调用时和定义时的端口变量应是一一对应的。

使用任务时，需注意以下几点：

① 任务的定义与调用须在一个 module 模块内。

② 定义任务时，虽然没有端口名列表，但需要紧接着进行输入/输出端口和数据类型的说明。

③ 当任务被调用时，任务要被激活。任务的调用与模块调用一样，需要通过任务名调用实现，调用时，需列出端口名列表，端口名的排序和类型必须与任务定义中的相一致。

④ 一个任务可以调用别的任务和函数，可以调用的任务和函数个数不限。

【例 5 - 26】 通过任务调用完成 4 个 4 位二进制输入数据的冒泡排序。

```
module sort4(ra, rb, rc, rd, a, b, c, d);
output reg [3：0] ra, rb, rc, rd;
input [3：0] a, b, c, d;
reg [3：0]va, vb, vc, vd;
task sort2;
inout [3：0] x, y;
reg [3：0] temp;
if(x>y)
    begin temp＝x; x＝y; y＝temp; end
endtask
always @(＊)
    begin
    {va, vb, vc, vd}＝{a, b, c, d};
    sort2(va, vc);
    sort2(vb, vd);
    sort2(va, vb);
    sort2(vc, vd);
    sort2(vb, vc);
{ra, rb, rc, rd}＝{va, vb, vc, vd};
    end
endmodule
```

如图 5 - 19 所示为该冒泡排序的仿真波形。由图可看出，通过任务的调用，对输入的任意 4 个数值进行了从小到大的排序。

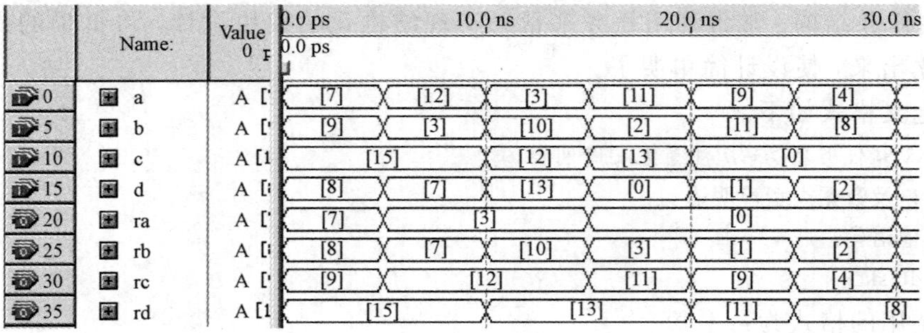

	Name:	Value 0 p	0.0 ps		10.0 ns		20.0 ns		30.0 ns
0	a	A [	[7]	[12]	[3]	[11]	[9]	[4]	
5	b	A [	[9]	[3]	[10]	[2]	[11]	[8]	
10	c	A [1	[15]		[12]	[13]	[0]		
15	d	A [	[8]	[7]	[13]	[0]	[1]	[2]	
20	ra	A [	[7]		[3]		[0]		
25	rb	A [	[8]	[7]	[10]	[3]	[1]	[2]	
30	rc	A [	[9]	[12]		[11]	[9]	[4]	
35	rd	A [1	[15]		[13]		[11]	[8]	

图 5 - 19　冒泡排序仿真波形

（2）函数。函数的目的是返回一个值，以用于表达式计算。函数的定义格式如下：

```
function  <返回值位宽或类型说明> 函数名；
端口声明；
局部变量定义；
其他语句；
endfunction
```

其中"返回值位宽或类型说明"是一个可选项，如果缺省，则返回值为 1 位寄存器类型的数据。

【例 5 - 27】 利用函数对一个 8 位二进制数中为 0 的位进行计数。

```
module count0(output reg [7：0]number, input [7：0]a)；
function[7：0] get0；
input[7：0] x； reg[7：0] count；
integer i；
    begin
      count＝0；
      for (i＝0； i＜＝7； i＝i＋1)
      if(x[i]＝1′b0)  count＝count＋1；
      get0＝count；
    end
endfunction
assign number＝get0(a)；
endmodule
```

上面语句中的 get0 函数用于循环核对输入数据 x 的每一位，计算出 x 中 0 的个数，并返回一个适当的值。该例的仿真波形如图 5 - 20 所示。

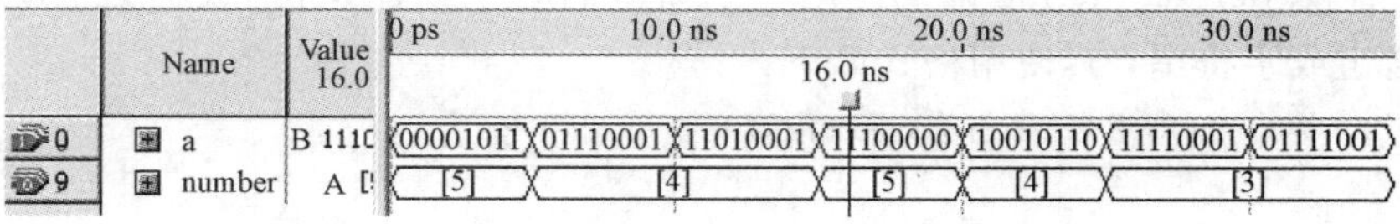

	Name	Value 16.0	0 ps	10.0 ns	20.0 ns	30.0 ns
					16.0 ns	
▣0	▣ a	B 1110	00001011 X 01110001 X 11010001 X 11100000 X 10010110 X 11110001 X 01111001			
▣9	▣ number	A [5	[5] X [4] X [5] X [4] X [3]			

图 5 - 20　8 位二进制数中 0 的个数计数仿真波形

在使用函数时，需注意以下几点：

① 函数的定义与调用须在一个 module 模块内。

② 函数只允许有输入变量且必须至少有一个输入变量，输出变量由函数名本身担任。在定义函数时，需对函数名说明其类型和位宽。

③ 定义函数时，虽没有端口名列表，但调用函数时需列出端口名列表，端口名的排序和类型必须与定义时的相一致。这一点与任务相同。

④ 函数可以出现在持续赋值 assign 的右端表达式中。

⑤ 函数不能调用任务，而任务可以调用别的任务和函数，且调用任务和函数个数不受限制。

如表 5 - 17 所列为任务与函数的区别。

表 5 - 17　任务与函数的区别

比较项	任务（task）	函数（function）
目的或用途	可计算多个结果值	通过返回一个值，来响应输入信号
输入与输出	可为各种类型（包括 inout 型）	至少有一个输入变量，但不能有任何 output 或 inout 型变量
被调用	只可在过程赋值语句中调用，不能在连续赋值语句中调用	可作为表达式中的一个操作数来调用，在过程赋值和连续赋值语句中均可调用
调用其他任务和函数	任务可调用其他任务和函数	函数可调用其他函数，但不可调用其他任务
返回值	不向表达式返回值	向调用它的表达式返回一个值

合理使用任务和函数会使程序结构清晰而简洁，一般的综合器对 task 和 function 都是支持的，但也有的综合器不支持 task，需要在使用时注意。

9）编译预处理语句

Verilog HDL 语言和 C 语言一样也提供了编译指示功能。Verilog HDL 允许在程序中使用特殊的编译向导（Compiler Directives）语句，在编译时，通常先对这些向导语句进行预处理，然后再将预处理的结果和源程序一起进行编译。

编译预处理是 Verilog HDL 编译系统的一个组成部分。编译预处理语句以西文符号"｀"开头——注意，不是单引号"′"。在编译时，编译系统先对编译预处理语句进行预处理，然后将处理结果和源程序一起进行编译。

Verilog HDL 提供了十几条编译向导语句，如 ｀define、｀ifdef、｀else、｀endif、｀restall 等。比较常用的有 ｀define，｀include 和 ｀ifdef、｀else、｀endif 等。

（1）宏替换 ｀define。define 语句使用一个简单的名字或标识符（或称为宏名）来代替一个复杂的名字或字符串，其使用格式如下：

　　　｀define 标志符（即宏名）字符串（即宏内容）

例如：

　　　｀define　sum　ina＋inb＋inc＋ind

在上面的语句中，用简单的宏名 sum 来代替了一个复杂的表达式 ina＋inb＋inc＋ind。采用了这样的定义形式后，在后面的程序中就可以直接用 sum 来代表表达式 ina＋inb＋inc＋ind 了。

宏定义的作用如下：

① 以一个简单的名字代替一个长的字符串或复杂表达式。

② 以一个有含义的名字代替没有含义的数字和符号。

关于宏定义的几点说明：

① 宏名可以用大写字母，也可用小写字母表示，但建议用大写字母，以与变量名相区别。

② ｀define 语句可以写在模块定义的外面或里面，宏名的有效范围为定义命令之后到源文件结束。

③ 在引用已定义的宏名时，必须在其前面加上符号"｀"。

④ 使用宏名代替一个字符串，可简化书写，便于记忆，易于修改。

⑤ 预处理时只是将程序中的宏名替换为字符串，不管含义是否正确，只有在编译宏展开后的源程序时才报错。

⑥ 宏名和宏内容必须在同一行中进行声明。

⑦ 宏定义不是 Verilog HDL 语句，不必在行末加分号，如果加了分号，会连分号一起置换。

（2）文件包含 `include。include 是文件包含语句，它可将一个文件全部包含到另一个文件中。其格式为：

　　　`include　"文件名"

使用 `include 语句时应注意以下几点：

① 一个 `include 语句只能指定一个被包含的文件。

② `include 语句可以出现在源程序的任何地方，被包含的文件若与包含文件不在同一个子目录下，则必须指明其路径名。

③ 文件包含允许多重包含，比如文件 1 包含文件 2，文件 2 又包含文件 3 等。

使用 `include 语句有以下几点好处：

① 避免程序设计人员的重复劳动，不必将源代码复制到自己的另一源文件中，使源文件显得简洁。

② 可以将一些常用的宏定义命令或任务组成一个文件，然后用 `include 语句将该文件包含到自己的另一源文件中，相当于将工业上的标准元件拿来使用。

③ 当某几个源文件经常需要被其他源文件调用时，则在其他源文件中用 `include 语句将所需源文件包含进来。

（3）`timescale 语句。`timescale 语句是时间尺度语句，用于定义跟在该命令后模块的时间单位和时间精度。其格式如下：

　　　`timescale <时间单位> / <时间精度>

时间单位：用于定义模块中仿真时间和延迟时间的基准单位。

时间精度：用来声明该模块的仿真时间和延迟时间的精确程度。

在同一程序设计里，可以包含采用不同时间单位的模块。此时用最小的时间精度值决定仿真的时间单位。时间精度至少要和时间单位一样精确，时间精度值不能大于时间单位值。例如：

　　　`timescale 1ps / 1ns　　　　// 非法！
　　　`timescale 1ns / 1ps　　　　// 合法！

对于 `timescale 语句，MAX＋PLUS Ⅱ 和 Quartus Ⅱ 都不可综合，所以通常用在仿真测试文件中。

（4）条件编译 `ifdef、`else、`endif。条件编译语句 `ifdef、`else、`endif 可以指定仅对程序中的部分内容进行编译，这三个命令有如下两种使用形式：

① `ifdef 宏名；
　　　　语句块
　　`endif

② `ifdef 宏名；
　　　　语句块 1
　　　`else　语句块 2

```
`endif
```

【例 5 - 28】 条件编译语句举例。

```
module   compile(output out, input a, input b);
    `ifdef add
        assign out＝a＋b;
    `else assign out＝a－b;
    `endif
endmodule
```

在例 5 - 28 中，如果在程序中定义了"if def add"，则执行"assign out＝a＋b;"操作，若没有该语句，则执行"assign out＝a－b;"操作。

5.7　Verilog HDL 仿真与测试

仿真是对所设计电路系统的一种检测方法。按处理的 HDL 语言类型的不同，仿真器可分为 Verilog HDL 仿真器、VHDL 仿真器和混合仿真器。常用的 Verilog HDL 仿真器有 ModelSim、Verilog-XL、NC-Verilog 和 VCS 等。

仿真因 EDA 工具和设计复杂度的不同而略有不同。对于简单的设计，特别是一些小规模的 CPLD 设计来说，一般可以直接使用开发工具内嵌的仿真波形工具绘制激励，然后进行相关的仿真。另外一种较为常用的方式是使用 HDL 编制 Testbench(仿真文件)，通过波形或自动比较工具，分析设计的正确性，并分析 Testbench 自身的覆盖率和正确性。

在第 4 章介绍 Quartus Ⅱ 内嵌的仿真波形工具时已知 Quartus Simulator 不支持 Testbench，只支持波形文件.vwf。一般设计者建立波形文件时，需要自行建立复位、时钟信号以及控制和输入数据、输出数据信号等。其中工作量最大的就是输入数据的波形录入。比如要仿真仅 1KB 的串行输入数据量，则手工输入信号的波形要画 8000 个周期，不仅费时费力而且容易出错，所以当仿真需要的激励信号数据量大、仿真时间长时，一般采用 ModelSim 等专用仿真器来进行仿真。有关 ModelSim 仿真器的介绍将在第 8 章讲述，这里主要讲述如何用 Verilog HDL 编写 Testbench。

5.7.1　测试平台

测试平台(Testbench)指一段仿真代码，用来为设计产生特定的输入序列，也用来观测设计输出的响应。测试平台是系统的控制中心，验证的任务就是确定产生什么样的输入模式，以及获得期望的设计输出。在不改变所设计的硬件系统的前提下采用模块化的方法进行编码验证。通俗地讲，测试平台即仿真验证。

测试平台的基本框架如图 5 - 21 所示。测试模块与一般的 Verilog HDL 模块没有根本的区别，其有以下几个特点：

(1) 测试模块只有模块名字，没有端口列表。

(2) 输入信号(激励信号)必须定义为 reg 型，以保持信号值；输出信号(显示信号)必须定义为 wire 型。

(3) 在测试模块中调用被测试模块时，应注意端口排列的顺序与模块定义时一致。

（4）一般用 initial、always 过程块来定义激励信号波形，使用系统任务和系统函数来定义输出显示格式。

（5）在激励信号的定义中，可使用 if-else、for、forever、case、while、begin-end、fork-join 等控制语句，这些控制语句一般只用在 always、initial、function、task 等过程块中。

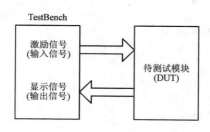

图 5 - 21　测试平台的基本框架

Testbench 的书写结构如下：

① module 仿真模块名。

② 各种输入、输出变量定义。

③ 数据类型说明。

④ integer 定义。

⑤ parameter 定义。

⑥ DUT 实例语句。

⑦ 激励向量定义（always、initial 过程块；function、task 结构等；if-else、for 等控制语句）。

⑧ 显示格式定义（$ monitor，$ time，$ display 等）。

激励向量通常有时钟信号、复位信号、固定值信号、随机信号等，时钟信号一般用单独的 always 语句或 assign 赋值语句产生，置/复位信号用简单的 initial 语句块产生，一般仿真开始复位 1 次。

等占空比的时钟信号产生方法如下：

```
parameter period=10;          //定义时钟周期
reg Clk;
initial Clk=0;                //时钟信号必须用 initial 语句赋初值
always #(period/2) Clk=~Clk；//占空比为 1∶1
```

非等占空比的时钟信号产生方法如下：

```
parameter period=10;
initial Clk1=1;
always
begin
#(period * 0.6) Clk1=0;
#(period * 0.4)  Clk1=1;   //占空比为 2∶5
end
```

【例 5 - 29】　1 位全加器的仿真测试示例。

```
`timescale 1ns/1ns
```

```
module full_adder_tb;
reg a, b, c;
wire co, sum;
integer i, j;
parameter delay=100;
full_add U1(a, b, c, co, sum);
initial
begin
  a=0; b=0; c=0;
  for(i=0; i<2; i=i+1)
    for(j=0; j<2; j=j+1)
    begin a=i; b=j; c=0; #delay; end
  for(i=0; i<2; i=i+1)
    for(j=0; j<2; j=j+1)
    begin a=i; b=j; c=1; #delay; end
end
endmodule
```

功能仿真波形如图 5-22 所示。

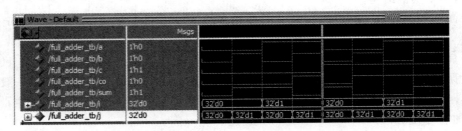

图 5-22　1 位全加器功能仿真波形

5.7.2 · 系统任务和系统函数

Verilog HDL 的系统任务和系统函数主要用于仿真，是 Verilog 中预先定义好的，用于调试和编译预处理的任务或函数。

系统任务和系统函数一般以符号"$"开头，如 $monitor、$readmemh 等。使用不同的 Verilog 仿真工具（如 VCS、Verilog-XL、ModelSim 等）进行仿真时，这些系统任务和系统函数在使用方法上可能存在差异，应根据使用手册来使用。一般在 intial 或 always 过程块中调用系统任务和系统函数。用户可以通过编程语言接口（PLI）将自己定义的系统任务和系统函数加到语言中，以进行仿真和调试。

下面介绍常用的系统任务和系统函数，多数仿真工具都支持这些任务和函数，且基本能够满足一般仿真测试的需要。

1. $display 与 $write

$display 和 $write 是两个系统任务,两者的功能相同,都用于显示模拟结果,其区别是 $display 在输出结束后能自动换行,而 $write 不能。

$display 和 $write 的使用格式为:

$display("格式控制符",输出变量名列表);

$write("格式控制符",输出变量名列表);

例如:

$display($time,,,"a=%h b=%h c=%h", a, b, c);

$display("it's a example for display\n");

格式控制符如表 5-18 所列,转义字符如表 5-19 所列。

表 5-18　格式控制符

格式控制符	说　　明
%h 或 %H	以十六进制形式显示
%d 或 %D	以十进制形式显示
%o 或 %O	以八进制形式显示
%b 或 %B	以二进制形式显示
%c 或 %C	以 ASCII 字符形式显示
%v 或 %V	显示 net 型数据的驱动强度
%m 或 %M	显示层次名
%s 或 %S	以字符串形式输出
%t 或 %T	以当前的时间格式显示

表 5-19　转义字符

转义字符	说　　明
\ n	换行
\ t	Tab 键
\\	符号\
\"	符号"
\ ddd	八进制数 ddd 对应的 ASCII 字符
%%	符号%

2. $monitor 与 $strobe

$monitor、$strobe 与 $display、$write 一样也是属于输出控制类的系统任务,$monitor 与 $strobe 都提供监控和输出参数列表中字符或变量的值的功能,其使用格式为:

　　$ monitor("格式控制符"，输出变量名列表)；

　　$ strobe("格式控制符"，输出变量名列表)；

　　这里的格式控制符、输出变量名列表与 $ display 和 $ write 中定义的完全相同。例如：

　　$ monitor($ time，"a＝%b b＝%h"，a，b)；

　　每次 a 或 b 信号的值发生变化都会激活该语句，并显示当前仿真时间、二进制格式的 a 信号和十六进制格式的 b 信号。

3. $ time 与 $ realtime

　　$ time、$ realtime 是属于显示仿真时间标度的系统函数。这两个函数被调用时，都返回当前时刻距离仿真开始时刻的时间量值，所不同的是，$ time 函数以 64 位整数值的形式返回模拟时间，$ realtime 函数则以实数型数据返回模拟时间。

4. $ finish 与 $ stop

　　系统任务 $ finish 与 $ stop 用于对仿真过程进行控制，分别表示结束仿真和中断仿真。$ finish 与 $ stop 的使用格式如下：

　　$ stop；

　　$ stop(n)；

　　$ finish；

　　$ finish(n)；

其中 n 是 $ finish 和 $ stop 的参数，n 可以是 0、1、2 等值，分别表示如下含义：

0：不输出任何信息。

1：给出仿真时间和位置。

2：给出仿真时间和位置，还有其他一些运行统计数据。

5. $ readmemh 与 $ readmemb

　　$ readmemh 与 $ readmemb 属于文件读写控制的系统任务，其作用都是从外部文件中读取数据并放入存储器中。两者的区别在于读取数据的格式不同，$ readmemh 读取十六进制数据，而 $ readmemb 读取二进制数据。$ readmemh 与 $ readmemb 的使用格式为：

　　$ readmemh("数据文件名"，存储器名，起始地址，结束地址)；

　　$ readmemb("数据文件名"，存储器名，起始地址，结束地址)；

其中，起始地址和结束地址均可以缺省。如果缺省起始地址，则表示从存储器的首地址开始存储；如果缺省结束地址，则表示一直存储到存储器的结束地址。

6. $ random

　　$ random 是产生随机数的系统函数，每次调用该函数将返回一个 32 位的随机数，该随机数是一个带符号的整数。

7. 文件输出

　　与 C 语言类似，Verilog 也提供了很多文件输出类的系统任务，可将结果输出到文件中。这类任务有 $ fdisplay、$ fwrite、$ fmonitor、$ fstrobe、$ fopen 和 $ fclose 等。

　　$ fopen 用于打开某个文件并准备写操作，$ fclose 用于关闭文件，而 $ fdisplay、$ fwrite、$ fmonitor 等系统任务则用于把文本写入文件。

【例 5 - 30】   激励波形的描述如图 5 - 23 所示。

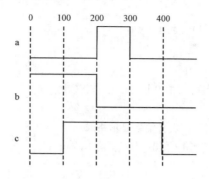

图 5 - 23   激励波形

```
`timescale 1ns/1ns
module test1;
reg a, b, c;
initial
begin     a=0; b=1; c=0;
#100 c=1;
#100 a=1; b=0;
#100 a=0;
#100 c=0;
#100  $ stop;
end
initial  $ monitor( $ time, , , "a=%d b=%d c=%d", a, b, c); //显示
endmodule
```

例 5 - 30 运行结果为：

```
# 0    a=0 b=1 c=0
# 100 a=0 b=1 c=1
# 200 a=1 b=0 c=1
# 300 a=0 b=0 c=1
# 400 a=0 b=0 c=0
```

5. 7. 3   Verilog HDL 仿真实例

【例 5 - 31】   8 位乘法器的仿真。

```
`timescale 10ns/1ns
module mult8_tp;          //测试模块的名字
reg[7: 0] a, b;           //测试输入信号定义为 reg 型
wire[15: 0] out;          //测试输出信号定义为 wire 型
integer i, j;
mult8 m1(out, a, b);      //调用测试对象
```

```
initial                        //激励波形设定
begin a＝0；b＝0；
for(i＝1；i＜255；i＝i＋1)   ＃10 a＝i；
end
initial begin
for(j＝1；j＜255；j＝j＋1)   ＃10 b＝j；
end
initial begin                  //定义结果显示格式
$ monitor( $ time，，，"%d * %d＝%d"，a，b，out)；
＃2560 $ finish；
end
endmodule
```

功能仿真波形如图 5－24 所示。

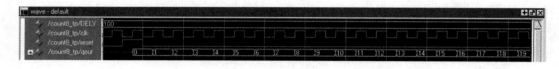

图 5－24　8 位乘法器功能仿真波形

【例 5－32】　8 位计数器的仿真。

```
`timescale 10ns/1ns
module count8_tp；
reg clk，reset；               //输入激励信号定义为 reg 型
wire[7：0] qout；              //输出信号定义为 wire 型
parameter DELY＝100；
counter C1(qout，reset，clk)；  //调用测试对象
always ＃(DELY/2) clk＝～clk； //产生时钟波形
initial begin                  //激励波形定义
clk＝0；reset＝0；
＃DELY reset＝1；
＃DELY reset＝0；
＃(DELY * 300) $ finish；
end
initial $ monitor( $ time，，，"clk＝%d reset＝%d qout＝%d"，clk，reset，qout)；
endmodule
```

功能仿真波形如图 5－25 所示。

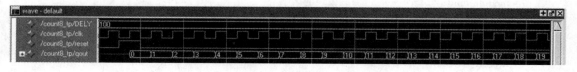

图 5－25　8 位计数器仿真波形图

习　题　5

1. 下列标识符哪些是合法的，哪些是错误的？

　　Cout，8sum，\a * b，_data，\wait，initial，$ latch

2. 下列数字的表示是否正确？

　　6'd18，'Bx0，5'b0x110，'da30，10'd2，'hzF

3. reg 型和 wire 型变量有什么本质的区别？

4. 如果 wire 型变量没有被驱动，其值为多少？

5. reg 型变量的初始值一般是什么？

6. 定义如下的变量和常量：

① 定义一个名为 count 的整数；

② 定义一个名为 ABUS 的 8 位 wire 总线；

③ 定义一个名为 address 的 16 位 reg 型变量，并将该变量的值赋为十进制数 128；

④ 定义参数 Delay_time，参数值为 8；

⑤ 定义一个名为 DELAY 的时间变量；

⑥ 定义一个 32 位的寄存器 MYREG；

⑦ 定义一个容量为 128，字长为 32 位的存储器 MYMEM。

7. 阻塞式赋值和非阻塞式赋值有什么本质的区别？

8. initial 语句与 always 语句的关键区别是什么？

9. 在 Verilog HDL 中，哪些操作是并发执行的，哪些操作是顺序执行的？

10. 在 Verilog HDL 的运算符中，哪些运算符的运算结果是一位的？

11. 能否对存储器进行位选择和域选择？

12. Verilog HDL 支持哪几种描述方式，各有什么特点？

13. 设计一个 5 人投票表决器，若超过 3 人，输出为 1，表示通过，否则输出为 0，表示不通过。

14. 分别用门级结构描述、数据流描述和行为描述方式进行四位全加器的设计。

15. 什么是仿真？常用的 Verilog HDL 仿真器有哪些？

16. 写出 1 位全加器的 UDP 描述。

17. 写出 4 选 1 多路选择器的 UDP 描述。

18. 'timescale 指令的作用是什么？举例说明。

19. 编写一个 4 位比较器，并对其进行测试。

20. 编写一个时钟波形产生器，产生正脉冲宽度为 15 ns、负脉冲宽度为 10 ns 的时钟波形。

21. 编写一个测试程序，对 D 触发器的逻辑功能进行测试。

第 6 章　基于 Verilog HDL 的数字电路设计

在数字电路设计中，数字电路可简单归纳为线和器件两种要素。线是器件管脚之间的物理连线；器件也可简单归纳为组合逻辑器件（如与或非门等）和时序逻辑器件（如寄存器、锁存器、RAM 等）。组合逻辑电路在逻辑功能上的特点是任意时刻的输出仅仅取决于该时刻的输入，与电路原来的状态无关。而时序逻辑电路在逻辑功能上的特点是任意时刻的输出不仅取决于当时的输入信号，而且还取决于电路原来的状态，或者说，还与以前的输入有关。本章将用 Verilog HDL 语言来分别设计这两种电路。

6.1　基本组合电路的设计

6.1.1　基本门电路

基本门电路包括一个非门、一个与门、一个与非门、一个或门、一个异或门和一个异或非门。图 6-1 所示为基本门电路描述图元符号。

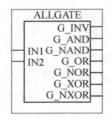

图 6-1　基本门电路描述图元符号

【例 6-1】　调用门元件实现图 6-1 所示基本门电路模块。

```
module ALLGATE ( IN1, IN2, G_INV, G_AND, G_NAND, G_OR, G_XOR, G_NXOR );
input wire IN1, IN2;
output wire G_INV, G_AND, G_NAND, G_OR, G_XOR, G_NXOR;
assign G_INV=~IN1;
assign G_AND=IN1&IN2;
assign G_NAND=~(IN1&IN2);
assign G_OR=IN1|IN2;
assign G_XOR=IN1^IN2;
assign G_NXOR=~(IN1^IN2);
endmodule
```

仿真结果如图 6-2 所示。

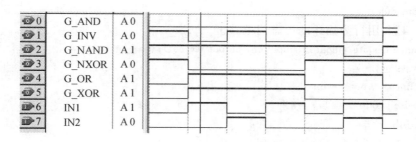

图 6 - 2　基本门电路仿真结果

综合结果如图 6 - 3 所示。

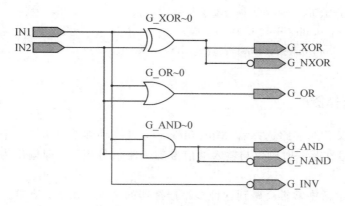

图 6 - 3　基本门电路综合结果

6.1.2　三态逻辑电路

在数字系统中，经常要用到三态逻辑电路(也叫三态门)。三态门是在普通门的基础上加控制端构成的，在需要信息双向传输的地方，三态门是必需的。下面用三种模式描述如图 6 - 4 所示的三态门电路。当 en 控制端为高电平时，输出 out=in；当 en 控制端为低电平时，输出 out 为高阻态。

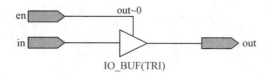

图 6 - 4　三态门电路

【例 6 - 2】　调用门元件 bufif1 设计一个三态门电路。

　　module tristate1(input in, input en, output out);

　　bufif1 b1(out, in, en);

　　endmodule

【例 6 - 3】　用数据流描述的三态门电路。

　　module tristate2(input in, input en, output out);

　　assign out=en? in: 1′bz;

endmodule

【例 6-4】　用行为描述的三态门电路。

```
module tristate2(input in, input en, output reg out);
always @( * )
    if(en)    out<=in;
    else    out<=1'bz;
```

endmodule

【例 6-5】　三态双向总线缓冲器。

```
module ttl245(a, b, oe, dir);
input oe, dir;            //使能信号和方向控制
inout[7: 0] a, b;         //双向数据线
assign a=({oe, dir}==2'b00)? b: 8'bz;
assign b=({oe, dir}==2'b01)? a: 8'bz;
endmodule
```

6.1.3　数据选择器

数据选择器又称为多路选择器(Multiplexer)，是一种多个输入、一个输出的中规模器件，其输出的信号在某一时刻仅与输入端信号的一路信号相同，即输出为输入端信号中选择的一个输出。

我们在日常生活中常常会碰到这种多路选择器的情况，如家庭音响系统中在选择音源时，可以在 CD、录音磁带、收音机中选择一路进行输出。这就是在多个信号源中选择一路进行输出的例子，但这个例子中的信号是模拟信号，而这里主要讲的是数字信号。

下面以 1 位宽 2 选 1 数据选择器为例进行介绍。模块图和真值表如图 6-5 所示。

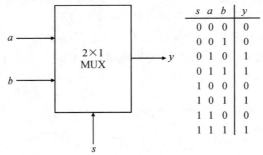

s	a	b	y
0	0	0	0
0	0	1	0
0	1	0	1
0	1	1	1
1	0	0	0
1	0	1	1
1	1	0	0
1	1	1	1

图6-5　1 位宽 2 选 1 数据选择器模块图和真值表

从模块图可知，1 位宽 2 选 1 数据选择器输入为 a、b、s，输出为 y，输入与输出关系如真值表所示。当 s 为 0 时，y 的值为 a 的值；当 s 为 1 时，y 的值为 b 的值。

【例 6-6】　使用逻辑方程实现 2 选 1 数据选择器。

```
module mux21a (input a, input b, input s, output y);
assign y = ~ s & a | s & b;
endmodule
```

【例 6-7】　使用 if 语句实现 2 选 1 数据选择器。

```
module mux21b(input a, input b, input s, output y);
```

```
always @ ( * )
if (s == 0)   y = a;
else    y = b;
endmodule
```

【例 6-8】 使用条件运算符"?："实现 2 选 1 数据选择器。

```
module mux21c(input a, input b, input s, output y);
assign y = s ? b : a;
endmodule
```

【设计与思考】

(1) 根据 1 位宽 2 选 1 数据选择器，如何设计 1 位宽 N 选 1 数据选择器(如 4 选 1)？

(2) 根据 1 位宽 2 选 1 数据选择器，如何设计 N 位宽 2 选 1 数据选择器(如 4 位宽)？

(3) 实际生活中，数据选择器有哪些应用呢？

6.1.4 编码器和译码器

编码器(Encoder)是将信号(如比特流)或数据进行编制、转换为可用以通信、传输和存储的信号形式的设备。编码器把角位移或直线位移转换成电信号，前者称为码盘，后者称为码尺。

译码器是一类多输入多输出组合逻辑电路器件，可以分为变量译码和显示译码两类。变量译码器一般是一种将较少输入变为较多输出的器件，常见的有 N 线-2^N 线译码和 8421BCD 码译码两类；显示译码器用来将二进制数转换成对应的七段码，一般可分为驱动 LED 和驱动 LCD 两类。

在编码时，每一种二进制代码都赋予了特定的含义，即都表示了一个确定的信号或者对象。译码是编码的逆过程，把代码状态的特定含义"翻译"出来的过程叫做译码，实现译码操作的电路称为译码器。或者说，译码器是可以将输入二进制代码的状态翻译成输出信号，以表示其原来含义的电路。

下面以 3-8 译码器和 8-3 编码器为例进行介绍。

图 6-6 所示为 3-8 译码器的集成器件 74LS138 各引脚分布图和真值表。当 $\{G_1, G_2\}$＝10 时，译码器开始译码。图 6-7 所示为 8-3 优先编码器的集成器件 74LS148 各引脚分布图和真值表。当 $\{E_1, G_s, E_0\}$＝001 时，编码器开始编码。

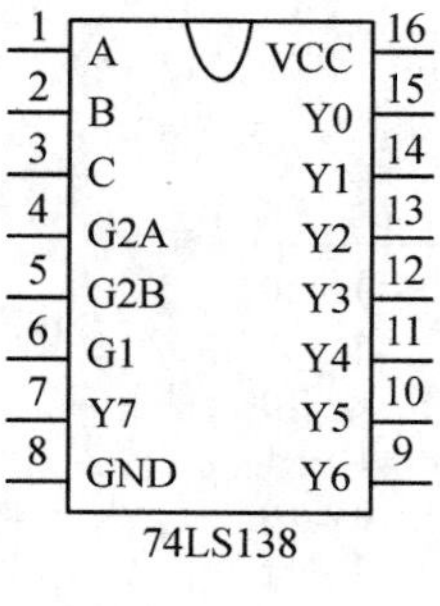

1	A		VCC	16
2	B		Y0	15
3	C		Y1	14
4	G2A		Y2	13
5	G2B		Y3	12
6	G1		Y4	11
7	Y7		Y5	10
8	GND		Y6	9

74LS138

G_1	G_2	C	B	A	Y_0	Y_1	Y_2	Y_3	Y_4	Y_5	Y_6	Y_7
X	1	X	X	X	1	1	1	1	1	1	1	1
0	X	X	X	X	1	1	1	1	1	1	1	1
1	0	0	0	0	0	1	1	1	1	1	1	1
1	0	0	0	1	1	0	1	1	1	1	1	1
1	0	0	1	0	1	1	0	1	1	1	1	1
1	0	0	1	1	1	1	1	0	1	1	1	1
1	0	1	0	0	1	1	1	1	0	1	1	1
1	0	1	0	1	1	1	1	1	1	0	1	1
1	0	1	1	0	1	1	1	1	1	1	0	1
1	0	1	1	1	1	1	1	1	1	1	1	0

G_2=G2A#G2B

X:不确定值

图 6-6 74LS138 各引脚分布图和真值表

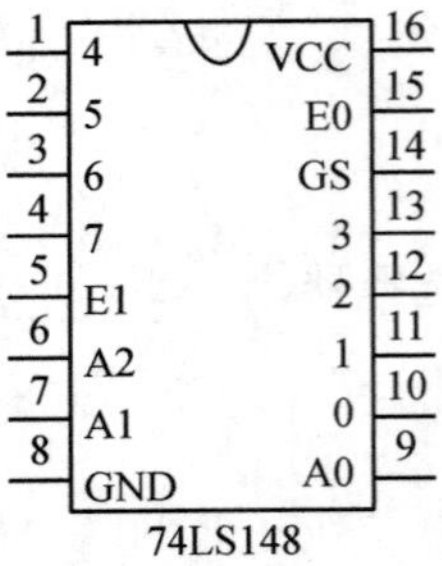

E_1	0	1	2	3	4	5	6		Y_2	Y_1	Y_0	G_s	E_0
1	X	X	X	X	X	X	X		1	1	1	1	1
0	1	1	1	1	1	1	1		1	1	1	1	0
0	X	X	X	X	X	X	0		0	0	0	0	1
0	X	X	X	X	X	0	1		0	0	1	0	1
0	X	X	X	X	0	1	1		0	1	0	0	1
0	X	X	X	0	1	1	1		0	1	1	0	1
0	X	X	0	1	1	1	1		1	0	0	0	1
0	X	0	1	1	1	1	1		1	0	1	0	1
0	0	1	1	1	1	1	1		1	1	0	0	1
0	1	1	1	1	1	1	1		1	1	1	1	1

X:不确定值

图 6-7　74LS148 各引脚分布图和真值表

【例 6-9】　根据图 6-8 的真值表，使用 for 循环语句实现 3-8 译码器。

```verilog
module decode38(input [2:0] a, output reg [7:0] y);
integer i;
always @ ( * )
for (i = 0; i <= 7; i = i+1)
    if (a == i)   y[i] = 1;
    else  y[i] = 0;
endmodule
```

a_2	a_1	a_0	y_0	y_1	y_2	y_3	y_4	y_5	y_6	y_7
0	0	0	1	0	0	0	0	0	0	0
0	0	1	0	1	0	0	0	0	0	0
0	1	0	0	0	1	0	0	0	0	0
0	1	1	0	0	0	1	0	0	0	0
1	0	0	0	0	0	0	1	0	0	0
1	0	1	0	0	0	0	0	1	0	0
1	1	0	0	0	0	0	0	0	1	0
1	1	1	0	0	0	0	0	0	0	1

图 6-8　3-8 译码器真值表

【例 6-10】　根据图 6-9 的真值表，使用 for 循环语句实现 8-3 优先编码器。

```verilog
module pencode83 (input [7:0] x, output reg [2:0] y);
integer i;
always @ ( * )
begin
```

x_0	x_1	x_2	x_3	x_4	x_5	x_6	x_7	y_2	y_1	y_0
1	0	0	0	0	0	0	0	0	0	0
X	1	0	0	0	0	0	0	0	0	1
X	X	1	0	0	0	0	0	0	1	0
X	X	X	1	0	0	0	0	0	1	1
X	X	X	X	1	0	0	0	1	0	0
X	X	X	X	X	1	0	0	1	0	1
X	X	X	X	X	X	1	0	1	1	0
X	X	X	X	X	X	X	1	1	1	1

图 6-9　8-3 编码器真值表

```
        y = 0;
        for (i = 0; i <= 7; i = i+1)
                if (x[i] ==1)    y = i;
        end
        endmodule
```

【设计与思考】

(1) 根据 3 - 8 译码器，如何设计 $N - 2^N$ 译码器(如 4 - 16 译码器)?

(2) 根据 8 - 3 编码器，如何设计 $2^N - N$ 编码器(如 16 - 4 编码器)?

(3) 实际生活中，编码器和译码器应用在哪些方面?

6.1.5　编码转换器

用 4 位二进制代码表示一位十进制数，称为二—十进制编码，简称 BCD(Binary Coded Decimal)码。根据代码的每一位是否有权值，BCD 码可分为有权码和无权码两类。有权码应用较多的是 8421BCD 码，无权码用得较多的是余三码和格雷码。我们通常所说的 BCD 码指的是 8421BCD 码。

二进制码与 BCD 码之间的转换是人—机对话所不可缺少的。格雷码常用于模拟—数字转换和位置—数字转换中。余三码的优点是执行十位数相加时可以产生正确的进位信号，而且给减法运算带来了方便。

8421BCD 码中的"8421"表示从高到低各位二进制位对应的权值分别为 8、4、2、1，将各二进制位与权值相乘，并将乘积相加就可得到相应的十进制数。例如，8421BCD 码 0111 进行转换，即 $0×8+1×4+1×2+1×1=7D$，其中 D 表示十进制(Decimal)数。值得特别注意的是，8421BCD 码只有 0000~1001 共 10 个，而 1010、1011 等不是 8421BCD 码。

余三码是在 8421BCD 码的基础上，把每个数的代码加上 0011(对应十进制数 3)后得到的。

格雷码的编码规则是相邻的两代码之间只有一位二进制位不同。不管是 8421BCD 码还是余三码，以及格雷码，总是 4 个二进制位对应一个十进制数，如十进制数 18 对应的 8421BCD 码就是 0001 1000。

这些编码跟十进制数对应的关系如表 6 - 1 所列。

表 6 - 1　各种码制对照表

4 位二进制数	十进制数	BCD 码	8421BCD 码	余三码	4 位格雷码
0000	0	00000	0000	0011	0000
0001	1	00001	0001	0100	0001
0010	2	00010	0010	0101	0011
0011	3	00011	0011	0110	0010
0100	4	00100	0100	0111	0110
0101	5	00101	0101	1000	1110
0110	6	00110	0110	1001	1010

续表

4 位二进制数	十进制数	BCD 码	8421BCD 码	余三码	4 位格雷码
0111	7	00111	0111	1010	1000
1000	8	01000	1000	1011	1100
1001	9	01001	1001	1100	1101
1010	10	10000	—	—	1111
1011	11	10001	—	—	1110
1100	12	10010	—	—	1010
1101	13	10011	—	—	1011
1110	14	10100	—	—	1001
1111	15	10101	—	—	1000

【例 6 - 11】　4 位二进制数转换成 BCD 码。

```
module bin2bcd(input [3:0]bin_in, output reg [7:0] bcd_out);
  always @(*)
  if(bin_in<4'd10)
    begin bcd_out[4]<=0; bcd_out[3:0]<=bin_in; end
  else
    begin bcd_out[4]<=1; bcd_out[3:0]<=bin_in-4'd10; end
endmodule
```

【例 6 - 12】　4 位二进制数转换成格雷码。

```
module bin2gray(input [3:0]b, output [3:0]g);
  assign g[3]=b[3];
  assign g[2:0]=b[3:1]^b[2:0];
endmodule
```

【例 6 - 13】　4 位格雷码转换成二进制数。

```
module gray2bin(input [3:0]g, output reg [3:0] b);
  integeri;
  always @(*)
    begin
      b[3]=g[3];
      for(i=2; i>=0; i=i-1)
        b[i]=b[i+1]^g[i];
end
endmodule
```

6.1.6　七段数码管译码电路

七段数码管实际上是由 7 个长条形的发光二极管组成的(一般用 a、b、c、d、e、f、g 分别表示 7 个发光二极管），多用于显示字母、数字。图 6 - 10 所示为七段数码管的结构与共阴极、共阳极两种连接方式示意图。假定采用共阴极连接方式，用七段数码管显示 0～9 这 10 个数字，则相应的译码显示器的 Verilog HDL 描述如例 6 - 14 所示。

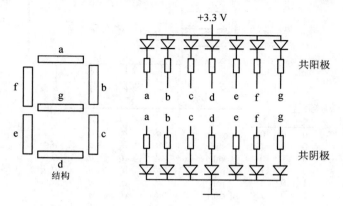

图 6 - 10　七段数码管结构图

【例 6 - 14】　七段数码管显示 8421BCD 码。

```verilog
module seg7b(input[3：0]led, output reg[6：0]a_to_g);
always @(*)
begin
    case(led)
    4'b0000：a_to_g=7'b1111110;        //显示 0
    4'b0001：a_to_g=7'b0110000;        //显示 1
    4'b0010：a_to_g=7'b1101101;        //显示 2
    4'b0011：a_to_g=7'b1111001;        //显示 3
    4'b0100：a_to_g=7'b0110011;        //显示 4
    4'b0101：a_to_g=7'b1011011;        //显示 5
    4'b0110：a_to_g=7'b1011111;        //显示 6
    4'b0111：a_to_g=7'b1110000;        //显示 7
    4'b1000：a_to_g=7'b1111111;        //显示 8
    4'b1001：a_to_g=7'b1111011;        //显示 9
    default：a_to_g=7'b0000000;        //其他情况不显示
    endcase
end
endmodule
```

6.1.7　移位器

移位器主要用于移位，应用范围非常广泛，如数据的移位、角度的移位等，可分为线性移位和循环移位。如图 6 - 11 所示为移位器模块图和输入/输出关系图。由图可知，当控制信号 $s[2..0]$ 取不同值时，输入信号进行不同移位产生不同的输出。

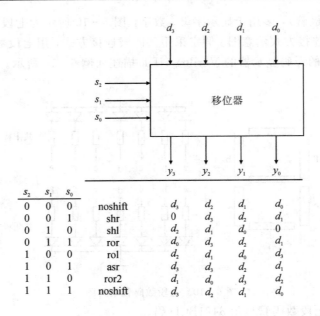

s_2	s_1	s_0					
0	0	0	noshift	d_3	d_2	d_1	d_0
0	0	1	shr	0	d_3	d_2	d_1
0	1	0	shl	d_2	d_1	d_0	0
0	1	1	ror	d_0	d_3	d_2	d_1
1	0	0	rol	d_2	d_1	d_0	d_3
1	0	1	asr	d_3	d_3	d_2	d_1
1	1	0	ror2	d_1	d_0	d_3	d_0
1	1	1	noshift	d_3	d_2	d_1	d_0

图 6-11　移位器模块图和输入/输出关系

【例 6-15】　4 位移位器。

```verilog
module shift4(input wire [3：0] d, input wire [2：0] s, output reg [3：0] y);
always@( * )
  case(s)
      0：y = d;                    // noshift
      1：y= {1'b0, d[3：1]};        // shr
      2：y= {d[2：0], 1'b0};        // shl
      3：y= {d[0], d[3：1]};        // ror
      4：y= {d[2：0], d[3]};        // rol
      5：y= {d[3], d[3：1]};        // asr
      6：y= {d[1：0], d[3：2]};      // ror2
      7：y= d;                    // noshift
      default：y = d;
  endcase
endmodule
```

6.1.8　算术运算器

　　算术逻辑运算单元(ALU)也称为算术运算器，它的基本功能包括加、减、乘、除四则运算，与、或、非、异或等逻辑操作，以及移位、求补等操作。全加器和全减器可根据前面章节自行设计，逻辑运算可直接用逻辑运算符表示。乘法和除法运算可参照例 6-16。

　　【例 6-16】　4 位二进制数的乘法、除法和求余运算。

```verilog
module mult4(a, b, c, d, e);
input signed [3：0] a, b;
```

```
output signed[7：0] c;
output signed[3：0] d, e;
assign c＝a * b;
assign d＝a/b;
assign e＝a％b;
endmodule
```

如图 6-12 所示为带符号数之间的乘法、除法、求余运算仿真波形，从图中可看出，余数的符号与被除数符号一致。

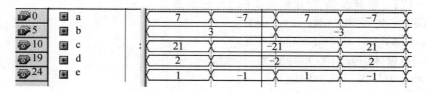

图 6-12　带符号数算术运算仿真波形

6.2　基本时序逻辑电路设计

时序逻辑是电路具有状态记忆的电路，其输出不仅依赖于当前的输入，而且依赖于以前的输入。可以使用 always 块和连续赋值 assign 语句实现时序电路。

6.2.1　触发器

触发器(Flip-Flop，FF)也叫双稳态门，又称双稳态触发器，是一种可以在两种状态下运行的数字逻辑电路。触发器一直保持它们的状态，直到它们收到输入脉冲(又称为触发)。当收到输入脉冲时，触发器输出就会根据规则改变状态，然后保持这种状态直到收到另一个触发。

触发器对脉冲边沿敏感，其状态只在时钟脉冲的上升沿或下降沿的瞬间改变。触发器按逻辑功能分为 T(切换)、RS(重置/设置)、JK(也可能称为 Jack Kilby)和 D(延迟)触发器。

触发器在置位与清零信号的作用下置1或是置0，工作方式有同步和异步之分。对于同步置位与清零的触发器，其置位和清零信号是在时钟信号的有效沿发挥作用的。描述这种触发器的 always 块的敏感信号只有时钟信号，但是在块内总是首先检查置位和清零信号。对于高电平置位清零的同步触发器，有如下格式：

```
always @ ( posedge clk)
begin
if (reset)  begin  / *  触发器清零 * /  end
else if (set) begin / *  触发器置位 * / end
    else begin / *  时钟逻辑 * /end
end
```

在异步置位与清零的触发器中，置位与清零信号的作用与时钟信号无关，但是在同步置位与清零的触发器中，置位与清零信号的作用一定是等到时钟的有效边沿出现时起作用。对于高电平异步置位和清零的触发器，一般有如下格式：

```
always @ (posedge clk or posedge set or posedge reset)
begin
  if (reset) begin / * 置位输出为 0 * / end
  else if (set) begin / * 置位输出为 1 * /end
    else begin / * 时钟逻辑 * / end
end
```

【例 6-17】　带异步清 0/异步置 1 的 JK 触发器。

```
module jkff_rs(clk, j,K, q, rs, set);
input clk, j,K, set, rs; output reg q;
always @(posedge clk, negedge rs, negedge set)
begin  if(! rs)   q<=1'b0;
    else if(! set) q<=1'b1;
      else case({j,K})
          2'b00: q<=q;
          2'b01: q<=1'b0;
          2'b10: q<=1'b1;
          2'b11: q<=~q;
          default: q<=1'bx;
          endcase
    end
endmodule
```

【例 6-18】　同步复位的 D 触发器。

```
module dtrif(D, clk, rst, Q, QB);
    input   D, clk, rst;
    output  Q, QB;
    reg   Q;
    always @(posedge clk)
     if(rst) Q<=0;
     else   Q<=D;
    assign QB=~Q;
endmodule
```

6.2.2　寄存器

寄存器是用来存放数据的一些小型存储区域，用来暂时存放参与运算的数据和运算结果，它被广泛用于各类数字系统和计算机中。其实寄存器就是一种常用的时序逻辑电路，但这种时序逻辑电路只包含存储电路。寄存器的存储电路是由锁存器或触发器构成的，因为一个锁存器或触发器能存储 1 位二进制数，所以由 N 个锁存器或触发器可以构成 N 位寄存器。工程中的寄存器一般按计算机中字节的位数设计，所以一般有 8 位寄存器、16 位寄存器等。

【例 6 - 19】 带有异步清零和加载信号的 8 位寄存器。

```
module register # (parameter N = 8)
( input load, input clk, input clr, input [N−1：0] d, output reg [N−1：0] q);
always @ (posedge clk or posedge clr)
if (clr == 1)    q <= 0;
else if (load == 1)    q <= d;
endmodule
```

【例 6 - 20】 同步复位的 4 位移位寄存器，其原理图如图 6 - 13 所示。

```
module ShiftReg (input clk, input clr, input data_in, output reg [3：0] q);
always @ (posedge clk or posedge clr)
begin
if (clr == 1)    q <= 0;
else begin q[3] <= data_in; q[2：0] <= q[3：1]; end
end
endmodule
```

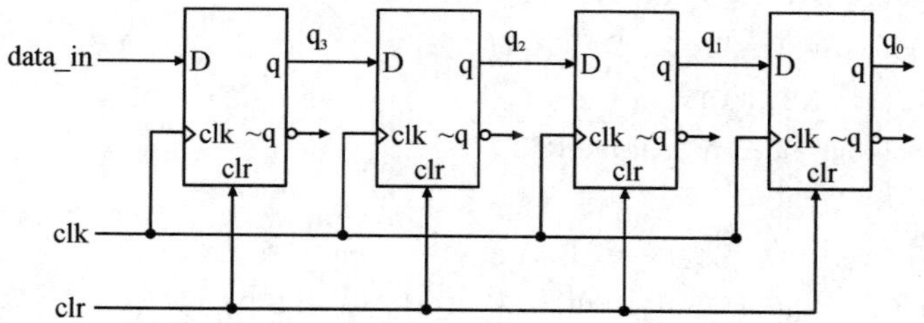

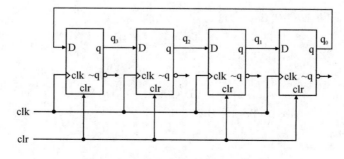

图 6 - 13   移位寄存器原理图

【例 6 - 21】 带同步复位的 4 位环形移位寄存器，其原理图如图 6 - 14 所示。

```
module ring4(input clk, input clr, output reg [3：0] q);
always @ (posedge clk or posedge clr)
    begin
      if (clr == 1)    q <= 1;
      else begin q[3] <= q[0]; q[2：0] <= q[3：1]; end
    end
endmodule
```

图 6 - 14   环形移位寄存器原理图

6.2.3　计数器

计数是一种最简单、最基本的运算，计数器就是实现这种运算的逻辑电路。计数器在数字系统中主要是对脉冲的个数进行计数，以实现测量、计数和控制的功能，同时兼有分频功能。计数器是由基本的计数单元和一些控制门所组成，计数单元则由一系列具有存储信息功能的各类触发器构成，这些触发器有 RS 触发器、T 触发器、D 触发器及 JK 触发器等。计数器在数字系统中应用广泛，如在电子计算机的控制器中对指令地址进行计数，以便顺序取出下一条指令；在运算器中作乘法、除法运算时记下加法、减法次数；在数字仪器中对脉冲的计数，等等。计数器可以用来显示产品的工作状态，一般来说主要是用来表示产品已经完成了多少份的折页配页工作。它主要的指标在于计数器的位数，常见的有 3 位和 4 位的计数器。很显然，3 位数的计数器最大可以显示到 999，4 位数的最大可以显示到 9999。

【例 6 - 22】　设计一个带计数使能、异步复位、同步加载的可逆模 24 计数器。

```
module count24(DATA_L, DATA_H, CLK, RST, DIV, CP);
output   reg [3：0] DATA_L, DATA_H;
input CP, CLK, RST, DIV;
always@(posedge CLK or posedge RST)
  begin
    if(RST) begin DATA_L=0; DATA_H=0; end
    else if(CP) begin DATA_L=0; DATA_H=0; end
        else if(DIV)
        begin
            if(DATA_H==2)
                if(DATA_L==3) begin DATA_L=0; DATA_H=0; end
                else DATA_L=DATA_L+1;
            else if(DATA_L==9)
                begin   DATA_H=DATA_H+1; DATA_L=0; end
                else DATA_L=DATA_L+1;
        end
    else
        begin
            if(DATA_H==0)
                if(DATA_L==0) begin DATA_L=3; DATA_H=2; end
                else DATA_L=DATA_L-1;
            else if(DATA_L==0)
                begin   DATA_H=DATA_H-1; DATA_L=9; end
                else DATA_L=DATA_L-1;
        end
    end
endmodule
```

仿真波形如图 6 - 15 所示。

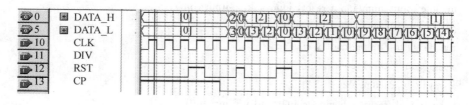

图 6 - 15　可逆模 24 计数器仿真波形

6.2.4　分频器

分频器可用来降低信号的频率，是数字系统中常用的电路。分频器的输入信号频率 f_i 和输出信号频率 f_o 之比称为分频比。N 进制计数器可实现 N 分频器。

分频器按频率（即周期）和占空比进行分类，可分别分为偶数倍分频、奇数倍分频和等占空比和非等占空比分频。

偶数倍分频，如进行 N 倍偶数分频，那么可以通过由待分频的时钟触发计数器计数。当计数器从 0 计数到 $N/2-1$ 时，输出时钟进行翻转，并给计数器一个复位信号，使得下一个时钟从零开始计数，如此循环下去。这种方法可以实现任意的偶数分频。

【例 6 - 23】　等占空比的 8 分频器设计。

```
module fenpin8_1(input clk, input reset, output reg clk_8);
integer k;
always @( posedge clk or posedge reset)
    if( reset )    begin  k <= 0; clk_8 <= 0; end
    else if(k == 3)  begin k <= 0; clk_8 <= ~clk_8; end
        else k <= k+1;
endmodule
```

【例 6 - 24】　占空比为 3/8 的 8 分频器设计。

```
module fenpin8_2(input clk, input reset, output reg clk_8);
integer k;
always @( posedge clk or posedge reset)
    if( reset ) begin k <= 0; clk_8 <= 0; end
    else if(k ==7) begin k <= 0; clk_8 <= ~clk_8; end
        else if(k==4) clk_8 <= ~clk_8;
            else    k <= k+1;
endmodule
```

等占空比的奇数倍分频器可采用如下的方法：用两个计数器，一个由输入时钟的上升沿触发，另一个由输入时钟的下降沿触发，最后将两个计数器的输出相或，即可得到占空比为 50% 的方波波形。如例 6 - 17 所示，用 parameter 语句定义了参数 NUM，这样只需要改 NUM 的赋值（NUM 应赋奇数值），就可以得到任意模的奇数分频器。

【例 6 - 25】 等占空比的奇数分频器。

```
module count_num(input reset, input clk, output cout);
parameter NUM=13;
reg[4：0] m, n; reg cout1, cout2;
assign cout=cout1|cout2;
always @(posedge clk)
  begin if(! reset)  begin  cout1<=0;   m<=0;   end
    else
      begin if(m==NUM-1)  m<=0; else  m<=m+1;
          if(m<(NUM-1)/2) cout1<=1; else cout1<=0;
      end
  end
always @(negedge clk)
    begin if(! reset) begin cout2<=0;   n<=0;   end
      else
        begin if(n==NUM-1)  n<=0; else  n<=n+1;
            if(n<(NUM-1)/2) cout2<=1; else cout2<=0;
        end
    end
endmodule
```

6.2.5　脉冲信号发生器

脉冲信号发生器是能产生宽度、幅度和重复频率可调的矩形脉冲发生器，可用以测试线性系统的瞬态响应，或用作模拟信号来测试雷达、多路通信和其他脉冲数字系统的性能。

1. 单脉冲发生器

单脉冲发生器就是能发出单个同步脉冲的线路。如图 6 - 16 所示，它的输入是一串连续脉冲 M，它的输出受开关 PUL 的控制，每当按一次开关后，Q 端输出一个与输入脉冲的周期和时间（相位）同步的脉冲。

图 6 - 16　单脉冲发生器模块图

当由开关控制脉冲输出时，开关断开和闭合瞬间会产生几毫秒的轻微抖动，这就意味着输出端并不是清晰地从 0 到 1 的变化，而可能是在几毫秒的时间里从 0 到 1 来回地抖动。在时序电路中，当在一个时钟信号上升沿到来时发生这种抖动，将是一个严重的问题，因为时钟信号改变的速度要比开关抖动的速度快，这将可能把错误的值存到寄存器中。因此，当在时序电路中使用按钮开关时，消除它们的抖动是非常必要的。

如图 6-17、图 6-18 和图 6-19 所示分别是理想情况下无抖动以及实际情况下消抖和未消抖时的输出仿真波形。由图分析可知，消抖是必需的。

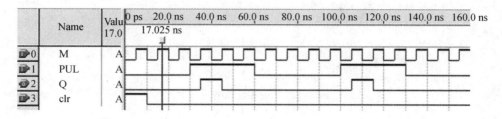

图 6-17　理想情况下无抖动仿真波形

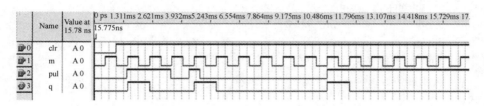

图 6-18　实际情况下有抖动（未消抖）仿真波形

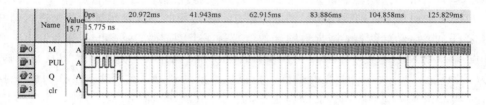

图 6-19　实际情况下消抖后的仿真波形

【例 6-26】　单脉冲发生器设计方法——原理图设计，如图 6-20 所示。

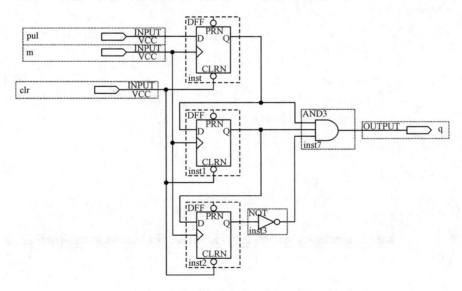

图 6-20　单脉冲发生器原理图设计

【例 6-27】 单脉冲发生器设计方法——Verilog HDL 设计。

```verilog
module pluse(input m, input pul, input clr, output q);
    reg delay1, delay2, delay3;
    always@(posedge m or posedge clr)
    begin
        if(clr==1)
            begin
            delay1<=0; delay2<=0; delay3<=0;
        end
        else
        begin
            delay1<=m; delay2<=delay1; delay3<=delay2;
        end
    end
assign q=delay1&delay2&~delay3;
endmodule
```

例 6-26 和例 6-27 给出了设计单脉冲发生器的一种方法，此方法需要注意两点：一是如果有抖动，必须采用至少 3 级延迟（3 个 D 触发器）消抖；二是输入脉冲 M 频率不应太大，一般小于 1 kHz，否则抖动不易消除。还有一种常用的方法是用计数器来进行消抖，当有开关按下时，启动计数器，当计数器计数值超过某个阈值时，就产生单脉冲输出。这种方法适用于输入脉冲频率大于 1 kHz 的情况。如例 6-28 所示，开关闭合时间为 1 s，脉冲 M 频率为 1 MHz，当开关闭合和断开前后，会有几毫秒的抖动，在检测到 pul 为高电平时开始计数，当 pul 为高电平的计数时间为 6 ms 时，输出单脉冲信号。按键消抖仿真波形如图 6-21 所示。

【例 6-28】 按键消抖方法——计数器设计。

```verilog
module pulse_1(input m, input clr, input pul, output reg q);
    reg [13:0] count;
    always @(posedge m or posedge clr)
    begin
    if(pul)    count<=count+1;
        else count<=0;
    if(count[13])    q<=1;
    else    q<=0;
    end
endmodule
```

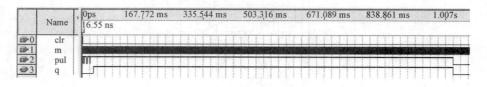

图 6-21　按键消抖仿真波形

2. 节拍脉冲发生器

在数控装置和微处理机应用中，设备往往需要按照人们事先规定的顺序进行运算或操作，这就要求设备的控制部分不仅能正确地发出各种控制信号，而且要求这些控制信号在时间上有一定的先后顺序，即输出时序脉冲信号，以实现设备各部分的协调动作。通常采用时序脉冲发生器（又称节拍脉冲发生器或脉冲分配器）。

如图 6-22 所示为节拍脉冲发生器，其中，CLK 为时钟信号，START 为开始产生节拍脉冲，STEP 为步进，STOP 为停止，P0～P3 为 4 个节拍脉冲输出端口。程序如例 6-29 所示，仿真波形如图 6-23 所示。

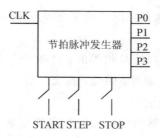

图 6-22　节拍脉冲发生器

【例 6-29】 节拍脉冲发生器的设计。

```
module time_pluse(clk, start, step, stop, p);
input   clk, start, step, stop;
output reg[3：0] p;
reg [1：0] m;
always @(posedge clk)
if(start)
    begin m<=2'b10; p<=4'b0001; end
else if(step)
    begin m<=2'b01; p<=4'b0001; end
    else if(stop) begin m<=0; p<=0; end
        else if(m==2'b10)   p<={p[2：0], p[3]};
            else if(m==2'b01) p<=p<<1;
                else p<=0;
endmodule
```

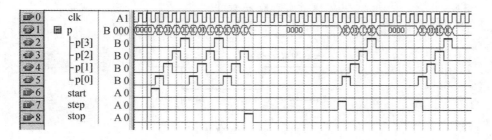

图 6-23　节拍脉冲发生器仿真波形

6.2.6　脉冲宽度调制器

脉冲宽度调制(PWM)技术通过对一系列脉冲的宽度进行调制来等效地获得所需要的波形(含形状和幅值)。逆变电路大多都采用 PWM 控制技术,广泛应用在从测量、通信到功率控制与变换的许多领域中。

PWM 控制技术是对逆变电路开关器件的通断进行控制,使输出端得到一系列幅值相等的脉冲,用这些脉冲来代替正弦波所需要的波形。也就是在输出波形的半个周期中产生多个脉冲,使各脉冲的等值电压为正弦波形,所获得的输出平滑且低次谐波少。按一定的规则对各脉冲的宽度进行调制,即可改变逆变电路输出电压的大小,也可改变输出频率。

在 PWM 波形中,各脉冲的幅值是相等的,要改变等效输出正弦波的幅值时,只要按同一比例系数改变各脉冲的宽度即可。因此,在交—直—交变频器中,PWM 逆变电路输出的脉冲电压就是直流侧电压的幅值。

PWM 的一个优点是从处理器到被控系统信号都是数字形式的,无需进行数/模转换,让信号保持为数字形式可将噪声影响降到最小。噪声只有在强到足以将逻辑 1 改变为逻辑 0 或将逻辑 0 改变为逻辑 1 时,也才能对数字信号产生影响。

对噪声抵抗能力的增强是 PWM 相对于模拟控制的另外一个优点,而且这也是在某些时候将 PWM 用于通信的主要原因。从模拟信号转向 PWM 可以极大地延长通信距离。在接收端,通过适当的 RC 或 LC 网络可以滤除调制高频方波并将信号还原为模拟形式。

1. 使用 PWM 控制一个直流电机的转速

PWM 是通过控制固定电压的直流电源开关频率,从而改变负载两端的电压,进而达到控制要求的一种电压调整方法。PWM 可以应用在许多方面,如电机调速、温度控制、压力控制等。在 PWM 驱动控制的调整系统中,按一个固定的频率来接通和断开电源,并根据需要改变一个周期内接通和断开时间的长短。通过改变直流电机电枢上电压的占空比来改变平均电压的大小,从而控制电机的转速。因此,PWM 又被称为开关驱动装置。

要使用逻辑电路控制一个直流电机的速度,一般会选用图 6-24 所示的 PWM 信号。这个脉冲的周期保持一个常数,高电平的那段时间称为脉冲宽度,这个值是可变化的。一个 PWM 信号的占空比定义为高电平信号占整个脉冲周期的百分比,即

$$占空比 = \frac{脉冲宽度}{周期} \times 100\%$$

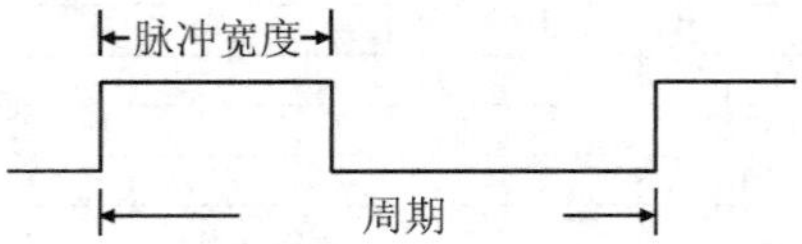

图 6-24　PWM 信号

图 6-24 所示的 PWM 信号的平均直流值和占空比是成比例的。100%的占空比将会使

得 PWM 信号的直流值达到最大，50％的占空比将会使得 PWM 信号的直流值等于最大值的一半。如果通过电动机的电压与 PWM 信号是成正比的，那么只要简单地更改一下脉冲宽度，则占空比随之改变，从而就可以改变电动机的转速。

【例 6 - 30】　PWM 信号控制直流电机转速。

```
module zl(input clk, input rst, input [1:0]sel, output reg pwm);
reg [11:0] cnt, duty;
always @(posedge clk, posedge rst)
   if(rst)   cnt=0;
   else cnt=cnt+1;              //周期为 4028 个 clk 脉冲
always @(sel)
   case(sel)
     2'b00: duty=12'd2048;      //占空比为 1/2
     2'b01: duty=12'd1024;      //占空比为 1/4
     2'b10: duty=12'd3072;      //占空比为 3/4
     2'b11: duty=12'd0;         //占空比为 0，停止转动
   endcase
always@( * )
if(cnt<duty)   pwm=1;           //高电平
else    pwm=0;                  //低电平
endmodule
```

通过设计 PWM 控制直流电机转速可知：占空比越大，直流电机转速越快。

2. 使用 PWM 控制一个步进电机的转动

步进电机是机电控制中一种常用的执行机构，在自动化仪表、自动控制、机器人、自动生产流水线等领域的应用相当广泛。它的作用是将电脉冲转化为角位移，通俗地说，就是当步进驱动器接收到一个脉冲信号时，它就驱动步进电机按设定的方向转动一个固定的角度（步进角）。通过控制脉冲个数即可控制角位移量，从而达到准确定位的目的；同时通过控制脉冲频率来控制电机转动的速度和加速度，从而达到调速的目的。

常用的步进电机分为永磁式（PM）、反应式（VR）和混合式（HB）三种。永磁式一般为两相，转矩和体积较小，步进角为 15°和 7.5°；反应式一般为三相，可以实现大转矩输出，步进角为 1.5°，但噪声和震动较大；混合式是指混合了永磁式和反应式的优点，分为两相和五相，步进角分别为 1.8°和 0.72°，应用最为广泛。

如图 6 - 25 所示为四相反应式步进电机工作原理示意图，该步进电机为一四相步进电机，采用单极性直流电源供电。只要对步进电机的各相绕组按合适的时序通电，就能使步进电机步进转动。

四相步进电机按照通电顺序的不同，可分为单四拍、双四拍和八拍三种工作方式。单四拍与双四拍工作方式的步距角相等，但单四拍的转动力矩小。八拍工作方式的步距角是单四拍与双四拍工作方式的一半，因此，八拍工作方式既可以保持较高的转动力矩又可以提高控制精度。

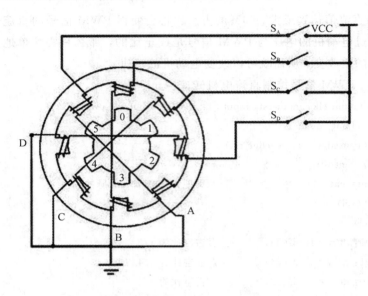

图 6-25　四相反应式步进电机工作原理示意图

如表 6-2 所列为按照四相步进电机八拍工作方式通电顺序，电机正转时通电顺序为
A→AB→B→BC→C→CD→D→DA。

表 6-2　四相步进电机八拍工作方式通电顺序

十六进制	二进制	通电状态
1H	0001	A
3H	0011	AB
2H	0010	B
6H	0110	BC
4H	0100	C
CH	1100	CD
8H	1000	D
9H	1001	DA

电机运转三要素为脉冲信号驱动器、电力控制器和步进电机，它们的关系如图 6-26
所示。运转量和脉冲数的比例关系如图 6-27 所示，设定脉冲数即可达到正确的定位运转。
运转角度公式如式(6-1)所列。

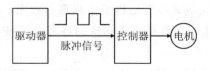

图 6-26　电机运转三要素关系图

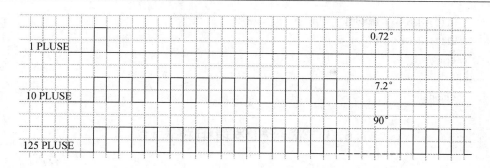

图 6-27　转量和脉冲数的比例关系

$$电动机运转量（°）＝步级角（°/ 步级）×脉冲数 \qquad (6-1)$$

运转速度与脉冲速度的比例关系如图 6-28 所示，设定脉冲频率即可达到正确的运转速度控制。运转速度公式如式（6-2）所列。

$$电动机运转速度（r/min）＝\frac{步级角（°/ 步级）}{360（°）}×脉冲速度（Hz）×60 \qquad (6-2)$$

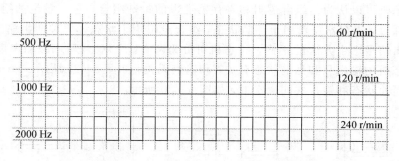

图 6-28　运转速度与脉冲频率的比例关系

【例 6-31】　PWM 信号控制步进电机。

```
module bj(clk，rst，dir，dcba)；          //clk 为可控制电机转速
input clk，rst，dir；                    //dir 控制电机顺时针转，还是逆时针转动
output reg[3：0] dcba；                  //单、双八拍工作方式，四相输出
reg [2：0] state；
always @ (posedge clk，posedge rst)
if(rst) begin dcba＝0；state＝0；end
else
begin
    if(dir) state＝state＋1；
        else state＝state－3'b001；
case(state)
3'b000：dcba＝4'b0001；
3'b001：dcba＝4'b0011；
3'b010：dcba＝4'b0010；
3'b011：dcba＝4'b0110；
3'b100：dcba＝4'b0100；
3'b101：dcba＝4'b1101；
```

```
3′b110：dcba＝4′b1000；
3′b111：dcba＝4′b1001；
endcase
end
endmodule
```

6.3　状态机逻辑电路设计

有限状态机(Finite State Machine，FSM)是时序电路设计中经常采用的一种方式，尤其适合设计数字系统的控制模块。在一些需要控制高速器件的场合，用状态机进行设计是一种很好的解决问题的方案，具有速度快、结构简单、可靠性高等优点。

有限状态机非常适合用 FPGA 器件实现，用 Verilog HDL 的 case 语句能很好地描述基于状态机的设计，再通过 EDA 工具软件的综合，一般可以生成性能极优的状态机电路，从而使其在执行时间、运行速度和占用资源等方面优于用 CPU 实现的方案。

有限状态机可以认为是组合逻辑和寄存器逻辑的特殊组合，它一般包括组合逻辑和寄存器逻辑两部分，寄存器逻辑用于存储状态，组合逻辑用于状态译码和产生输出信号。

根据输出信号产生方法的不同，状态机可分为两类：摩尔型(Moore)和米里型(Mealy)。Moore 型状态机的输出只和当前状态有关，和输入无关，如图 6 - 29 所示。Mealy 型状态机的输入是由当前状态和输入共同决定的，如图 6 - 30 所示。

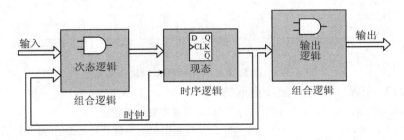

图 6 - 29　摩尔型(Moore)状态机

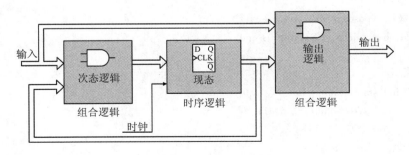

图 6 - 30　米里型(Mealy)状态机

Verilog HDL 描述状态机代码时应该注意如下约定：

(1) 每一个模块只描述一个状态机。

(2) 使用参数定义状态编码，而不是使用宏定义 define。

（3）在参数定义后，立刻定义现在状态 state 与次态 next 信号。

（4）所有时序 always 块使用非阻塞赋值。

（5）所有组合 always 块使用阻塞赋值。

（6）组合 always 块敏感信号列表中的信号为引起状态变化和组合 always 块的所有输入。

（7）在组合 always 块的顶部应该给出当前次态的缺省值。

（8）缺省输出赋值应该优先 case 语句。

使用 Verilog HDL 语言设计状态机的步骤如下：

（1）将实际问题抽象成状态图。首先分析实际问题，找出输入、输出信号，最好画出一个具有输入和输出的框图，并给输入、输出信号取字母名。然后取状态机上电的状态为初始状态，并由此状态开始，根据输入条件决定状态机的次态及输出，直至所有情况描绘完毕，画出完整的状态图。

（2）定义变量。定义描写次态逻辑、状态寄存器中需要的变量，注意在 always 块中使用的变量应该定义成寄存器变量，而连续赋值语句中使用的变量应该定义成连线变量。

（3）状态编码。根据状态图选择状态变量，进行状态编码。虽然有多种编码方式，但可以找一种编码试一试，例如使用自然二进制码。

（4）描写次态逻辑。使用 always 块或连续赋值语句描写次态逻辑。

（5）描写状态寄存器。使用 always 块描写状态寄存器。

（6）描写输出逻辑。使用 always 块或连续赋值语句描写输出逻辑（输出逻辑可以与次态逻辑在一个块中描述）。

（7）仿真。根据状态机输入信号的要求，先用图形或文本方式编辑输入信号波形，然后进行功能仿真，根据仿真结果的正确与否决定是否修改设计。例如，在状态转换时若出现不该有的尖峰脉冲，则可以更改状态编码试一试。如果仿真成功，就可以在引脚锁定后，进行编译形成文件下载到芯片中。

相应地，用 Verilog HDL 描述有限状态机的方式有以下几种：

（1）用 3 个过程描述：现态（CS）、次态（NS）、输出逻辑（OL）各用一个 always 过程描述。

（2）双过程描述（CS＋NS、OL 双过程描述）：使用两个 always 过程来描述有限状态机，一个过程描述现态和次态时序逻辑（CS＋NS），另一个过程描述输出逻辑（OL）。

（3）双过程描述（CS、NS＋OL 双过程描述）：一个过程描述现态（CS），另一个过程描述次态和输出逻辑（NS＋OL）。

（4）单过程描述：在单过程描述方式中，将状态机的现态、次态和输出逻辑（CS＋NS＋OL）放在一个 always 过程中进行描述。

一般而言，对于符合图 6 - 29 或图 6 - 30 所示两种模块图的状态机设计而言，三种过程描述方式都是适合的，只不过单过程描述一般不推荐使用，因为它只适合设计简单的状态机。对于复杂的状态机，单过程不仅浪费了触发器资源，而且其代码难以修改调试。所以，通常情况下都用双过程描述和三过程描述。

对于图 6 - 29 和图 6 - 30 中的次态逻辑模块中的输入信号，如果不受时钟信号控制，双过程描述和三过程描述设计方法是一样的，但如果次态逻辑模块是时序电路，输入信号受时钟信号控制，就适合采用双过程描述方法。

6.3.1　序列检测器设计

序列检测器在数据通信、雷达和遥测等领域中用于检测步识别标志，它是一种用来检测一组或多组序列信号的电路。

下面以"101"序列检测器的设计为例，介绍用 Verilog HDL 描述状态图的方法。图 6－31 所示为"101"序列检测器的 Moor 型状态转移图，共有 4 个状态，即 S0、S1、S2、S3，每个状态表示的含义如表 6－3 所列。例 6－32 采用了三过程进行描述。

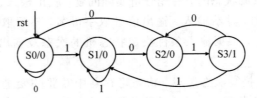

图 6－31　"101"序列检测器的 Moore 型状态转移图

表 6－3　"101"序列检测器状态表

S0	初始状态
S1	已检测到"1"
S2	已检测到"10"
S3	已检测到"101"

【例 6－32】　"101"序列检测器的 Verilog HDL 描述（CS、NS、OL 各用一个过程描述）。

```
module fsm1_seq101(clk, clr, x, z);
input clk, clr, x; output reg z; reg[1: 0] state, next_state;
parameter S0＝2′b00, S1＝2′b01, S2＝2′b11, S3＝2′b10;
    /＊状态编码，采用格雷(Gray)编码方式＊/
always @(posedge clk or posedge clr) /＊该过程定义当前状态＊/
beginif(clr) state<＝S0;          //异步复位，S0 为起始状态
        else state<＝next_state;
end
always @(state or x)              /＊该过程定义次态＊/
begin
case (state)
S0：begin if(x) next_state<＝S1;
          else next_state<＝S0; end
S1：begin if(x) next_state<＝S1;
          else next_state<＝S2; end
S2：begin if(x) next_state<＝S3;
```

```
                        else next_state<=S0; end
        S3: begin if(x) next_state<=S1;
                        else    next_state<=S2; end
        default: next_state<=S0;
        endcase
        end
        always @(state)                    /* 该过程产生输出逻辑 */
        begin    case(state)
            S3: z=1'b1;
            default: z=1'b0;
            endcase
        end
        endmodule
```

仿真波形如图 6-32 所示。其中，clk、clr 为输入信号，输入序列 x 为"0010 1010 0101 0000"，检测结果 z 的取值为高电平表示检测到了"101"。

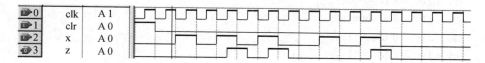

图 6-32　"101"序列检测器仿真波形图

6.3.2　流水灯控制器设计

流水灯是一串按一定规律像流水一样连续闪亮的灯组。流水灯控制是可编程控制器的一个应用，其控制思想在工业控制技术领域也同样适用。流水灯控制可用多种方法实现，但对现代可编程控制器而言，基于 EDA 技术的流水灯设计很普遍。

根据流水灯的特点，用有限状态机设计方法实现，需要 8 个状态（S0～S7），每个状态表示的灯的状态如表 6-4 所列。流水灯状态转移图如图 6-33 所示。

表 6-4　流水灯各状态取值情况表

S0	S1	S2	S3	S4	S5	S6	S7
0000 0001	0000 0011	0000 0111	0000 1111	0001 1111	0011 1111	0111 1111	1111 1111

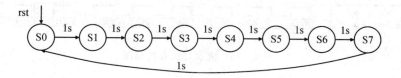

图 6-33　流水灯状态转移图

【例 6-33】　实现 8 个 LED 灯按固定频率依次点亮（$f=1$ Hz）。

```
module    led3(input clk, output reg[7:0] led3);
reg state;
parameter [2:0] s0=3'd0, s1=3'd1, s2=3'd2, s3=3'd3, s4=3'd4, s5=3'd5, s6=
```

```
3'd6，s7＝3'd7；
    always @(posedge clk)
    case(state)
    s0：state＜＝s1；
    s1：state＜＝s2；
    s2：state＜＝s3；
    s3：state＜＝s4；
    s4：state＜＝s5；
    s5：state＜＝s6；
    s6：state＜＝s7；
    s7：state＜＝s0；
    default：state＜＝s0；
    endcase
    always @(state)
    s0：led3＜＝8'b00000001；
    s1：led3＜＝8'b00000011；
    s2：led3＜＝8'b00000111；
    s3：led3＜＝8'b00001111；
    s4：led3＜＝8'b00011111；
    s5：led3＜＝8'b00111111；
    s6：led3＜＝8'b01111111；
    s7：led3＜＝8'b11111111；
    default：led＜＝8'b0；
    endmodule
```

模块图和仿真波形图分别如图 6 - 34 和图 6 - 35 所示。

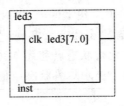

图 6 - 34　流水灯模块图

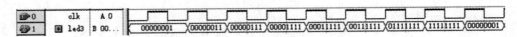

图 6 - 35　流水灯仿真波形图

6.3.3　交通灯控制器设计

交通灯有两种。用于指挥机动车通行的叫机动车信号灯，通常由红、黄、绿（绿为蓝绿）三种颜色组成。绿灯亮时，准许车辆通行；黄灯闪烁时，已越过停止线的车辆可以继续通行，没有通过的车辆应该减速慢行到停车线前停止并等待；红灯亮时，禁止车辆通行。用于

指挥行人通行的叫人行横道信号灯，通常由红、绿（绿为蓝绿）两种颜色组成。行人应遵守
"红灯停，绿灯行"的交通规则。

下面以单通道机动车信号灯为例，进行交通灯控制器设计。要求南北方向，初始状态
为绿灯，绿灯停留 6 s 变为黄灯，黄灯停留 4 s 变为红灯，红灯停留 6 s 变为绿灯，如
此反复。

分析题意可知：单通道南北方向状态有三个，如表 6 - 5 所列。根据状态表可画出状态
转移图，如图 6 - 36 所示。仿真波形如图 6 - 37 所示。

表 6 - 5   单通道南北方向状态表

GREEN	绿灯初始状态	6 s
YELLOW	黄灯显示状态	4 s
RED	红灯显示状态	6 s

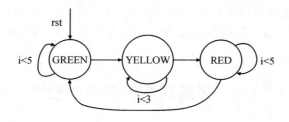

图 6 - 36   单通道南北方向信号灯状态转移图

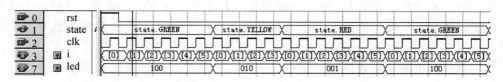

图 6 - 37   单通道机动车信号灯仿真波形图

【例 6 - 34】 程序示例。

```
module traffic(input clk, input rst, output reg [2：0]led);
reg [1：0] state；
parameter GREEN＝2'b00, YELLOW＝2'B01, RED＝2'B10；
reg[2：0] i；
always @(posedge clk ) //CS＋NS，现态和次态用同一个变量 state 表示
  if(rst) begin state＝GREEN；i＝0；end
  else
case(state)
    GREEN：if(i＜5)    //6 s 内为绿灯
          begin state＜＝GREEN；i＜＝i＋1；end
        else   begin state＜＝YELLOW；i＜＝0；end    //6 s 后跳转到黄灯
    YELLOW：if(i＜3)         //4 s 内为黄灯
          begin state＜＝YELLOW；i＜＝i＋1；end
        else   begin state＜＝RED；i＜＝0；end    //4 s 后跳转到红灯
```

```
        RED：if(i<5)              //6 s 内为红灯
              begin state<=RED; i<=i+1; end
              else   begin state<=GREEN; i<=0; end //6 s 后跳转到绿灯
          default：state=2'b11;
      endcase
      always @(state)              //OL 描述，三个 LED 灯输出状态
        case(state)
        GREEN：led=3'b100;
        YELLOW：led=3'b010;
        RED：led=3'b001;
      default：led=0;
      endcase
      endmodule
```

在图 6-37 所示的仿真波形图中，输入信号为 clk 和 rst，输出信号为 led，i 为时间计数值，state 为当前状态值。由该图可以看出，交通信号灯转换规律和停留时间满足设计要求。

6.4　多层次结构电路的设计

多层次结构电路的设计其实在模块调用一节已有涉及，可采用自上而下的方法进行设计。首先把系统分为几个模块，每个模块再分为几个子模块，以此类推，直到易于实现为止。大多数子模块设计都是基本组合电路和基本时序电路设计，在前两节已有相关详细介绍。

多层次结构电路的描述既可以采用文本方式，也可以用原理图和文本混合设计的方式。下面用一个 8 位累加器的设计为例来说明这两种设计方式。

【例 6-35】　用原理图和文本混合设计的方法设计 8 位累加器。

（1）用文本输入方式设计 8 位全加器（add8 子模块）如下：
```
module add8(output[7：0]sum, output cout, input[7：0] b, input[7：0]a, input cin);
    assign {cout, sum}=a+b+cin;
endmodule
```

（2）用文本输入方式设计 8 位寄存器（reg8 子模块）如下：
```
module reg8(output reg[7：0]qout, input[7：0]in, input clk, input clear);
    always @(posedge clk or posedge clear)
        begin
        if(clear) qout<=0;           //异步清 0
        else   qout<=in;
        end
endmodule
```

（3）用原理图输入方式设计 8 位累加器（acc8 顶层模块）如图 6-38 所示。

在图 6-38 中，8 位累加器由 8 位全加器和 8 位寄存器级联构成，其中 8 位全加器和 8

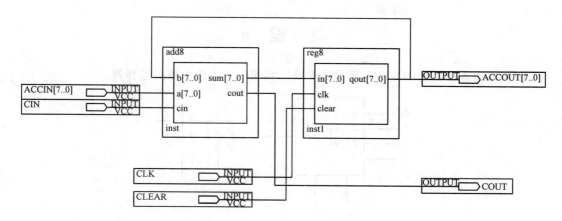

图 6-38　8 位累加器原理图

位寄存器由文本输入方式实现，而 8 位累加器则用原理图输入方式实现。

【例 6-36】　用文本设计的方法设计 8 位累加器。

（1）用文本输入方式设计 8 位全加器（add8 子模块）如下：

> module add8(output[7：0]sum, output cout, input[7：0]b, input[7：0]a, input cin);
>
> assign {cout, sum}＝a＋b＋cin;
>
> endmodule

（2）用文本输入方式设计 8 位寄存器（reg8 子模块）如下：

> module reg8(output reg[7：0]qout, input[7：0]in, input clk, input clear);
>
> 　　always @(posedge clk or posedge clear)
>
> 　　begin
>
> 　　if(clear) qout＜＝0;　　　　　//异步清 0
>
> 　　else　qout＜＝in;
>
> 　　end
>
> endmodule

（3）用文本输入方式设计 8 位累加器（acc8 顶层模块）如下：

> module acc8(ACCOUT, COUT, ACCIN, CIN, CLK, CLEAR);
>
> 　　output[7：0] ACCOUT; output COUT;
>
> 　　input[7：0] ACCIN; input CIN, CLK, CLEAR;
>
> 　　wire[7：0] SUM;
>
> 　　add8 accadd8(SUM, COUT, ACCOUT, ACCIN, CIN);　　　//调用 add8 子模块
>
> 　　reg8 accreg8(ACCOUT, SUM, CLK, CLEAR);　　　//调用 reg8 子模块
>
> endmodule

8 位累加器仿真波形如图 6-39 所示。

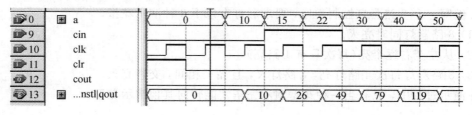

习　题　6

1. 按如图 6-40 和图 6-41 所示要求设计实现一个 4 选 1 数据选择器。

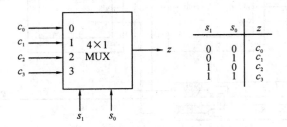

图 6-40　4 选 1 数据选择器模块图和真值表

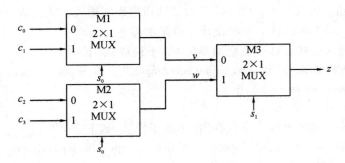

图 6-41　2 选 1 数据选择器级联构成 4 选 1 数据选择器

2. 设计并实现 4 位宽 2 选 1 数据选择器，如图 6-42 所示。

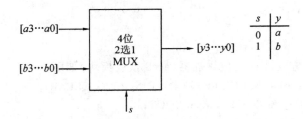

图 6-42　4 位宽 2 选 1 数据选择器模块图和真值表

3. 设计一个可预置的十六进制计数器，并仿真。

4. 设计一个"1101"序列检测器。

5. 用 Verilog HDL 编写一个用 7 段数码管交替显示 26 个英文字母的程序，自己定义字符的形状。

6. 编写一个 8 路彩灯控制程序，要求彩灯有以下 3 种演示花型。

（1）8 路彩灯同时亮灭。

（2）从左至右逐个亮（每次只有 1 路亮）。

（3）8 路彩灯每次 4 路灯亮，4 路灯灭，且亮灭相间，交替亮灭。

在演示过程中，只有当一种花型演示完毕才能转向其他演示花型。

7. 用状态机设计一个交通灯控制器，设计要求：A 路和 B 路，每路都有红、黄、绿三种灯，红灯持续 45 s，黄灯持续 5 s，绿灯 40 s。A 路和 B 路灯的状态转换要求：

（1）A 红，B 绿（持续 40 s）。

（2）A 红，B 黄（持续 5 s）。

（3）A 绿，B 红（持续 40 s）。

（4）A 黄，B 红（持续 5 s）。

第 7 章　基于 FPGA 的数字系统设计

　　当今社会，嵌入式系统的设计越来越成熟，嵌入式处理器中 MCU、DSP 等硬件电路是固定结构的芯片(全定制的 ASIC)，它们是根据存储程序控制原理，由芯片顺序执行一条条指令完成数据的输入、存储、处理、展现等功能；而 FPGA、CPLD 芯片属于可编程逻辑器件(半定制的 ASIC)，它们的电路结构不是固定的，可以通过特定的描述方式得到不同的电路系统结构，从而完成不同的设计任务，所以属于硬件电路设计，数据处理可以并行执行，速度远远高于 MCU 和 DSP。

　　目前为止，作为可编程逻辑器件的 FPGA/CPLD 已经变成现在嵌入式系统设计的主流之一。通过这些年来的发展，可编程逻辑器件已经获得了可喜的成果，其资源变得愈加多样化，使用也变得更加便利。由此推测，以后发展起来的可编程逻辑器件，其运转的速度会更快、密度会更高，功率也会大大提高，与此同时它集成了可编程逻辑、CPU、存储器件、DSP 等其他组件，还会加入许多新的性能，朝着可编程单片系统(SOPC)的方向发展。

　　针对可编程逻辑器件的开发，每个生产厂家各有不同的方法和策略，但是对于芯片外围电路的基本内部结构和工作原理却是差不多的。可编程逻辑器件在第 2 章已有详细讲述，本章以 Altera 公司生产的 Cyclone 系列 FPGA 芯片为例，进行综合数字系统设计。

7.1　EDA 实验箱的使用

　　EDA 实验箱的实物图如图 7-1 所示，布局示意图如图 7-2 所示。

图 7-1　EDA 实验箱实物图

　　EDA 实验箱包含主控制芯片 FPGA、基础模块区和扩展模块区。基础模块区有 8×4

个 LED 灯矩阵、16 位按键、16 位拨码开关、4×8 键盘矩阵、8 位 8 字数码管、4 位米字型数码管、16×16 点阵、LCD 显示屏、A/D 和 D/A 转换等。扩展模块区主要有通信模块（CAN、GSM、GPS、无线收发），传感器模块（压力、红外、气体、温度），对象模块（IC 卡、打印机 、MIF 卡），控制模块（步进电机、PWM 调速电机）等。

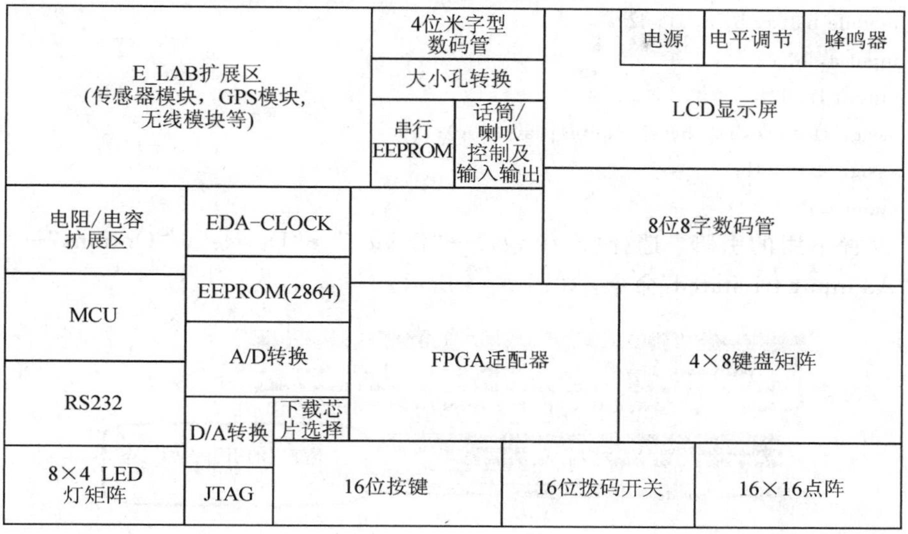

E_LAB扩展区 (传感器模块，GPS模块， 无线模块等)	4位米字型 数码管		电源	电平调节	蜂鸣器
	大小孔转换		LCD显示屏		
	串行 EEPROM	话筒/ 喇叭 控制及 输入输出			
电阻/电容 扩展区	EDA-CLOCK		8位8字数码管		
MCU	EEPROM(2864)				
	A/D转换		FPGA适配器	4×8键盘矩阵	
RS232	D/A转换	下载芯 片选择			
8×4 LED 灯矩阵	JTAG	16位按键	16位拨码开关	16×16点阵	

图 7 - 2　EDA 实验箱布局示意图

下文通过一个简单的例子介绍实验箱的使用。

【例 7 - 1】　简单的三人表决器。

功能描述：三个人分别用手指拨开关 D1、D2、D3 来表示自己的意愿，如果对某决议同意，各人就把自己的开关拨到"ON"（高电平），不同意就拨到"OFF"（低电平）。表决结果用 LED 灯显示。如果对某个决议有任意两个或三人同意，即决议通过，实验板上 L1 亮，否则 L2 亮。连接实物图如图 7 - 3 所示。

图 7 - 3　三人表决器连接实物图

设计过程如下：

（1）双击桌面上 Quartus Ⅱ 软件的图标，启动 Quartus Ⅱ 软件。

（2）新建工程 bj3。

（3）新建设计文件 bj3.v，并用 Verilog HDL 进行以下描述。

```
module bj3(a, b, c, l1, l2);
input a, b, c;
output l1, l2;
assign l1=(a&b)|(b&c)|(a&c)|(a&b&c);
assign l2=~l1;
endmodule
```

（4）设置不用的引脚。选择"Settings"→"Device"→"Device"，"Options"→"Unused pins"→"As input tri-stated"命令，如图 7-4 所示。

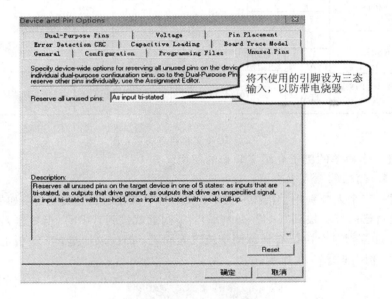

图 7-4　设置不使用的引脚

（5）指定芯片的引脚。选择"Assignments"→"Pins"命令或"Assignments"→"Pin Planner"命令。给各信号分配引脚如图 7-5 所示。

		Node Name	Direction	Location	I/O Bank	VREF Group	I/O Standard
1		a	Input	PIN_2	1	B1_N0	3.3-V LVTTL (default)
2		b	Input	PIN_4	1	B1_N0	3.3-V LVTTL (default)
3		c	Input	PIN_6	1	B1_N0	3.3-V LVTTL (default)
4		l1	Output	PIN_114	4	B4_N0	3.3-V LVTTL (default)
5		l2	Output	PIN_108	4	B4_N0	3.3-V LVTTL (default)

图 7-5　给各信号分配引脚

（6）全编译。Quartus Ⅱ 软件的编译器包括多个独立的模块，如图 7-6 所示。各模块可以单独运行，也可以选择"Processing"→"Start"命令，"Compilation"命令或者工具栏"▶"按钮启动编译过程。

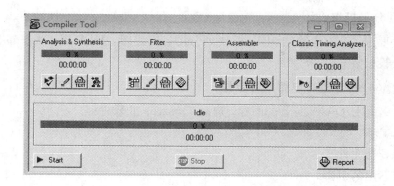

图 7-6   编译包含的独立模块

（7）仿真。功能仿真波形如图 7-7 所示。

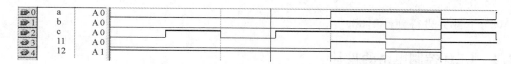

图 7-7   功能仿真波形图

（8）硬件下载。安装 USB-Blaster 后选择"Tools"→"Programmer"命令，打开下载窗口，如图 7-8 所示。

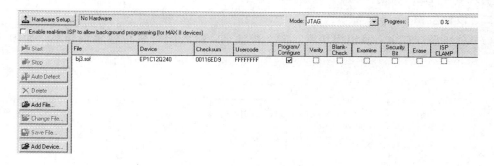

图 7-8   下载窗口

（9）硬件测试。根据图 7-3 所示将 FPGA 芯片分配的引脚与外围模块接口连接，观察结果。如若结果与设计要求有误，重新修改设计并进行测试。

7.2   外围接口控制电路的设计

本节主要介绍与 FPGA/CPLD 连接的片外接口电路，一般分为输入和输出接口。输入接口一般有拨码开关、带灯按键、键盘、时钟等。输出接口一般有 LED 灯、数码管、点阵、LCD 等控制接口。通过 FPGA/CPLD 设计外围接口电路的控制器，进而进行完整的数字系统的设计。

主要设计步骤如下：

1. 电路划分与模块设计

分析设计要求,画出电路结构图(模块划分图,流程图,MDS 图,状态转移图等),并分别进行模块设计。

2. 利用 Quartus Ⅱ 进行电路设计步骤

(1) 双击桌面上 Quartus Ⅱ 的图标,启动 Quartus Ⅱ 软件。

(2) 新建工程。

(3) 新建设计文件。

(4) 设置不用的引脚。

(5) 指定芯片的引脚。

(6) 全编译。

(7) 仿真。

(8) 下载并进行硬件测试。

7.2.1　LED 控制电路的设计

【项目 7-1】　闪烁灯控制器设计。

一、设计任务

实现 8 个 LED 周期性(如 1 s)地两两交替亮灭。

二、设计步骤

(1) 分析设计任务,画出模块图,定义模块名,输入信号名与输出信号名,如图 7-9 所示。

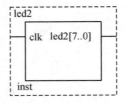

图 7-9　闪烁灯控制器模块图

(2) 分析输入信号(clk)与输出信号(led2)之间的关系,如表 7-1 所示。

表 7-1　clk 与 led2 之间的关系

clk	0 s	0.5 s	1 s	1.5 s	…
led2[7..0]	0011 0011	1100 1100	0011 0011	1100 1100	…

(3) 打开 Quartus Ⅱ 软件,新建工程 led2。

(4) 新建文件 led2.v,用 Verilog HDL 描述模块 led2。

(5) 全编译,检查程序编译、综合、适配有无错误。

(6) 将不用的引脚设置为三态输入。

项目 7-1 程序示例

（7）分配引脚。

（8）全编译并仿真，功能仿真波形如图 7－10 所示。

（9）硬件下载并测试。输入信号（clk）与时钟模块连接，频率设置为 1 Hz，输出信号（led2）与 8 个 LED 连接，观察 LED 闪烁情况是否与设计要求相符。

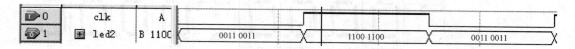

图 7－10　闪烁灯控制器功能仿真波形图

三、设计思考

（1）观察时钟频率与 LED 闪烁频率的关系？

（2）如何将 40 MHz 进行分频得到 1 Hz？

【项目 7－2】　跑马灯控制器设计。

一、设计任务

实现 8 个 LED 按固定频率依次亮灭（T＝1 s）。

二、设计分析

按照如图 7－11 所示的仿真波形图，参照上个例题，完成设计。

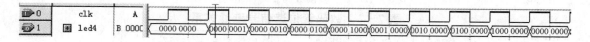

图 7－11　跑马灯控制器仿真波形图

7.2.2　数码管控制电路的设计

1. 8 段数码管工作原理

EDA 实验箱用到了 8 个 8 段数码管，内部结构原理图如图 7－12 所示。8 个 8 段数码管的相同段连接在一起，共用一个引脚，即 8 个 a 段连接一起，通过 DSP0 引脚引出；8 个 b 段连接一起，通过 DSP1 引脚引出；依次类推，8 个 dp 段连接在一起，通过 DSP7 引脚引出。SEL0，SEL1，SEL2 通过 3－8 译码器控制 8 个输出端的选通，即控制 8 个数码管的选通。

这里称 a、b、c、d、e、f、g、dp 为 8 位宽段选信号，用于控制数码管的 8 个段，决定数码管上显示的数字。在 6.1.1 节已详细介绍，这里不再重复。

SEL2，SEL1，SEL0 为位选信号，用于控制 8 个数码管的选通，选通关系如表 7－2 所列。

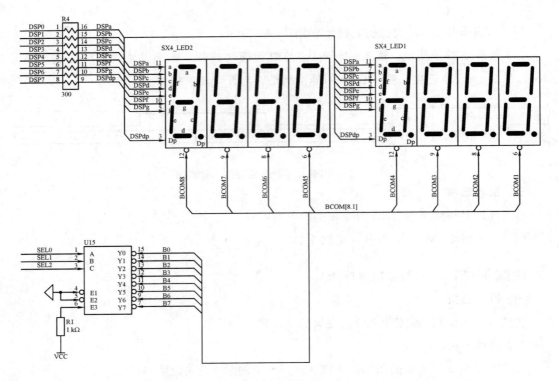

图 7 - 12 8 个 8 段数码管内部结构原理图

表 7 - 2 数码管位选信号选通关系

SEL2	SEL1	SEL0	数码管选通（从右至左）
0	0	0	第一个
0	0	1	第二个
0	1	0	第三个
0	1	1	第四个
1	0	0	第五个
1	0	1	第六个
1	1	0	第七个
1	1	1	第八个

2. 17 段"米"字形数码管工作原理

EDA 实验箱上还有 4 个 17 段"米"字形数码管，分布图如图 7 - 13 所示。

17 段"米"字形数码管也分共阳极和共阴极，在实验箱上为共阴极连接方式。"米"字形数码管不仅能显示数字、字母，还能显示自定义字符，比 8 段数码管显示字符要丰富。它们的段值对应符号关系表如表 7 - 3 所示。

实验箱上 4 个 17 段"米"字形数码管的选通端口是单独控制的，如表 7 - 3 所列。如表 7 - 4 所列为段取值对应的符号关系。

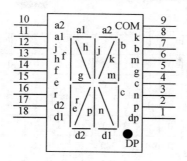

图 7-13　17 段"米"字形数码管分布图

表 7-3　4 个数码管选通关系

SEL3	SEL2	SEL1	SEL0	数码管选通（从右至左）
0	0	0	1	第一个
0	0	1	0	第二个
0	1	0	0	第三个
1	0	0	0	第四个

表 7-4　段取值对应的符号关系

符号	dp	p	r	n	m	k	j	h	g	f	e	d2	d1	c	b	a2	a1
0	0	0	0	0	0	0	0	0	0	1	1	1	1	1	1	1	1
1	0	0	0	0	0	0	0	0	0	0	0	0	0	1	1	0	0
2	0	0	0	0	1	0	0	0	1	0	1	1	1	0	1	1	1
3	0	0	0	0	1	0	0	0	1	0	0	1	1	1	1	1	1
4	0	1	0	0	1	0	1	0	1	0	0	0	0	0	0	0	0
5	0	0	0	0	1	1	0	0	1	0	1	1	1	0	1	1	1
6	0	0	0	0	1	0	0	0	1	1	1	1	1	1	0	1	1
7	0	0	0	0	0	0	0	0	0	0	0	0	0	1	1	1	1
8	0	0	0	0	1	0	0	0	1	1	1	1	1	1	1	1	1
9	0	0	0	0	1	0	0	0	1	1	0	1	1	1	1	1	1
A	0	0	1	0	1	1	0	0	0	0	0	0	0	1	1	0	0
B	0	0	0	1	0	1	0	0	1	1	1	1	1	0	0	1	1
C	0	0	0	0	0	0	0	0	0	1	1	1	1	0	0	1	1
D	0	1	0	0	0	0	1	0	0	0	0	1	1	1	1	1	1
E	0	0	0	0	1	0	0	0	1	1	1	1	1	0	0	1	1
F	0	0	0	0	1	0	0	0	1	1	1	0	0	0	0	1	1
G	0	0	0	0	1	0	0	0	0	1	1	1	1	1	0	1	1
H	0	0	0	0	1	0	0	0	1	1	1	0	0	1	1	0	0
I	0	1	0	0	0	0	0	1	0	0	0	1	1	0	0	1	1
J	0	1	0	0	0	0	0	1	0	0	1	1	0	0	0	1	1

续表

符号	dp	p	r	n	m	k	j	h	g	f	e	d2	d1	c	b	a2	a1
K	0	1	0	1	0	1	1	0	0	0	0	0	0	0	0	0	0
L	0	0	0	0	0	0	0	0	0	1	1	1	1	0	0	0	0
M	0	0	0	0	0	1	0	1	0	1	1	0	0	1	1	0	0
N	0	0	0	1	0	0	0	0	1	0	1	1	0	0	1	1	0
O	0	0	0	0	0	0	0	0	0	1	1	1	1	1	1	1	1
P	0	1	0	0	0	1	0	1	0	0	1	1	0	1	0	1	0
Q	0	1	0	0	0	0	1	0	1	1	0	1	1	0	0	0	1
R	0	0	0	0	1	0	0	1	0	0	0	0	0	0	0	1	1
S	0	0	0	0	1	0	0	0	1	1	0	1	1	0	1	1	1
T	0	1	0	0	0	0	1	0	0	0	0	0	0	0	0	1	1
U	0	0	0	0	0	0	0	0	1	1	1	1	1	1	0	0	0
V	0	0	0	1	0	0	0	1	0	0	0	0	0	1	1	0	0
W	0	0	1	0	0	0	0	1	0	0	0	0	1	1	0	0	0
X	0	0	1	1	0	1	0	1	0	0	0	0	0	0	0	0	0
Y	0	0	1	1	0	1	0	0	0	1	0	1	1	0	0	0	0
Z	0	0	1	0	0	1	0	0	0	0	0	1	1	0	0	1	1
+	0	1	0	0	1	0	1	0	1	0	0	0	0	0	0	0	0
—	0	0	0	0	0	1	0	0	0	0	0	0	0	0	0	0	0
*	0	0	1	1	0	0	0	0	0	1	1	0	0	1	1	0	0
/	0	0	1	0	1	0	0	0	0	0	0	0	0	0	0	0	0
.	1	0	0	0	0	0	0	0	0	0	0	0	0	0	0	0	0

【项目 7 - 3】　8 段数码管动态显示十六进制数字。

一、设计任务

用 FPGA 产生字形编码电路和扫描驱动电路，用拨码开关产生十六进制数字送给数码管显示，调节时钟频率，感受扫描的过程，并观察字符亮度和显示刷新的效果。

二、设计步骤

(1) 分析设计任务。根据题意，输入接口有拨码开关和时钟两个模块，这两个模块输出信号送入 FPGA 驱动控制电路产生数码管的段选信号和位选信号，从而控制数码管的显示。如图 7 - 14 所示为 FPGA 与外部模块的连接图。5 个拨码开关中，有 1 个作为复位信号使用，其余为 4 位宽二进制数。

(2) 设计 FPGA 驱动控制电路，包括画出模块图、定义模块名、输入信号名和输出信号名等。如图 7 - 15 所示为数码管驱动控制模块图。

其中，d[3..0]为 4 位宽输入信号，数值可由 4 个拨码开关送入；clk 为扫描时钟信号，控制 8 个数码管循环扫描频率；rst 为复位信号；a_to_dp[7..0]为 8 位宽段选信号，控制数码管的 8 个段；sel[2..0]为 3 位宽位选信号，控制 8 个数码管的选通。

(3) 找出所有信号之间的逻辑关系。输入信号 d 为 4 位宽二进制数字，输出信号 a_to_dp 表

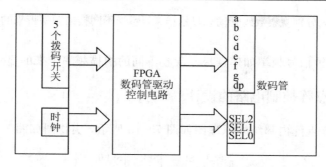

图 7 - 14　FPGA 与外部模块的连接图

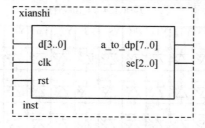

项目 7 - 3 程序示例

图 7 - 15　数码管驱动控制模块图

示数码管上显示的十六进制数字，由 d 的取值控制 a_to_dp 的取值，产生字形编码电路；输入信号 clk 表示扫描 8 个数码管的时钟信号，sel 的取值表示 8 个数码管，clk 控制 sel 的取值，产生扫描驱动电路。

（4）用 Verilog HDL 描述"xianshi"模块。

（5）全编译后进行仿真，功能仿真波形图如图 7 - 16 所示。每个时钟上升沿到来时，读取输入信号 d 的取值，将其送到选通的数码管上去显示。当 d＝1，sel＝0 时，a_to_dp＝0110 0000，即第一个数码管显示字符"0"；当 d＝2，sel＝1 时，a_to_dp＝1101 1010，即第一个数码管显示字符"1"；依次类推，数码管则会动态显示字符。

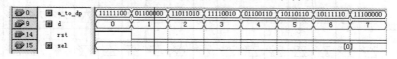

图 7 - 16　功能仿真波形图

（6）给如图 7 - 17 所示的各信号分配引脚。

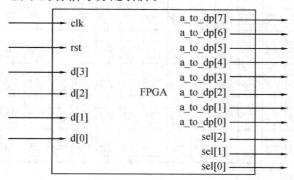

图 7 - 17　给信号分配引脚

（7）全编译后下载进行硬件测试。时钟信号 clk 频率取值分别为 1 Hz、100 Hz、

1 kHz 和 1 MHz 时，分别观察数码管动态显示结果，感受不同扫描频率带来的效果，并进行总结。

三、设计思考

数码管扫描时钟信号频率如何选择？观察不同的扫描频率带来的显示效果。

7.2.3　16×16 点阵控制电路的设计

共阴极 16×16 点阵内部结构原理图如图 7−18 所示，实物图如图 7−19 所示。

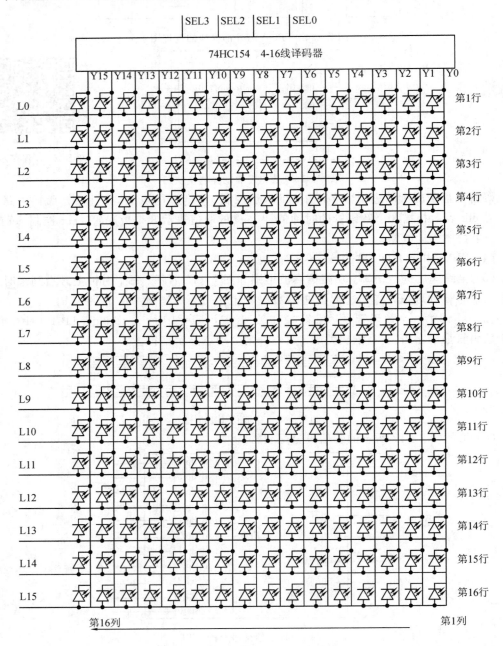

图 7−18　共阴极 16×16 点阵内部结构原理图

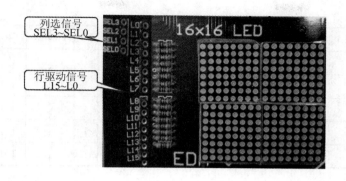

图 7-19　共阴极 16×16 点阵实物图

在图 7-18 所示的 16×16 点阵中，每一行 16 个 LED 正极接相对应的行驱动信号 L0～L15，每一列 16 个 LED 灯负极接相对应的列驱动信号 Y0～Y15。如图 7-20 所示，只有当行驱动(L0)信号接高电平，列驱动信号(Y0)接低电平，LED 才发光。

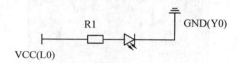

图 7-20　一个共阴极 LED 连接电路图

在图 7-18 中，列选信号(SEL3，SEL2，SEL1，SEL0)与列驱动信号(Y15～Y0)之间的关系其实是 4-16 译码器的输入端与输出端。当{SEL3，SEL2，SEL1，SEL0}=0000 时，第 1 列 Y0=0，其余列取值为 1；当{SEL3，SEL2，SEL1，SEL0}=0001 时，第 2 列 Y1=0，其余列取值为 1；依次类推；当{SEL3，SEL2，SEL1，SEL0}=1111 时，第 16 列 Y15=0，其余列取值为 1，如表 7-5 所列。

表 7-5　4-16 译码器真值表

SEL3	SEL2	SEL1	SEL0	Y15	Y14	Y13	Y12	Y11	Y10	Y9	Y8	Y7	Y6	Y5	Y4	Y3	Y2	Y1	Y0
0	0	0	0	1	1	1	1	1	1	1	1	1	1	1	1	1	1	1	0
0	0	0	1	1	1	1	1	1	1	1	1	1	1	1	1	1	1	0	1
0	0	1	0	1	1	1	1	1	1	1	1	1	1	1	1	1	0	1	1
0	0	1	1	1	1	1	1	1	1	1	1	1	1	1	1	0	1	1	1
0	1	0	0	1	1	1	1	1	1	1	1	1	1	1	0	1	1	1	1
0	1	0	1	1	1	1	1	1	1	1	1	1	1	0	1	1	1	1	1
0	1	1	0	1	1	1	1	1	1	1	1	1	0	1	1	1	1	1	1
0	1	1	1	1	1	1	1	1	1	1	1	0	1	1	1	1	1	1	1
1	0	0	0	1	1	1	1	1	1	1	0	1	1	1	1	1	1	1	1
1	0	0	1	1	1	1	1	1	1	0	1	1	1	1	1	1	1	1	1
1	0	1	0	1	1	1	1	1	0	1	1	1	1	1	1	1	1	1	1

续表

SEL3	SEL2	SEL1	SEL0	Y15	Y14	Y13	Y12	Y11	Y10	Y9	Y8	Y7	Y6	Y5	Y4	Y3	Y2	Y1	Y0
1	0	1	1	1	1	1	1	0	1	1	1	1	1	1	1	1	1	1	1
1	1	0	0	1	1	1	0	1	1	1	1	1	1	1	1	1	1	1	1
1	1	0	1	1	1	0	1	1	1	1	1	1	1	1	1	1	1	1	1
1	1	1	0	1	0	1	1	1	1	1	1	1	1	1	1	1	1	1	1
1	1	1	1	0	1	1	1	1	1	1	1	1	1	1	1	1	1	1	1

【项目 7-4】 16×16 点阵显示字符"人"。

一、设计任务

设计点阵驱动电路，在点阵上实现字符"人"的显示，如图 7-21 所示。

图 7-21　点阵显示字符"人"的显示

二、设计步骤及程序示例

（1）分析题意，画出 FPGA 与输入接口和输出接口示意图，如图 7-22 所示。输入接口有拨码开关和时钟两个模块，这两个模块的输出信号送入 FPGA 点阵驱动控制电路产生 16×16 点阵的行驱动信号和列选信号，从而控制 16×16 点阵的显示。其中拨码开关作为复位信号。

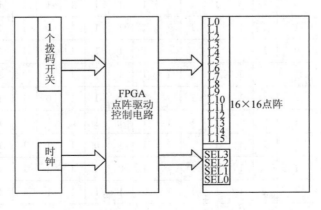

图 7-22　FPGA 与输入接口和输出接口示意图

（2）设计 FPGA 点阵驱动控制电路，包括画出模块图、定义模块名、输入信号名和输出信号名。如图 7－23 所示为点阵驱动电路模块图。

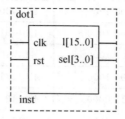

图 7－23　点阵驱动电路模块图

其中 clk 为列扫描时钟信号；rst 复位信号；l[15..0]为行驱动信号，每一位代表一行；sel[3..0]为列选信号，选通每一列。

（3）找出所有信号之间的逻辑关系。

① clk 与 sel 关系如下：

```
always @(posedge clk)
    if(rst)    sel=0;
    else       sel=sel+1;
```

② sel 与 l 关系如图 7－24 所示。由图 7－24 列出关系表如表 7－6　项目 7－4 程序示例
所列。

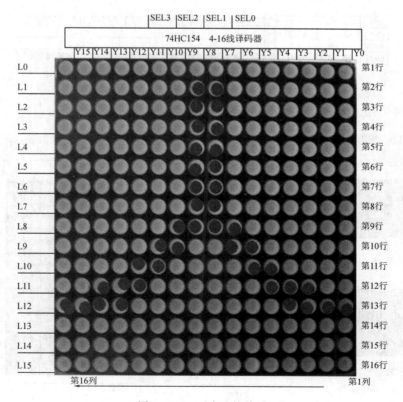

图 7－24　sel 与 l 的关系

表 7-6　sel 与 l 的关系表

sel[3..0]	l[0..15]	sel[3..0]	l[0..15]
4′b0000	16′b0000 0000 0000 1000	4′b1000	16′b1111 1111 0000 0000
4′b0001	16′b0000 0000 0000 1000	4′b1001	16′b0000 0000 1100 0000
4′b0010	16′b0000 0000 0001 1000	4′b1010	16′b0000 0000 0110 0000
4′b0011	16′b0000 0000 0001 1000	4′b1011	16′b0000 0000 0011 0000
4′b0100	16′b0000 0000 0011 1000	4′b1100	16′b0000 0000 0001 1000
4′b0101	16′b0000 0000 0110 0000	4′b1101	16′b0000 0000 0001 1000
4′b0110	16′b0000 0000 1100 0000	4′b1110	16′b0000 0000 0000 1000
4′b0111	16′b0111111111100000000	4′b1111	16′b0000 0000 0000 1000

　　整个扫描过程为：先扫描第一列，然后扫描这一列每一个 LED，相当于给每一个 LED 的阳极赋值（阴极为低电平），当点阵中第 1 个 LED 亮时，说明第 1 列被选通，第一行 l0＝1，其余行取值为 0，即

$$l[15..0]=16'b0000\ 0000\ 0000\ 0001；sel[3..0]=4'b0000$$

　　（4）用 Verilog HDL 描述 dot1 模块。

　　（5）全编译后进行功能仿真，如图 7-25 所示。clk 周期为 10 ns，rst 复位时间为 10 ns，从波形图上可以看出，l 信号在扫描周期内模拟曲线显示"人"字样。

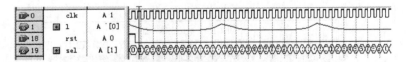

图 7-25　点阵显示字符"人"仿真波形

　　（6）给图 7-23 所示的各信号分配引脚，如图 7-26 所示。

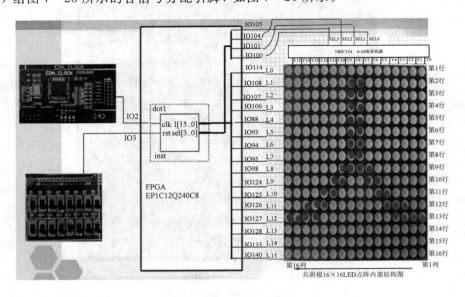

图 7-26　FPGA 各信号引脚分配图

（7）全编译后下载进行硬件测试。时钟信号 clk 频率分别为 1 Hz、10 Hz、1 kHz 时，观察点阵显示结果的变化。

三、设计思考

1. 观察列扫描时钟信号 clk，频率分别选取 1 Hz、10 Hz、50 Hz、500 Hz、1 kHz 等时，点阵显示结果有什么不同？

2. 点阵驱动和数码管驱动原理是否一样？

3. 观察日常生活中点阵显示屏显示特点。

4. 实现点阵动态点亮，点亮方式为：从第 1 列到第 16 列，每一列由上而下依次点亮，最后一列全亮后，再从第一列由上而下依次熄灭。

【项目 7 - 5】 16×16 点阵滚动显示字符“人”。

一、设计任务

设计点阵驱动电路，在点阵上实现字符“人”的动态显示。

二、设计步骤及程序示例

（1）与项目 7 - 4 步骤（1）相同。

（2）设计 FPGA 点阵驱动控制电路，分析电路内部所需的基本子模块，以及它们的连接，并粗略画出各子模块连接图。

这里有两种模块划分和连接方法。图 7 - 27 所示的第一种方法和图 7 - 28 所示的第二种方法的区别在于：第一种方法将字符“人”的 256 个点的取值直接存放在移位寄存器里，而第二种方法是将它们放到了 ROM 模块里，相比较而言，第二种方法更符合实际点阵显示情况，因为模块进一步细分后，对于整个顶层模块更易于设计与管理。

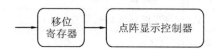

图 7 - 27　模块划分和连接方法一

图 7 - 28　模块划分和连接方法二

（3）给每个子模块定义输入信号名和输出信号名，分别如图 7 - 29 至图 7 - 32 所示。shift 模块为方法一中的移位寄存器；mux16_1 模块为点阵显示模块；cnt16 模块为 4 位宽二进制计数器，计数值从 0000～1111 循环计数；shift1 模块为方法二中的移位寄存器。给每个模块定义好输入信号名和输出信号名后，还要找到相应的逻辑关系，并用 Verilog HDL 描述每个子模块。

图 7-29　shift 模块

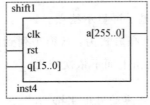

图 7-30　mux16_1 模块

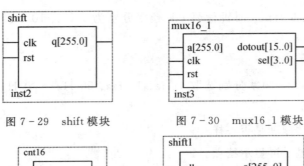

项目 7-5 程序示例

图 7-31　cnt16 模块　　　　图 7-32　shift1 模块

（4）参数化 ROM——lpm_rom0 模块。

Quartus Ⅱ提供的参数化 ROM 是 lpm_rom 宏模块，lpm_rom 宏模块的端口及参数如表 7-7 所列。

表 7-7　lpm_rom 宏模块的端口及参数关系

	端口名称	功 能 描 述
输入端口	address[]	地址信号
	inclock	输入数据时钟
	outclock	输出数据时钟
	memenab	输出数据使能
输出端口	q[]	数据输出
参数设置	LPM_WIDTH	存储器数据线宽度
	LPM_WIDTHAD	存储器地址线宽度
	LPM_FILE	.＊mif 或＊.hex 文件，包含 ROM 的初始化数据

具体设计步骤如下：

① 双击原理图编辑界面，打开如图 7-33 所示的元件对话框。

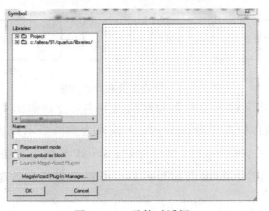

图 7-33　元件对话框

② 在元件库里选择 lpm_rom 元件，然后单击"OK"按钮，如图 7 - 34 所示。

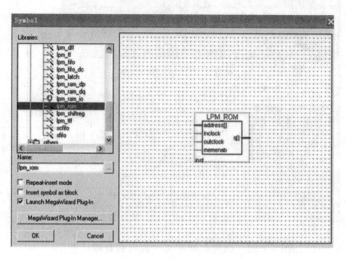

图 7 - 34　取元件 LPM_ROM

③ 在弹出窗口中设置元件描述语言和元件路径及名称，如图 7 - 35 所示，单击"Next"按钮完成设置。

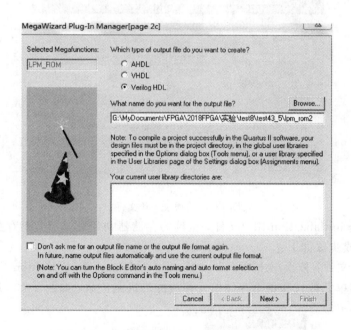

图 7 - 35　设置元件描述语言和元件路径及名称

④ 继续在新弹出窗口中设置存储单元的数目和数据线宽度，如图 7 - 36 所示，单击"Next"按钮完成设置。

⑤ 接着在新弹出窗口中先设置存储器里存放的初始数据，一般存放在 mif 文件中。如果已有 mif 文件，则添加路径，如果没有，需要新建后再添加，如图 7 - 37 所示。然后单击"Finish"按钮完成设置，最后完成元件的放置。

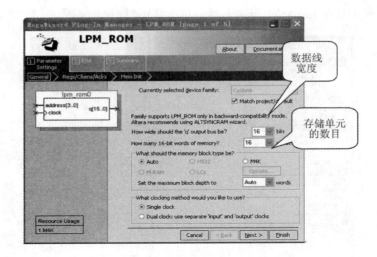

图 7 - 36　设置存储单元的数目和数据线宽度

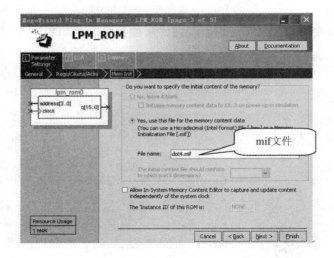

图 7 - 37　添加 mif 文件

mif(memory initialization file)文件，全称为存储器初始化文件，是存放存储器初始化数据的，具体生成步骤如下：

① 新建 mif 文件：依次单击"File"→"New"→"Memory Initialization File"命令。

② 设置存储单元数目和每个存储单元存放的二进制位数，如图 7 - 38 所示。

图 7 - 38　设置存储单元数目和每个存储单元存放的二进制位数

③ 设置存储容量完成后，出现如图 7-39 所示的界面，在该界面中，每个存储单元的地址值是由行号加列号构成的。

Addr	+0	+1	+2	+3	+4	+5	+6	+7
0	0	0	0	0	0	0	0	0
8	0	0	0	0	0	0	0	0

图 7-39　存储器界面

④ 设置每个存储单元存放的数值，对于行号、列号和每个单元存放的数值，可以有二进制显示方式，也可以采用十进制、八进制、十六进制显示方式。在行号或列号位置单击鼠标就可以选择显示的进制标志。

⑤ 如图 7-40 和图 7-41 所示分别为字符"人"的十六进制存储格式和二进制存储格式。

Addr	+0	+1	+2	+3	+4	+5	+6	+7
0	0008	0008	0018	0018	0030	0060	00C0	7F80
8	7F80	00C0	0060	0030	0018	0018	0008	0008

图 7-40　字符"人"的十六进制存储格式

	+1	+2	+3	+4	+5	+6
00	0000000000001000	0000000000011000	0000000000011000	0000000000110000	0000000001100000	0000000011000000
00	0000000011000000	0000000001100000	0000000000110000	0000000000011000	0000000000011000	0000000000001000

图 7-41　字符"人"的二进制存储格式

⑥ 保存 mif 文件到当前项目文件夹里，以便调用。

（5）每个子模块设计完成后，可以全编译并进行仿真，验证各子模块逻辑关系的正确性。

（6）将各个子模块连接成顶层模块，方法一的主模块如图 7-42 所示，方法二的主模块如图 7-43 所示。

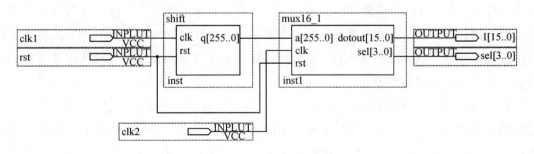

图 7-42　方法一的顶层模块图

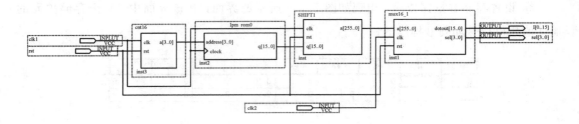

图 7 - 43　方法二的顶层模块图

（7）全编译并进行仿真，验证顶层模块输入信号和输出信号逻辑关系的正确性。顶层模块的功能仿真波形如图 7 - 44 所示。仿真时间设置为 1s，clk1 周期为 0.1 s，确保在 1 s仿真时间内有 10 个周期，clk2 周期为 10 ns，rst 复位时间为 10 ns。在图 7 - 44 中，clk1 的第一个时钟上升沿到来时，将 ROM 里第一个存储单元里的数值（16'h0008）取出来送给点阵显示。

图 7 - 44　顶层模块功能仿真波形

（8）分配引脚并下载，进行硬件测试。clk1 为移位时钟信号，它决定着点阵屏上"人"的滚动速率，频率越大，滚动得越快；clk2 为点阵列扫描信号，通常 clk1 的频率应远低于clk2 的频率。

7.2.4　键盘控制电路的设计

按照代码转换方式，键盘可以分为编码式和非编码式两种。编码式键盘是通过数字电路直接产生对应于按键的 ASCII 码，这种方式目前很少使用。非编码式键盘将按键排列成矩阵的形式，由硬件或软件随时对矩阵扫描，一旦某一键被按下，该键的行列信息即被转换为位置码并送入主机，再由键盘驱动程序查表，从而得到按键的 ASCII 码，最后送入内存中的键盘缓冲区供主机分析执行。非编码式键盘由于其结构简单、按键重定义方便而成为目前最常采用的键盘类型。

4×8 矩阵键盘内部结构原理图如图 7 - 45 所示。每一个按键相当于一个开关。控制端口有行选信号 SEL2、SEL1、SEL0，列驱动信号 KIN[3..0]。行选信号通过 3 - 8 译码器产生行驱动信号，当｛SEL2，SEL1，SEL0｝=000 时，Y0=1，B0=0；｛SEL2，SEL1，SEL0｝=001 时，Y1=1，B1=0；依次类推；｛SEL2，SEL1，SEL0｝=111 时，Y7=1，B7=0。当没有任何按键按下时，KIN[3..0]=1111；当有按键按下，例如第 1 行、第一列的键被按下时，扫描到第一行，即 B0＝0，则 KIN[0]＝0，其余位为 1。

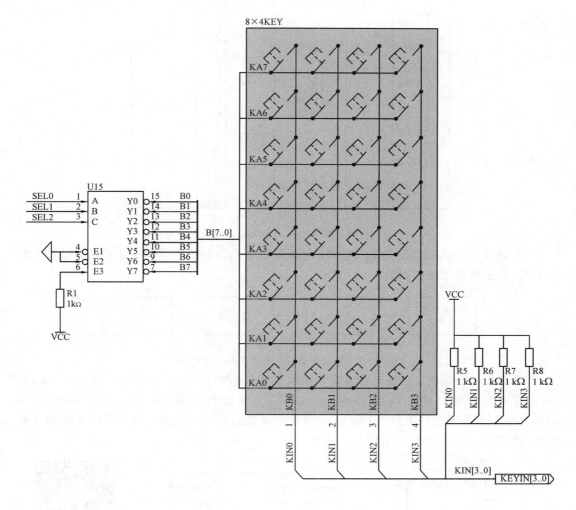

图 7-45　4×8 矩阵键盘内部结构原理图

【项目 7-6】　键盘控制电路设计

一、设计任务

将键盘上的按键在 17 段"米"字形数码管上显示出来。

二、设计步骤及程序示例

（1）分析题意，画出 FPGA 与输入接口和输出接口示意图，如图 7-46 所示。输入接口有拨码开关和时钟两个模块，这两个模块的输出信号送入 FPGA 点阵驱动控制电路产生 16×16 点阵的行驱动信号和列选信号，从而控制 16×16 点阵的显示。其中拨码开关作为复位信号。

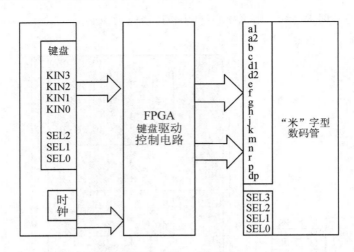

图 7-46　键盘控制电路 FPGA 与输入接口和输出接口连接图

（2）设计 FPGA 键盘驱动控制电路，包括分析电路内部所需的基本子模块，以及它们的连接。各子模块连接图如图 7-47 所示。

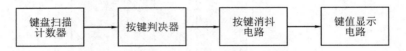

图 7-47　键盘驱动控制电路各模块连接图

（3）给每个子模块定义输入信号名和输出信号名，如图 7-48 至图 7-51 所示。scan_count 模块为键盘扫描计数器；key_scan 模块为按键判决器，判断是否有按键按下；debunce 模块为按键消抖电路；code_tran 模块为键盘编码显示电路。接着找到相应的逻辑关系，并用 Verilog HDL 描述每个子模块。

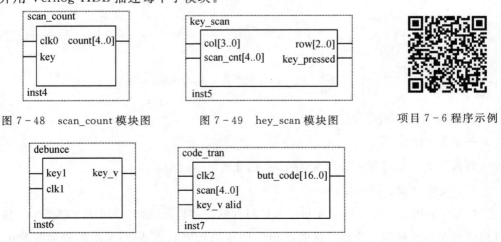

图 7-48　scan_count 模块图　　图 7-49　hey_scan 模块图　　　　项目 7-6 程序示例

图 7-50　debunce 模块图　　图 7-51　code_tran 模块图

4×8 矩阵键盘一共有 32 个按键，右上角为第一个按键，从右往左，从上往下依次设置按键顺序。按键扫描计数变量 scan_cnt 为 5 位宽，SEL 为行选信号，KIN 为列驱动信号，它们的关系如表 7-8 所列。

表 7 - 8 每一个按键扫描顺序和编码值

scan_cnt[4..0]	SEL[2..0]	KIN[3..0]	对应的按键	按键输出显示
00000	000	1110	0	0
00001	000	1101	6	6
00010	000	1011	LAST	L
00011	000	0111	CTRL	C
00100	001	1110	1	1
00101	001	1101	7	7
00110	001	1011	STEP	S
00111	001	0111	EMPTY1	—
01000	010	1110	2	2
01001	010	1101	REG	R
01010	010	1011	C	C
01011	010	0111	EMPTY2	—
01100	011	1110	3	3
01101	011	1101	EXEC	E
01110	011	1011	D	D
01111	011	0111	EMPTY3	—
10000	100	1110	MEM	M
10001	100	1101	8	8
10010	100	1011	E	E
10011	100	0111	EMPTY4	—
10100	101	1110	ESC	E
10101	101	1101	9	9
10110	101	1011	F	F
10111	101	0111	SHIFT	S
11000	110	1110	4	4
11001	110	1101	A	A
11010	110	1011	NEXT	N
11011	110	0111	NONE	—
11100	111	1110	5	5
11101	111	1101	B	B
11110	111	1011	ENTER	E
11111	111	0111	NONE	—

（4）每个子模块设计完成后，可以全编译并进行仿真，验证各子模块逻辑关系的正确性。

（5）将各个子模块连接成顶层模块，如图 7-52 所示。

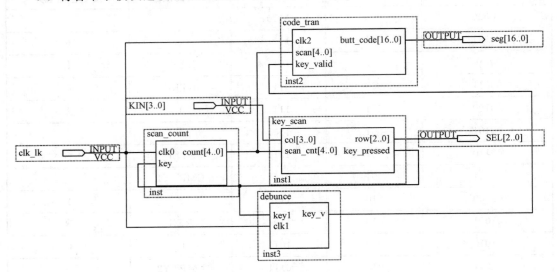

图 7-52　键盘按键顶层模块图

（6）全编译并进行仿真，验证顶层模块输入信号和输出信号逻辑关系的正确性。这里由于需要键盘按键动作，所以仿真不做要求。

（7）分配引脚并下载，进行硬件测试。clk_1k 信号频率设置为 1 kHz，KIN[3．0]和SEL[2．0]分别连接键盘的列驱动信号和行选信号，seg[16．0]连接 17 段"米"字形数码管对应的段。

7.2.5　D/A 控制电路的设计

A/D 转换器和 D/A 转换器是把微型计算机的应用领域扩展到检测和过程控制的必要装置，是把计算机和生产过程、科学实验过程联系起来的重要桥梁。D/A 转换器的功能是把二进制数字信号转换为与其数值成正比的模拟信号。D/A 转换器相对于 A/D 转换器在时序上要求较低。在 D/A 转换器参数中一个最重要的参数就是分辨率，它是指输入数字量发生单位数码变化时，所对应输出模拟量（电压或电流）的变化量。分辨率是指输入数字量最低有效位为 1 时，对应输出可分辨的电压变化量 ΔU 与最大输出电压 U_m 之比。

D/A 转换器 AD558 是 EDA 实验箱上自带的并行 8 位 D/A 转换芯片，它可以把输入的 8 位数字量转化为 0～2.56 V 的模拟电压量，它与 FPGA 器件联合使用可以产生多种波形。其芯片引脚外形和内部结构框图分别如图 7-53 和图 7-54 所示。

AD558 芯片共有 16 个引脚，其中第 1～8 引脚是待转换的数字信号输入引脚；第 9～10 引脚用于控制整个芯片呈哪种工作状态；第 16 引脚就是输出端。

AD558 的真值表如表 7-9 所示，控制时序图如图 7-55 所示，由真值表或时序图可知，当 CS 为低电平、CE 为高电平时，AD558 保持上次的转换结果；当 CS 和 CE 同时为抵电平时，通过数据总线 D[7．0]读入数据，同时将转换结果输出。

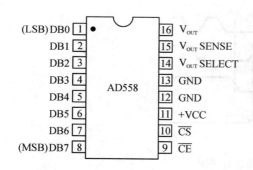

引脚	符号	功能	
1~8	DB0~DB7	数字量输入	
9	$\overline{CE}$	选择使能端	同为低电平时选中芯片
10	$\overline{CS}$	片选端	
11	+VCC	供电电源(+5V~+15V)	
12、13	GND	接地	
14、15	V_{out}SENSE V_{out}SENSE	输出电压选择端	
16	V_{OUT}	模拟电压输出端	

图 7-53　AD558 芯片引脚外形图

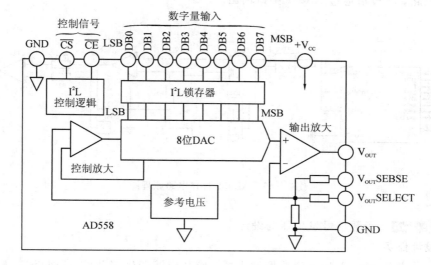

图 7-54　AD558 内部结构框图

表 7-9　AD558 真值表

数据输入	$\overline{CE}$	$\overline{CS}$	DAC电压输出
0	0	0	0
1	0	0	1
0	g	0	0
1	g	0	1
0	0	g	0
1	0	g	1
X	1	X	前一个值
X	X	1	前一个值

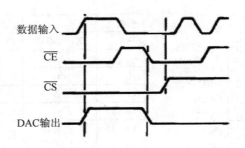

图 7-55　AD558 控制时序图

EDA 实验箱中的 AD558 接口电路原理图如图 7-56 所示。AD558 输出端口经过两级同相放大电路，将波形通过 PIO17 接口输出。

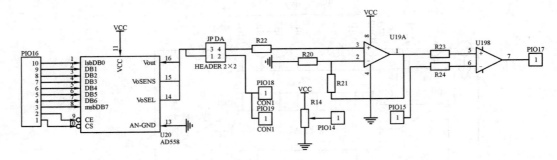

图 7-56　AD558 接口电路原理图

【项目 7-7】 函数信号发生器的设计

一、设计任务

设计一个基于 FPGA 的任意波形发生器，使其能够产生正弦波、三角波、方波，并且可以通过选择器选择相应的波形输出，系统还应具有复位功能。

二、设计步骤

(1) 分析题意，画出 FPGA 与输入接口和输出接口示意图如图 7-58 所示。4 个拨码开关中，1 个作为复位信号，其余 3 个作为波形选择开关信号。

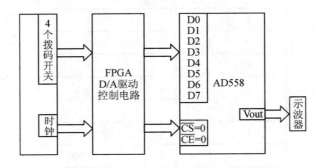

图 7-57　设计总体接口连接图

(2) 设计 D/A 驱动控制电路，包括分析电路内部所需的基本子模块，以及它们的连接。各子模块连接图如图 7-58 所示。

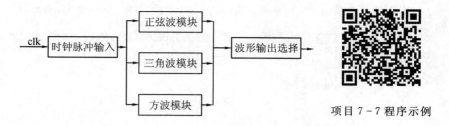

项目 7-7 程序示例

图 7-58　D/A 驱动控制电路各模块连接图

（3）给每个子模块定义输入信号名和输出信号名，如图 7-59 至图 7-61 所示。方波信号产生器为 fangbo 模块；三角波产生器为 sanjia 模块；波形输出选择为 xzq 模块。正弦信号产生器采用模块化 ROM 设计，对正弦信号进行 64 点采样，采样值存放在 ROM 中。接着找到相应的逻辑关系，并用 Verilog HDL 描述每个子模块。

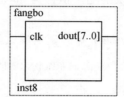

图 7-59　方波发生器模块

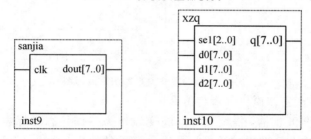

图 7-60　三角波发生器模块　　图 7-61　波形输出选择模块

①　正弦信号产生器模块分析与仿真。

正弦波的设计用加法器和正弦波数据存储电路来完成。将正弦波的一个周期分为 64 个采样点，调用 LPM_ROM 宏模块，存储器中初始值为 da.mif 文件中的正弦波采样值，如图 7-62 所示。

Addr	+0	+1	+2	+3	+4	+5	+6	+7
0	7F	8B	98	A4	B0	BB	C6	D0
8	D9	E2	E9	EF	F5	F9	FC	FE
16	FF	FE	FC	F9	F5	EF	E9	E2
24	D9	D0	C6	BB	B0	A4	98	8B
32	7F	73	66	5A	4E	43	38	2E
40	25	1C	15	0F	09	05	02	00
48	00	00	02	05	09	0F	15	1C
56	25	2E	38	43	4E	5A	66	73

图 7-62　da.mif 存放的采样数据

仿真波形如图 7-63 所示，输出 q 的显示模式为 Analog waveform。

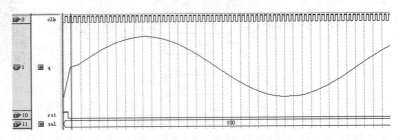

图 7-63　正弦波形仿真图

② 方波信号产生器模块分析与仿真。

利用加法计数器，把方波的一个周期分为 64 个采样点，每一次的采样由加法计数器来控制，计数器从 0 计数到 31 时，模块的输出值都为 255，当计数器从 32 计数到 63 时，模块的输出值为 0。

仿真波形如图 7-64 所示，其中输出 q 的显示模式为 Analog waveform。

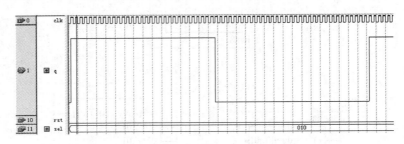

图 7-64　方波发生器仿真波形图

③ 三角波信号产生器模块分析与仿真。

设计三角波信号发生器，需要设计一组变量作为工作状态的标志。在此组变量为全 0 时，当检测到时钟的上升沿的时候进行加同一个数的操作；为全 1 时，进行减同一个数的操作。由于 D/A 转换采用 8 位的 AD558 芯片，且设计 64 个时钟周期为一个三角波周期，因此输出 q 每一次加 8 或减 8。

仿真波形如图 7-65 所示，其中输出 q 的显示模式为 Analog waveform。

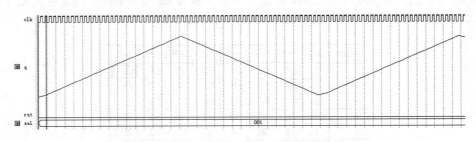

图 7-65　三角波信号发生器仿真波形图

④ 波形输出模块分析与仿真。

通过 3 个开关分别控制三种波形的输出，波形输出模块的地址端 sel[2..0] 为 3 位，d0、d1、d2 为数据输入端。当 sel=100 时，输出正弦波；当 sel=010 时，输出方波；当 sel=001 时，输出三角波。仿真波形如图 7-66 所示。

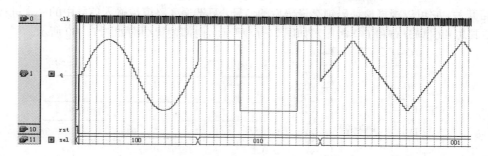

图 7 - 66　波形输出模块仿真波形图

（4）每个子模块设计完成后，可以全编译并进行仿真，验证各子模块逻辑关系的正确性。

（5）将各个子模块连接成顶层模块，如图 7 - 67 所示。其中，cnt 模块为地址计数器，为 ROM 分配地址值。

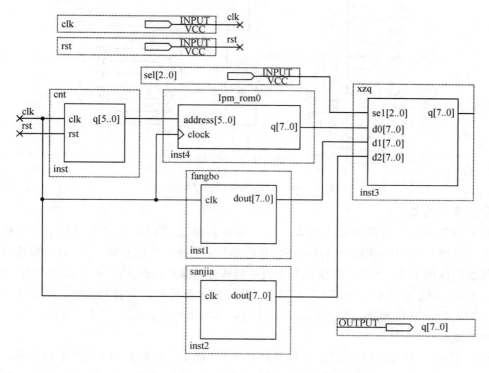

图 7 - 67　函数信号发生器顶层模块图

（6）全编译并进行仿真，验证顶层模块输入信号和输出信号逻辑关系的正确性。

（7）分配引脚并下载，进行硬件测试。输入端接入时钟源 clk，频率为 10 kHz，接入 4 个拨码开关，输出端接 AD558 的输入端 DB0～DB7，AD558 的 $\overline{CE}$ 和 $\overline{CS}$ 端口接地，将 AD558 上方的短路子跳到左侧的两个铜柱上，将示波器探头接在 AD588 的输出端口，用示波器观察 AD558 的输出。

7.2.6　A/D 控制电路的设计

ADC0809 是采样分辨率为 8 位且以逐次逼近原理进行模/数转换的器件。其内部有一个 8 通道多路开关，它可以根据地址码锁存译码后的信号，只选通 8 路模拟输入信号中的一个进行 A/D 转换。其芯片引脚分布和工作时序图如图 7 - 68 所示，内部逻辑结构如图 7 - 69 所示。

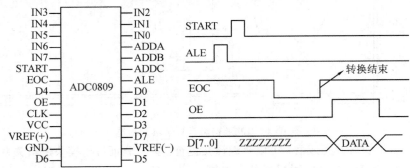

图 7 - 68　ADC0809 引脚分布和工作时序图

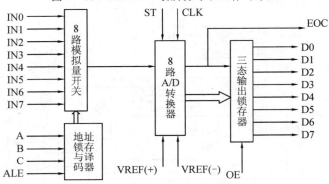

图 7 - 69　ADC0809 内部逻辑结构

各引脚功能如下：

（1）IN7～IN0：模拟量输入通道。ADC0809 对输入模拟量的要求主要有：信号单极性，电压范围 0～5 V，若信号过小，还需进行放大。另外，模拟量输入在 A/D 转换的过程中，其值应保持不变，因此，对变化速度快的模拟输入量，在输入前应增加采样保持电路。

（2）ADDA、ADDB 和 ADDC：地址线，用于对 8 路模拟通道进行选择。ADDA 为低位地址，ADDC 为高位地址。当{CBA}＝000 时，IN0 被选通，依次类推，{CBA}＝111 时，IN7 被选通。

（3）ALE：地址锁存允许信号。由低至高电平的正跳变将通道地址锁存到地址锁存器中。

（4）START：启动转换信号。START 上跳沿时，所有内部寄存器清零；START 下跳沿时，开始进行 A/D 转换。在 A/D 转换期间，START 应保持低电平。

（5）D7～D0：数据输出线。为三态缓冲输出形式，可以和 FPGA 的数据线直接相连。

（6）OE：输出允许信号。用于控制三态输出锁存器向 FPGA 输出转换得到的数据。OE＝0，输出数据线呈高电阻态；OE＝1，输出转换得到的数据。

（7）CLK：时钟信号。ADC0809 内部没有时钟电路，所需时钟信号由外界提供，要求频率范围 10 kHz～1.2 MHz。通常使用频率为 500 kHz 的时钟信号。

（8）EOC：转换结束状态信号。EOC＝0，正在进行转换；EOC＝1，转换结束。该状态信号既可作为查询的状态标志，又可以作为中断请求信号使用。

（9）VCC：＋5V 电源。

（10）VREF（＋）、VREF（−）：参考电压。参考电压用来与输入的模拟信号进行比较，作为逐次逼近的基准。其典型值为 VREF（＋）＝＋5 V，VREF（−）＝0 V。

由图 7-69 可知，ADC0809 由一个 8 路模拟开关、一个地址锁存与译码器、一个 A/D 转换器和一个三态输出锁存器组成。多路开关可选通 8 个模拟通道，允许 8 路模拟量分时输入，共用 A/D 转换器进行转换。三态输出锁器用于锁存 A/D 转换完的数字量，当 OE 端为高电平时，才可以从三态输出锁存器取走转换完的数据。

ADC0809 具体工作过程为：首先输入 3 位地址，并使 ALE＝1，然后将地址存入地址锁存器中；此地址经译码选通 8 路模拟输入之一到比较器；START 上升沿将逐次逼近寄存器复位；下降沿启动 A/D 转换，之后 EOC 输出信号变低，指示转换正在进行；直到 A/D 转换完成，EOC 变为高电平，指示 A/D 转换结束，结果数据已存入锁存器，这个信号可用作中断申请；当 OE 输入高电平时，输出三态门打开，转换结果的数字量输出到数据总线上。

EDA 实验箱中 ADC0809 接口电路原理图如图 7-70 所示。ADC0809 芯片中，各引脚处箭头表示端口类型，箭头指向里，表示输入端口，箭头指向外，表示输出端口。引脚 EOC 为输入端口，送入与门控制 INT 信号；输入信号 CS 和 WR 作用于与门，输出后控制 ALE 和 START 信号；输入信号 CS 和 RD 作用于与门，输出后控制 OE（ENABLE）信号。

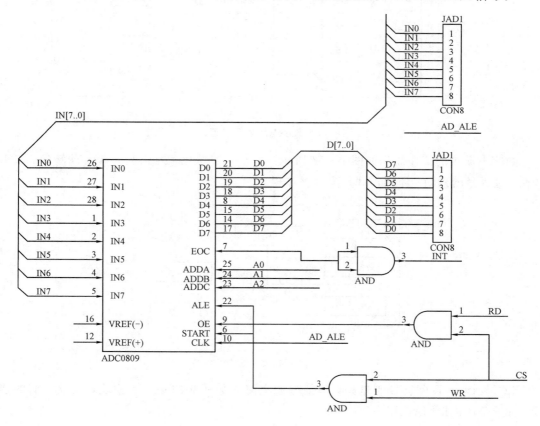

图 7-70　ADC0809 接口电路原理图

【项目 7 - 8】 数字电压表的设计

一、设计任务

利用 FPGA 控制模/数转换器对外部输入的模拟信号进行采样，获取当前电压值，并在数码管上显示。

二、设计步骤

（1）分析题意，画出 FPGA 与输入接口和输出接口示意图，如图 7 - 71 所示。FPGA 芯片作为系统的核心器件，负责 ADC0809 的 A/D 转换的启动、地址锁存、输入通道的选择、数据的读取等。同时，把读取的 8 位二进制数据转换成便于输出 3 位十进制的 BCD 码送给数码管，以显示当前测量电压值。

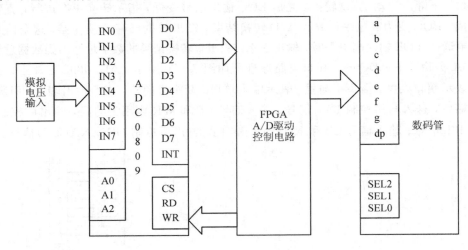

图 7 - 71　数字电压表接口连接图

数字电压表的工作流程如图 7 - 72 所示，可分为初始化、挡位选择和自动转换、A/D转换、过程量的判断、译码、LED 显示等过程。

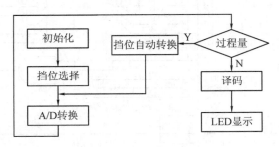

图 7 - 72　数字电压表的工作流程图

（2）设计 A/D 驱动控制电路，包括分析电路内部所需的基本子模块，以及它们的连接。各子模块连接图如图 7 - 73 所示。

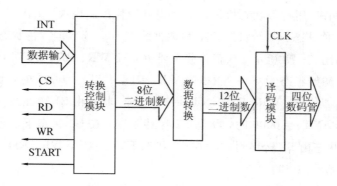

图 7-73　A/D 驱动控制电路各模块连接图

（3）给每个子模块定义输入信号名和输出信号名，如图 7-74 至图 7-76 所示。ad0809 模块为转换控制模块；BCD 模块为数据转换；led 模块为数码管显示。接着找到相应的逻辑关系，并用 Verilog HDL 描述每个子模块。

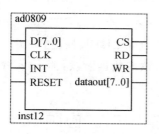

图 7-74　转换控制模块

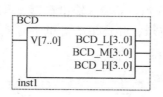

图 7-75　数据转换模块

项目 7-8 程序示例

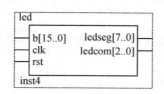

图 7-76　数码管显示模块

① 转换控制模块分析与仿真。

根据前面讲的 ADC0809 芯片的工作流程，可以得到转换控制模块的工作时序图，如图 7-77 所示。图中 CS 为片选信号，WR 为写数据信号，RD 为读数据信号，INT 为转换结束状态信号。

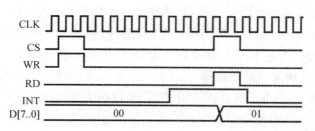

图 7-77　转换控制模块工作时序图

根据工作时序图，用有限状态机设计方法设计转换控制模块。由图 7-77 分析可知，转换控制模块共有 4 种状态：初始状态 S0、写数据状态 S1、读数据等待状态 S2、读数据状态 S3。状态转移图如图 7-78 所示。状态转移主要由 CS、WR、RD、INT 四个信号取值决定，复位信号作用下，初始状态为 S0，当 {CS，WR，RD，INT} = 0000 时，状态由 S0 转移到 S1；在 S1 状态下，当 {CS，WR，RD，INT} = 1100 时，状态由 S1 转移到 S2；在 S2 状态下，当 {CS，WR，RD，INT} = 0000 时，状态 S2 保持不变；在 S2 状态下，当 {CS，WR，RD，INT} = 1011 时，状态由 S2 转移到 S3；在 S3 状态下，当 {CS，WR，RD，INT} = 0000 时，状态由 S3 回到初始状态 S0。

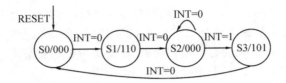

图 7-78　转换控制模块状态转移图

模块设计图如图 7-74 所示，输入输出逻辑关系用 Verilog HDL 描述。

仿真波形如图 7-79 所示，当 INT 为高电平时，进入读取数据阶段，将输入数据 D 送给输出端 dataout。

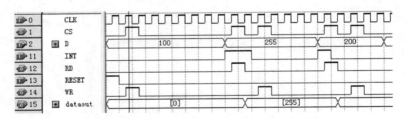

图 7-79　转换控制模块仿真波形

② 数据转换模块分析与仿真。

ADC0809 是 8 位模数转换器，它的输出状态共有 256 种，如果输入信号 Ui 电压范围为 0～5 V，则每两个状态值为 $5/(256-1)$，约为 0.0196 V，故测量分辨率为 0.02V。常用测量方法是：当读取到 D7～D0 转换值是 XXH 时，电压测量值为 $U \approx XXH \times 0.02$ V；考虑到直接使用乘法计算对应的电压值将耗用大量的 FPGA 内部组件，本设计用查表命令来得到正确的电压值。在读取到 ADC0809 的转换数据后，先用查表指令算出高 4 位、低 4 位的两个电压值，并分别用 16 位 BCD 码表示；接着设计 16 位的 BCD 码加法，如果每 4 位相加结果超过 9，需进行减 10 进 1。8 位数据转换为 BCD 码的关系表如表 7-10 所列。

如从 ADC0809 上提取到的数据是 1101 1110，那么高四位对应的电压值是 4.16 V，低四位对应的电压值为 0.28 V，则高四位对应的 BCD 码为 0100 0001 0110，低四位对于的 BCD 码为 0000 0010 1000。当对应的十进制数相加超过 9，就需要减 10 进 1，每 4 位二进制数在进行加法运算时，也根据这个规则，最终相加后得到的 BCD 码为 0100 0100 0100，根据计算值为 4.44 V，与查表结果一致。本设计所采用的也是这个算法。

表 7 - 10　8 位数据转换为 BCD 码的关系表

参考电压 5 V		进制	
高 4 位电压/V	低 4 位电压/V	十六进制	二进制
0.00	0.00	0	0000
0.32	0.02	1	0001
0.64	0.04	2	0010
0.96	0.06	3	0011
1.28	0.08	4	0100
1.60	0.10	5	0101
1.92	0.12	6	0110
2.24	0.14	7	0111
2.56	0.16	8	1000
2.88	0.18	9	1001
3.20	0.20	A	1010
3.52	0.22	B	1011
3.84	0.24	C	1100
4.16	0.26	D	1101
4.48	0.28	E	1110
4.80	0.30	F	1111

模块设计图如图 7 - 75 所示，输入输出逻辑关系用 Verilog HDL 描述。

仿真波形如图 7 - 80 所示，当 V＝1101 1110 时，电压值为 4.44 V；当 V＝0000 0001 时，电压值为 0.02 V；当 V＝0001 0000 时，电压值为 0.32 V。

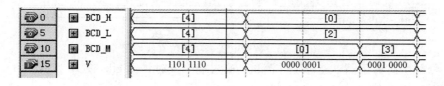

图 7 - 80　数据转换模块仿真波形

③ 数码管显示模块分析与仿真。

数码管显示模块在前面已详细讲述，这里不再重复。模块图如图 7 - 77 所示，输入输出逻辑关系用 Verilog HDL 描述。仿真波形参照前面内容。

（4）每个子模块设计完成后，可以全编译并进行仿真，验证各子模块逻辑关系的正确性。

（5）将各个子模块连接成顶层模块，如图 7-81 所示。

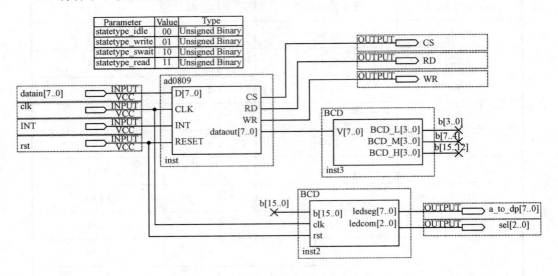

图 7-81　数字电压表顶层模块设计图

（6）全编译并进行仿真，验证顶层模块输入信号和输出信号逻辑关系的正确性，功能仿真波形如图 7-82 所示。在 RD 信号下降沿处，输入的数据 datain 的值开始在数码管上显示，从 55 ns 开始，第一个数码管（sel=0）显示数字 4（a_to_dp=0110 0110），第二个数码管（sel=1）显示数字 4，第三个数码管（sel=2）显示字符'.'（a_to_dp=0000 0001），第四个数码管（sel=3）显示数字 4。

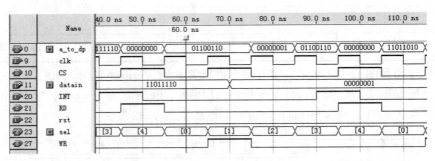

图 7-82　数字电压表功能仿真波形图

（7）分配引脚并下载，进行硬件测试。输入端接入时钟源 clk，频率为 10 kHz；rst 信号接拨码开关；INT 信号接 ADC0809 芯片的 INT 端口；datain 信号接 ADC0809 芯片的 D0、D7；CS、RD 和 WR 分别接 ADC0809 对应的控制端口；a_to_dp 和 sel 信号分别接数码管对应接口；ADC0809 的 A0、A1、A2 接拨码开关（全置低，选 IN0 通道）；VREF（＋）接 VCC，VREF（－）接 GND；CLK 接 MCU 的 ALE；IN0 接模拟输出 OUT。通过转动电位器，使电阻两端产生不同的电压值，进行测量显示。

7.2.7　LCD 控制电路的设计

EDA 实验箱采用的是 LCD12864，即像素为 128×64 的液晶显示器。它的每一行共有 128 个可显示点，每一列有 64 个可显示点，这些点其实也都是一个个的发光二极管。它可以在一个 16×16 的点阵区域上显示出一个中文，也可以在一个 8×16 的点阵区域上显示出一个非中文字符。这种字符一般称为半宽字体，即一个中文字所占显示面积是一个非中文字符的两倍。LCD12864 也叫 12864 图形点阵，它的工作原理就是在要点亮的点（发光二极管）上赋予正向压降。

LCD12864 是一种具有 8 位/4 位并行及串行两种连接方式，内部含有国标一级、二级简体中文字库的 128×64 点阵的汉字图形型液晶显示模块，可显示汉字及图形；内置 8192 个 16×16 点汉字和 128 个 16×8 点 ASCII 字符集，利用该模块灵活的接口方式和简单方便的操作指令可构成全中文人机交互图形界面；可以显示 8×4 行 16×16 点阵的汉字，也可完成图形显示。低电压低功耗是其又一显著特点。由该模块构成的液晶显示方案与同类型的图形点阵液晶显示模块相比，无论硬件电路结构或显示程序都要简洁得多，且该模块的价格也略低于相同点阵的图形液晶模块。

LCD12864 外观尺寸为 110 mm×65 mm×10.2 mm，视域尺寸为 76 mm×25 mm，如图 7-83 所示。

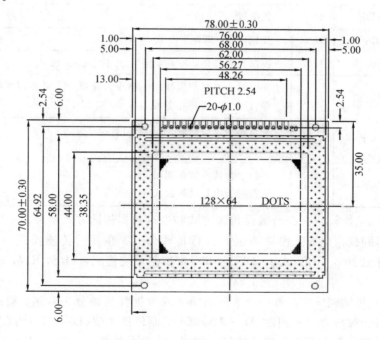

图 7-83　LCD12864 外形尺寸图

LCD12864 液晶显示模块共有 17 个引脚，包括 8 位双向数据线，5 条控制线及 4 条电源线等。内部逻辑结构如图 7-84 所示，其中控制芯片为中文字形矩阵 LCD 控制/驱动器 ST7920 芯片，具体引脚功能如表 7-11 所列。

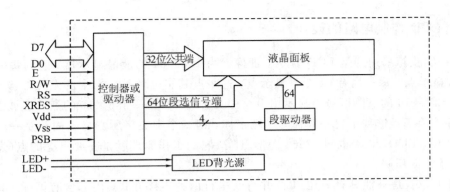

图 7-84　LCD12864 内部逻辑结构

表 7-11　LCD12864 引脚功能

管脚名称	电平	引脚功能
LED+	—	背光源正极(LED-5 V)
LED—	—	背光源负极(LED-0 V)
VDD	5V	电源电压
VSS	0V	电源地
D0～D7	H/L	数据线
XRES	H/L	复位信号,低电平有效
PSB	H/L	控制界面选择,0:串行;1:并行 4 位/8 位
RS(CS)	H/L	并行时为寄存器选择。0:指令寄存器;1:数据寄存器。 串行时为片选。0:禁止;1:允许
R/W(SID)	H/L	并行时为读写控制。0:写;1:读。 串行时为输入串行数据
E(SCLK)	H/L	并行时为读写数据起始 串行时为串行时钟输入

LCD12864 工作模式有并行数据传输方式和串行数据传输方式两种。

当 PSB 引脚接高电时,模块将进入并行传输模式。在并行传输模式下,可由指令位 (DL FLAG)来选择 8-BIT 或 4-BIT 接口,主控制系统将配合(RS,RW,E,DB0..DB7) 来完成传输动作。

在 4-BIT 传输模式中,每一个 8 位的指令或数据都将被分为两组:较高 4 位(DB7～DB4)的数据将会被放在第一组的(D7～D4)部分,而较低 4 位(D3～D0)的数据则会被放在第二组的(D7～D4)部分,至于相关的另 4 位则在 4 位传输模式中 D3～D0 未使用。

如图 7-85 所示为 8 位并行传输方式,如图 7-86 所示为 4 位并行传输方式。

当 PSB 引脚接低电位,模块将进入串行模式。在串行模式下将使用两条传输线作串行数据的传送,主控制系统将配合传输同步时钟(SCLK)与接收串行数据线(SID)来完成串行传输的动作。

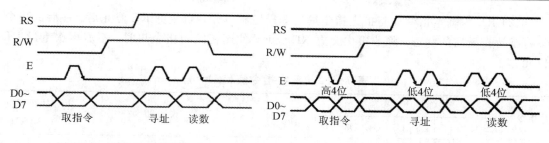

图 7 - 85 8 位并行传输方式   图 7 - 86 4 位并行传输方式

当片选 CS 设为高电位时，同步时钟线(SCLK)输入的信号才会被接收。当片选(CS)设为低电位时，模块的内部串行传输计数与串行数据将会被重置，也就是说在此状态下，传输中的数据将被终止清除，并且将待传输的串行数据计数重设回第一位。模块选择脚(CS)可被固定接到高电位。

模块的同步时钟线(SCLK)具有独立的操作，但是当有连续多个指令需要被传输时，必须等到一个指令完全执行完成才能传送下一个指令，因为模块内部并没有传送/接收缓冲区。

从一个完整的串行传输流程来看，一开始先传输起始位，它需先在起始位元组接收到 5 个连续的"1"(同步位串)。此时传输计数将被重置并且串行传输被同步，跟随的两个 BIT 分别指定传输方向位(RW)及暂存器选择位(RS)。然后第 8 位则在接收到起始位元组后，每个指令/数据将分为两组接收到：较高 4 位元(D7~D4)的指令数据将会被放在第一组的 LSB 部分，而较低 4 位元(D3~D0)的指令数据则会被放在第二组的 LSB 部分，至于相关的另 4 位则都为 0。

如图 7 - 87 所示为串行传输方式。

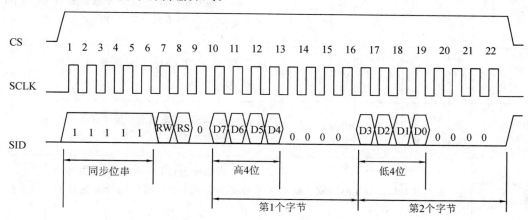

图 7 - 87 串行传输方式

ST7920 标准指令集分为基本指令和扩充指令，分别如表 7 - 12 和表 7 - 13 所列。在两表中，需要注意以下两点：

(1) 任何一条指令输入 ST7920 控制器后，其内部都需要时间来处理，在处理完成前并不接收下一条指令。因为每一条指令的处理时间不尽相同，要确定 ST7920 内部是否已处理完成，是否可以接收下一条指令，因此需要通过读取忙碌标识位 BF 来确认。或在一条指令输入后，延时足够长时间(大于此指令的执行周期)，这样就可以保证能够接收下一条指令。具体指令的执行周期请查询 ST7920 数据手册。

（2）RE 为基本指令集与扩充指令集的选择控制单元，当变更 RE 位元后，往后的指令集将维持在最后的状态，除非再次变更 RE 位元。使用相同的指令集时，不需再次重设 RE 位元。

表 7 - 12　基本指令集（RE＝0）

指令	指令码										说　明	执行时间 (530 kHz)
	RS	RW	D7	D6	D5	D4	D3	D2	D1	D0		
清除显示	0	0	0	0	0	0	0	0	0	1	清 DDRAM 添满"20H"，并设定 DDRAM 的地址 AC	1.6 ms
地址清零	0	0	0	0	0	0	0	0	1	X	设定 DDRAM 的位址 AC＝0，将光标移到原点，不清 DDRAM	72 μs
进入点设定	0	0	0	0	0	0	0	1	I/D	S	指定在数据读取与写入时，设定光标的移动方向及指定显示的移位	72 μs
显示状态开/关	0	0	0	0	0	0	1	D	C	B	D＝1，整体显示 ON；C＝1，游标 ON；B＝1，游标位置 ON	72 μs
光标或显示移位控制	0	0	0	0	0	1	S/C	R/L	X	X	设定光标的移动与显示的移位控制位元；不改变 DDRAM	72 μs
功能设定	0	0	0	0	1	DL	X	0 RE	X	X	DL＝1，8 bit 控制界面；DL＝0，4 bit 控制界面；RE＝1，扩充指令集动作；RE＝0，基本指令集动作	72 μs
设定 CGRAM	0	0	0	1	AC5	AC4	AC3	AC2	AC1	AC0	设定 CGRAM 地址到地址计数器 AC	72 μs
设定 DDRAM	0	0	1	0/AC6	AC5	AC4	AC3	AC2	AC1	AC0	设定 DDRAM 地址到地址计数器 AC，AC6 固定＝0	0
读取忙标志	0	1	BF	AC6	AC5	AC4	AC3	AC2	AC1	AC0	读取忙标志（BF），可以确认内部动作是否完成，同时可以读出地址计数器 AC	72 μs
写数据到 RAM	1	0	D7	D6	D5	D4	D3	D2	D1	D0	写入数据到内部 RAM (DDRAM/CGRAM/IRAM/GDRAM)	72 μs
读出 RAM 的值	1	1	D7	D6	D5	D4	D3	D2	D1	D0	从内部 RAM 读取数据 (DDRAM/CGRAM/IRAM/GDRAM)	72 μs

表 7 - 13　扩充指令集(RE＝1)

指令	指令码									说　明	执行时间 (530 kHz) /μs
	RS	RW	D7	D6	D5	D4	D3	D2	D1	D0		
待命模式	0	0	0	0	0	0	0	0	0	1	进入待命模式，执行任何其他指令都可终止待命模式	72
卷动地址或 RAM 地址选择	0	0	0	0	0	0	0	0	1	SR	SR＝1：允许输入垂直卷动地址； SR＝0：允许输入 IRAM 地址（扩充指令）； SR＝0：允许输入 CGRAM 地址（基本指令）	72
反白选择	0	0	0	0	0	0	0	1	R1	R0	选择 4 行中的任一行作反白显示，并可决定反白与否。R1, R0 初值为 00 当第一次设定时为反白显示，在一次设定时为正常显示	72
睡眠模式	0	0	0	0	0	0	1	SL	X	X	SL＝1：脱离睡眠模式 SL＝0：进入睡眠模式	72
扩充功能设定	0	0	0	0	1	DL	X	1 RE	G	X	DL＝1：8bit 控制界面 DL＝0：4bit 控制界面 RE＝1：扩充指令集动作 RE＝0：基本指令集动作 G＝1：绘图显示 ON G＝0：绘图显示 OFF	72
设定 IRAM 地址或卷动地址	0	0	0	1	AC5	AC4	AC3	AC2	AC1	AC0	SR＝1：AC5～AC0 为垂直卷动地址 SR＝0：AC3～AC0 为 ICON RAM 地址	72
设定绘图 RAM 地址	0	0	1	0 AC6	0 AC5	0 AC4	AC3	AC2	AC1	AC0	设定 GDRAM 地址 先设垂直地址，再设水平地址 垂直地址 AC6～AC0 (0～63) 水平地址 AC3～AC0 (0～15)	72

【**项目7-9**】 用 LCD 液晶显示字符串"Hello world! I am coming!"。

一、设计任务

用 LCD 液晶显示英文字符串"Hello world! I am coming!"。

二、设计步骤

(1) 分析题意，画出 FPGA 与输入接口和输出接口连接示意图，如图 7-88 所示。其中拨码开关作为复位信号。

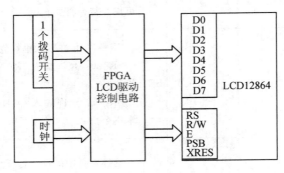

图 7-88 LCD 液晶显示字符串接口连接示意图

(2) 设计 LCD 驱动控制电路，画出系统设计总体框图，如图 7-89 所示。在系统上电后，FPGA 将首先对系统进行初始化操作。在初始化操作中最重要的是寄存器的复位、显示开关的控制、功能设置以及对显示屏幕进行清屏。初始化完后通过显示控制模块对 LCD 进行显示的控制。

显示控制模块主要负责在 LCD 显示多行字符时进行换行操作，当用户指定数据在屏幕的指定显示位置时设置该位置所对应的 RAM 的值，以及在图像显示时进行的 ROM 地址重映射算法和对 LCD 显示区对应 RAM 进行的写入操作。其中的数据分别来自中、英文字符模块以及图像数据模块。

对此模块的设计，主体结构以状态机来实现。

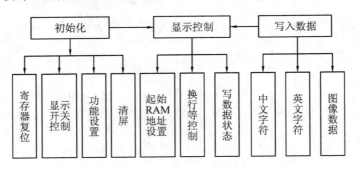

图 7-89 系统设计总体框图

在图 7-89 中，写入数据有三种形式，分别是中文字符、英文字符和图像数据。这三类数据区别在于编码不同，当数据量大时，都可以放入 ROM 中存储起来。英文字符的 ASCII 码表，中文字符集(GB2312)字库系统已自带，用户只需要输入区位码或 ASCII 码即可实现文本显示。对于一般的点阵图形显示，只需提供位点阵和字节点阵两种图形显示功能，用户就可在指定的屏幕位置上以点为单位或以字节为单位进行图形显示，完全兼容一般的点阵模块。

本项目以最简单的英文字符显示为例说明设计过程。

（3）根据设计框图和 LCD 读写控制时序图画出状态转移图，如图 7 - 90 所示。每种状态转换关系如表 7 - 14 所列。

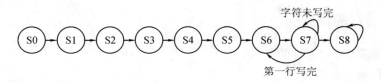

图 7 - 90　状态转移图

表 7 - 14　状态转换关系表

状态	标记	含　义
S0	IDLE	初始状态（寄存器复位）
S1	SETFUNCTION	功能设置
S2	SETFUNCTION2	功能设置
S3	SWITCHMODE	显示开关控制
S4	CLEAR	清屏
S5	SETMODE	输入方式设置
S6	SETDDRAM	设置 DDRAM 的地址
S7	WRITERAM	写数据状态
S8	STOP	停止

（4）模块设计，定义模块名、输入信号名和输出信号名，接着找到相应的逻辑关系，并用 Verilog HDL 描述该模块。

（5）全编译并进行仿真，验证设计模块输入信号和输出信号逻辑关系的正确性。如图 7 - 91 所示为功能仿真波形。LCD_D 输出端口显示的字符串为"Hello world! I am coming!"。

项目 7 - 9 程序示例

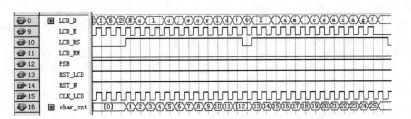

图 7 - 91　LCD 显示英文字符串功能仿真波形

（6）分配引脚并下载，进行硬件测试。CLK_LCD 为输入时钟信号，频率取值为 10 Hz 左右；RST_N 为复位信号，低电平有效；LCD_E、LCD_RS、LCD_RW、PSB、RST_LCD 分别连接 LCD12864 的控制信号端口；LCD_D 连接 LCD12864 的数据输出端口 D0～D7。

7.3 综合数字系统的设计

7.3.1 8 路彩灯的设计

【项目 7-10】 8 路彩灯的设计。

一、设计任务

控制 8 个 LED 进行花式显示，要求设计 4 种显示模式：S0 模式，从左到右每次点亮两个 LED；S1 模式，从右到左每次点亮两个 LED；S2 模式，从两边到中间每次点亮两个 LED；S3 模式，从中间到两边每次点亮两个 LED。4 种模式循环切换，复位键（rst）控制系统的运行与停止。

二、设计步骤

（1）分析题意，画出 FPGA 与输入接口和输出接口示意图，如图 7-92 所示。拨码开关作为复位信号。

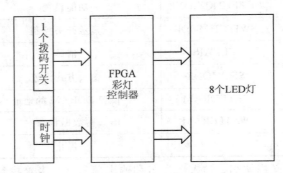

图 7-92　8 路彩灯接口示意图

（2）设计 FPGA 彩灯控制电路，画出状态转换图，如图 7-93 所示。假设彩灯闪亮频率为 1 Hz，则模式转换时间需要 4 s。

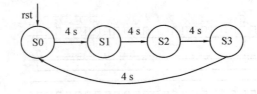

图 7-93　彩灯控制电路状态转换图

（3）模块设计，定义模块名、输入信号名和输出信号名，如图 7-94 所示。图中 clk 为时钟信号，rst 为复位信号，q 为 8 个 LED 灯的取值。接着找到相应的逻辑关系，并用 Verilog HDL 描述该模块。

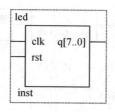

项目 7 - 10 程序示例

图 7 - 94 模块图

（4）全编译并进行仿真，验证设计模块输入信号和输出信号逻辑关系的正确性。如图 7 - 95 所示为功能仿真波形图。

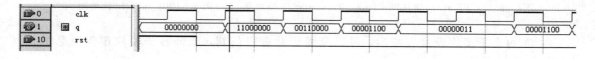

图 7 - 95 8 路彩灯功能仿真波形图

（5）分配引脚并下载，进行硬件测试。clk 连接时钟信号，rst 连接拨码开关，q 连接 8 个 LED 灯，并观察测试结果。

7.3.2 数码管滚动显示电话号码的设计

【项目 7 - 11】 数码管滚动显示电话号码。

一、设计任务

用 8 个数码管滚动显示电话号码，如 123 - 456 - 78900。

二、设计步骤

（1）分析题意，画出 FPGA 与输入接口和输出接口连接示意图，如图 7 - 96 所示。拨码开关作为复位信号。

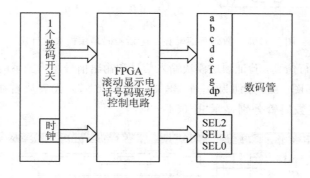

项目 7 - 11 程序示例

图 7 - 96 数码管滚动显示电话号码连接示意图

（2）设计 FPGA 滚动显示电话号码驱动控制电路，包括分析电路内部所需的基本子模块，以及它们的连接。各子模块连接图如图 7 - 97 所示。

（3）给每个子模块定义输入信号名和输出信号名，如图 7 - 98 至图 7 - 100 所示。hift_array 模块为循环移位寄存器，存放的是电话号码；mux8_1 模块为八选一数据选择器；xianshi 模块为数码管显示。接着找到相应的逻辑关系，并用 Verilog HDL 描述每个子模块。

图 7 - 97　各子模块连接图

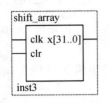　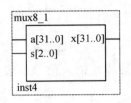　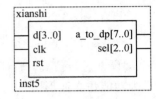

图7 - 98　shift_array 模块图　图 7 - 99　mux8_1 模块图　图 7 - 100　xianshi 模块图

（4）每个子模块设计完成后，可以全编译并进行仿真，验证各子模块逻辑关系的正确性。

（5）将各个子模块连接成顶层模块，如图 7 - 101 所示。

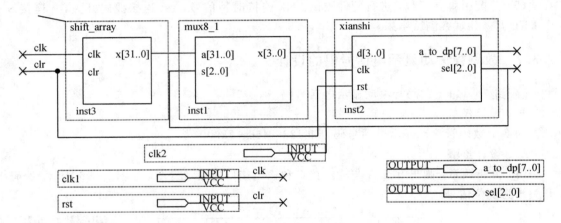

图 7 - 101　数码管滚动显示电话号码顶层模块设计图

（6）全编译并进行仿真，验证顶层模块输入信号和输出信号逻辑关系的正确性。如图7 - 102 所示为功能仿真波形图。sel 分别为 0，1，2，3，4，5，6，7，代表从右往左第一个数码管到第八个数码管，对应数码管分别显示"－654－321"。

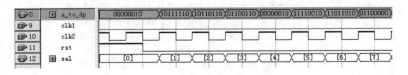

图 7 - 102　数码管滚动显示电话号码功能仿真波形图

（7）分配引脚并下载，进行硬件测试。clk1 为移位时钟信号，控制每位数字在数码管上的移位，频率越大，移位越快；clk2 为数码管扫描时钟频率，通常 clk1 的频率要远低于clk2 的频率。这里 clk1 频率选择 2 Hz，clk2 频率选择 1 MHz。

7.3.3　数字时钟的设计

【项目 7－12】　数字时钟的设计。

一、设计任务

（1）具有时、分、秒及计数显示功能，以 24 小时循环计时。

（2）具有清零以及调节小时、分钟功能。

（3）具有整点报时功能。

二、设计步骤及程序示例

（1）分析题意，画出 FPGA 与输入接口和输出接口连接示意图，如图 7－103 所示。拨码开关作为复位信号。

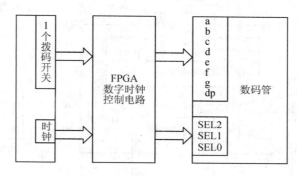

图 7－103　数字时钟连接示意图

（2）设计 FPGA 数字时钟驱动控制电路，包括分析电路内部所需的基本子模块，以及它们的连接。各子模块连接图如图 7－104 所示。

图 7－104　各子模块连接图

（3）给每个子模块定义输入信号名和输出信号名，如图 7－105 至图 7－108 所示。sec60 模块为 60 s 计数器；min60 模块为 60 min 计数器；hour24 模块为 24 h 计数器；led 为数码管动态显示驱动器。接着找到相应的逻辑关系，并用 Verilog HDL 描述每个子模块。

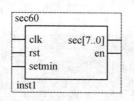　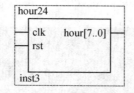　

图 7－105　sec60 模块图　　　　图 7－106　hour24 模块图　　　　项目 7－12 程序示例

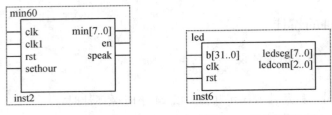

图 7-107 min60 模块图   图 7-108 led 模块图

（4）每个子模块设计完成后，可以全编译并进行仿真，验证各子模块逻辑关系的正确性。

（5）将各个子模块连接成顶层模块，如图 7-109 所示。

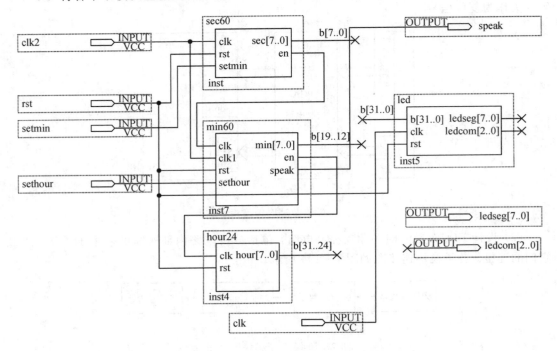

图 7-109 数字时钟顶层模块设计图

（6）全编译并进行仿真，验证顶层模块输入信号和输出信号逻辑关系的正确性。仿真波形如图 7-110 所示。clk2 为时钟计数脉冲，上升沿到来之前，数码管显示"03：59：59"；上升沿到来之后，数码管显示"04：00：00"，speak 为高电平，蜂鸣器开始整点报时。

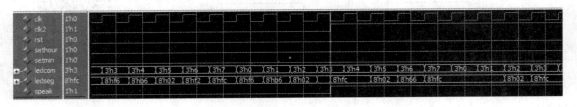

图 7-110 数字时钟顶层模块仿真波形

（7）分配引脚并下载，进行硬件测试。clk2 为秒计数时钟信号，频率为 1 Hz；clk 为数码管扫描时钟信号，取值为 1 MHz；rst、setmin 和 sethour 分别连接 3 个拨码开关；speak 信号接蜂鸣器端口。

7.3.4　LED 显示屏的设计

【项目 7 - 13】　LED 显示屏的设计。

一、设计任务

通过 16×16 点阵循环显示字符"通信 14"。

项目 7 - 13 程序示例

二、设计步骤及程序示例

由于在上一节已详细介绍了 16×16 点阵控制电路，这里简化了设计步骤。

（1）模块的划分。

整个系统主模块结构图如图 7 - 111 所示，可以分为模 128 计数器模块（cnt128），数值存储器模块（lpm_rom1），循环移位寄存器模块（shift1），晶阵显示模块（mux16_1）4 个部分。各子系统模块图如图 7 - 112 至图 7 - 115 所示，输入输出逻辑关系可用 Verilog HDL 描述。

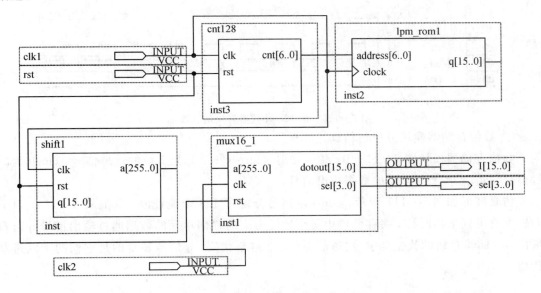

图 7 - 111　LED 显示屏主模块结构图

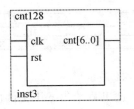

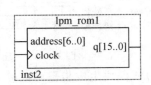

图 7 - 112　模 128 计数器模块图　　　图 7 - 113　数值存储器模块图

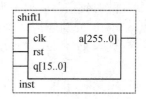

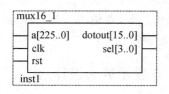

　　　　图 7-114　循环移位寄存器模块图　　　　图 7-115　晶阵显示模块图

（2）子模块的设计。

① 模 128 计数器模块分析与仿真。

在模 128 计数器模块图 7-112 中，clk 为时钟信号；rst 为复位信号；cnt[6..0]为计数信号；rst 高电平复位；cnt 计数初始值为 0，clk 上升沿触发，开始计数，计数值从 0 到 127 循环加法计数。

仿真波形如图 7-116 所示。输入信号 clk 仿真时间为 0～10 μs，周期为 10 ns；复位信号 rst 在 0～10 ns 为高电平 1，10 ns～10 μs 为低电平 0；输出信号 cnt 计数值范围为 0～127，从图 7-116 可以看出仿真结果当计数值计数到 127 时，计数值清零，重新计数。

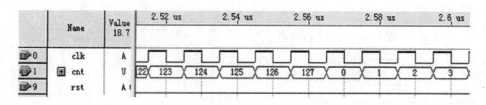

图 7-116　模 128 计数器模块仿真波形

② 数值存储器模块分析与仿真。

数值存储器模块图 7-113 中，输入信号 address[6..0]为 7 位的地址信号，clock 为时钟信号，q[15..0]为 16 位的数据输出信号。

仿真波形如图 7-117 所示。address 信号分配了 128 个地址值，数值从 0～127，每个时钟上升沿到来的时候，将存储器中每个地址对应的存储单元的数据通过输出信号 q 进行输出，存储器存放的数据是字符"通信 14"的 2 进制代码，q 信号显示的是它们的十六进制代码。

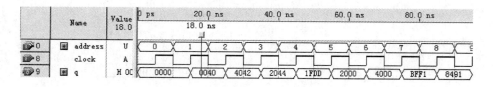

图 7-117　数值存储器模块仿真波形

参数化的 ROM 模块生成步骤可以参考上一节，这里只给出 mif 文件内容，如图 7-118 所示。

图 7-118 中，灰色区域为地址值，以十进制表示；白色区域为存储的数据，以十六进制表示。每个存储单元存放 16 b 数据，地址值的分配为行号加列号，例如 C010 数据存储地

Addr	+0	+1	+2	+3	+4	+5	+6	+7
0	0040	4042	2044	1FCC	2000	4000	BFF1	8491
8	8495	BFF9	9495	A493	9FF9	C010	8000	0000
16	0080	0040	0020	FFF8	0007	0124	FD24	4524
24	4525	4526	4524	4524	FDB6	0126	0004	0000
32	0000	0000	0000	0000	2010	2010	2010	3FF8
40	3FF8	3FF8	2000	2000	2000	2000	0000	0000
48	0000	0000	0600	0700	0580	0480	2440	2460
56	2430	3FF0	3FF8	3FF8	2400	2400	2400	0000
64	0000	0000	0000	0000	0000	0000	0000	0000
72	0000	0000	0000	0000	0000	0000	0000	0000
80	0000	0000	0000	0000	0000	0000	0000	0000
88	0000	0000	0000	0000	0000	0000	0000	0000
96	0000	0000	0000	0000	0000	0000	0000	0000
104	0000	0000	0000	0000	0000	0000	0000	0000
112	0000	0000	0000	0000	0000	0000	0000	0000
120	0000	0000	0000	0000	0000	0000	0000	0000

图 7 - 118　mif 文件内容

址为 8+5=13。数据区域行号 0 和 8 存储的是"通"这个字；数据区域行号 16 和 24 存储的是"信"这个字；数字区域行号 32 和 40 存储的是"1"这个字；数字区域行号 48 和 56 存储的是"4"这个字；其余行未存储数据。

可以通过字模提取软件提取文字的二进制代码。"信"这个字一共由 16×16=256 个点构成，如果要在 16×16 的晶阵上面显示这个字，可以将每个点看成一个 LED，则晶阵上面每个 LED 的取值为 256 个点的二进制代码，1 表示 LED 灯亮，即黄色像素点表示 LED 灯亮，0 表示 LED 灯灭。字符"信"的二进制代码和十六进制代码如表 7 - 15 所列。

表 7 - 15　字符"信"的二进制代码和十六进制代码

二进制代码	十六进制代码	二进制代码	十六进制代码
0000 0000 1000 0000	0080	0100 0101 0010 0101	4525
0000 0000 0100 0000	0040	0100 0101 0010 0110	4526
0000 0000 0010 0000	0020	0100 0101 0010 0100	4524
1111 1111 1111 1000	FFF8	0100 0101 0010 0100	4524
0000 0000 0000 0111	0007	1111 1101 1011 0110	FDB6
0000 0001 0010 0100	0124	0000 0001 0010 0110	0126
1111 1101 0010 0100	FD24	0000 0000 0000 0100	0004
0100 0101 0010 0100	4524	0000 0000 0000 0000	0000

③ 循环移位寄存器模块分析与仿真。

循环移位寄存器模块图 7 - 114 中，clk 为时钟信号，rst 为复位信号，q[15..0] 为 16 位的数据输入信号，a[255..0] 为 256 位的输出信号。

仿真波形如图 7 - 119 所示。每次时钟上升沿到来的时候，将 16 位的 q 信号值送入 a 中，实现点阵屏幕一列一列循环滚动显示。

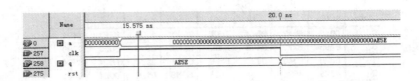

图 7 - 119　循环移位寄存器模块仿真波形

④ 晶阵显示模块分析与仿真。

晶阵显示模块元件图 7 - 115 中，a[255..0]为 256 位的输入信号，clk 为时钟信号，rst 为复位信号，dotout[15..0]为 16 位的行驱动信号，sel[3..0]为 4 位宽的列选信号。其仿真波形参照 7.2.3 节。

（3）顶层模块仿真。

顶层模块仿真波形如图 7 - 120 所示。其中，clk1 为存取数据的时钟信号；clk2 为晶阵扫描频率；rst 为复位信号；sel 为列选信号，l 为每一列上面的 16 个 LED 灯的取值，用十六进制显示。当 sel 为 2 时，扫描第 3 列，第 3 列 l 的取值为 2400H，该编码为字符"4"的部分编码。

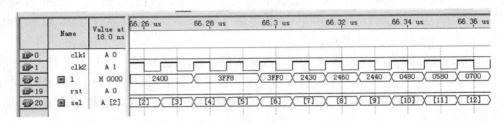

图 7 - 120　顶层模块仿真波形

（4）分配引脚并下载进行硬件测试。

数据存取的时钟信号 clk1 频率为 10 Hz，晶阵扫描频率 clk2 为 1 MHz，复位信号 rst 连接拨码开关，sel[3..0]和 l[15..0]分别连接 16×16 点阵模块的列选信号端口和行扫描信号端口。

7.3.5　巴克码发生器与检测器设计

在现代移动通信系统中，同步技术起着特别重要的作用。良好的同步系统能够保证通信系统有效、可靠地工作。通信系统中的同步可以划分为载波同步、位同步、帧同步等几大类。当采用同步解调或者相干检测时，接收端则需要提供一个与发射端调制载波同频同相的相干载波，获得此相干载波的过程则称为载波提取，或者称为载波同步。而在数字通信中，消息则是一串连续的信号码元序列，解调时常常需要知道每个码元的起止时刻。因此，就要求接收端必须能够产生一个用作定时的脉冲序列，以便与接收的每一个码元的起止时刻能够一一对齐。

巴克码应用在通信系统中的帧同步，主要是利用其具有尖锐的自相关函数的特点，以便与随机的数字信息相区别，具有易于识别的优点，并且出现伪同步的可能性非常小。巴克码是一种具有特殊规律的二进制码组，它是一种非周期的序列。

【项目 7-14】　巴克码发生器与检测器设计。

一、设计任务

（1）设计并实现一个巴克码（0111 0010）发生器。

（2）设计一个 7 位巴克码（111 0010）检测器，当识别到该代码时，LED 亮，并且数码管动态显示输入的一串序列。

二、设计步骤及程序示例

（1）设计并实现一个巴克码（0111 0010）发生器。

发生器设计比较简单，用 case 语句自行设计。模块图和波形图如图 7-121 和图 7-122 所示。

图 7-121　巴克码发生器模块图

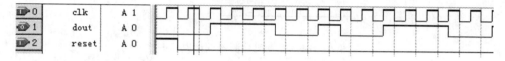

图 7-122　巴克码发生器仿真波形图

（2）设计一个 7 位巴克码（111 0010）检测器。

① 模块的划分。

主模块图如图 7-123 所示。

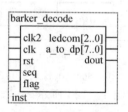

图 7-123　巴克码检测器主模块图

项目 7-14 程序示例

在图 7-123 中，clk2 为数码管扫描时钟信号，clk 为序列检测时钟信号，rst 为复位信号，seq 为序列输入信号，flag 为序列输入控制信号，ledcom 数码管选通信号，a_to_dp 为数码管段选信号，dout 为检测输出信号。

如图 7-124 所示为巴克码检测器顶层原理图，其中 clock_pluse 模块为单脉冲发生器，register8 模块为 8 位移位寄存器，seqdeta 模块为序列检测器，xianshi2 模块为数码管动态显示。各子模块的输入输出关系用 Verilog HDL 描述。除了 seqdeta 模块，其他模块在前面小节都有讲解，请自行查看。

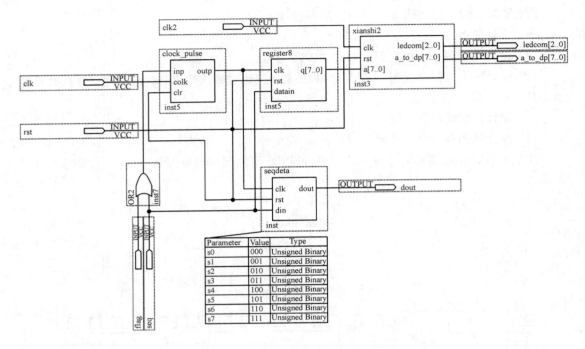

图 7-124   巴克码检测器设计原理图

② seqdeta 模块的分析与仿真。

如图 7-125 所示为 seqdeta 模块仿真波形图。其中,clk 为时钟控制信号;rst 为高电平复位;din 为输入的串行序列,当 din 连续输入 111 0010 时,dout 为高电平,可检测到巴克码。根据序列检测波形图,111 0010 序列检测用有限状态机实现。

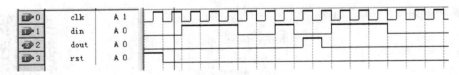

图 7-125   seqdeta 模块仿真波形图

巴克码状态转移图(摩尔型)如图 7-126 所示。

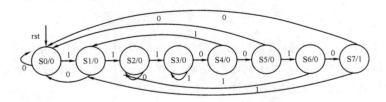

图 7-126   巴克码检测(摩尔型)状态转移图

对于 111 0010 序列巴克码检测可以划分为 S0,S1,S2,S3,S4,S5,S6,S7 七种状态,如表 7-16 所列。

表 7 - 16　巴克码检测状态划分表

状态	对应状态所检测到的信号	状态	对应状态所检测到的信号
S0	初始化	S4	检测到"1110"信号
S1	检测到 1 个"1"信号	S5	检测到"11100"信号
S2	检测到连续的两个"1"信号	S6	检测到"111001"信号
S3	检测到连续的三个"1"信号	S7	检测到"1110010"信号

③ 顶层模块仿真波形如图 7 - 127 所示。seq 信号为输入序列，取值为 111 0010，由单脉冲信号 outp 检测，每来一位，产生一个单脉冲；flag 信号为单脉冲信号；clk 为单脉冲发生器的时钟信号；clk2 为数码管扫描时钟信号；a_to_dp 为数码管段选信号；ledcom 为数码管位选信号；dout 为序列检测结果信号，当检测到巴克码时，输出高电平。

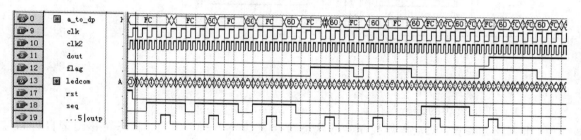

图 7 - 127　巴克码检测器仿真波形

④ 分配引脚，全编译后下载进行硬件测试。clk 时钟频率选择 2 Hz，clk2 时钟频率选择 1 MHz，rst、seq、flag 分别连接 3 个拨码开关，dout 连接 1 个 LED。通过拨动 seq 和 flag 对应的两个拨码开关，给检测器送入检测序列，并观察测试结果。

7.3.6　十字路口交通灯设计

【项目 7 - 15】　机动车灯的设计。

一、设计任务

东西、南北方向各设计红、黄、绿 3 盏灯，3 盏灯按合理的顺序亮灭（红灯和绿灯停留时间为 11 s，黄灯停留时间为 4 s），并将每一种状态的停留时间以倒计时的形式显示在数码管上。

二、设计步骤及程序示例

（1）模块的划分。

机动车灯控制电路顶层模块图如图 7 - 128 所示。其中，traffic 模块为机动车灯控制模块，bin2bcd 模块为二进制转 BCD 码，mux2_1 模块为二选一数据选择器，xianshi 模块为数码管倒计时显示。各模块输入输出关系用 Verilog HDL 描述。除了 traffic 模块，其他模块在前面小节都有讲解，请自行查看。

项目 7 - 15 程序示例

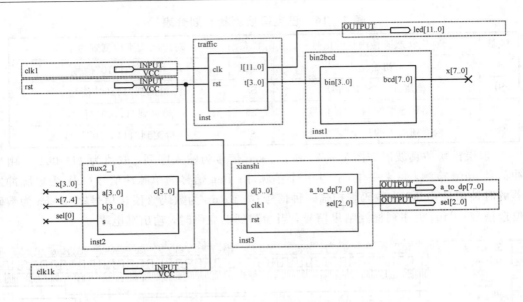

图 7－128　机动车灯控制电路顶层模块图

（2）traffic 模块的分析与仿真。

根据任务要求，机动车灯控制器的状态转换表如表 7－17 所列；状态转移图请自行画出。波形仿真参照 6.3.3 节。

表 7－17　状态转换表

状态	南 北			东 西			时间 t/s
	红	黄	绿	红	黄	绿	
S0	0	0	1	1	0	0	11
S1	0	1	0	1	0	0	4
S2	1	0	0	0	0	1	11
S3	1	0	0	0	1	0	4

（3）全编译，仿真，分配引脚下载并进行硬件测试。

功能仿真波形如图 7－129 所示。其中 clk0 周期为 1 s；clk1 频率为 1 MHz；sel 取值 0 和 1，表示时间的个位和十位显示。在 clk0 第一个时钟上升沿到来时，数码管上数字"10"变为"9"，倒计时计数开始。

	Msgs							
clk0	1'h0							
clk1	1'h1							
rst	1'h0							
a_to_dp	8'h60	8'h60	8'hfc		8'h60	8'hfc	8'hf6	8'hfc
led	12'h30c	12'h30c						
sel	3'h1	3'h1	3'h0		3'h1	3'h0		3'h1

图 7－129　机动车灯控制电路功能仿真波形

【项目 7 - 16】　十字路口交通灯设计。

一、设计任务

（1）首先模拟一下十字路口交通灯的运行场景，而后设计一个十字路口交通灯系统，使之可以完成整个系统运行过程的控制和各方向限定时间的显示。

（2）在设计的过程中，使用复位键实现红绿黄灯之间的转换，用 8 个数码管显示车辆绿灯直行、人行横道直行、左转的限定时间，用 20 个 LED 分别表示东南西北方向的交通灯显示情况以及人行横道信号灯。

二、设计思路

（1）需要给整个系统设置两个控制频率，分别是 clk0、clk1，进行运行频率的控制。同时也要设置一个复位按键 rst 进行复位，用来控制整个交通灯的开始和结束。

（2）整个十字路口交通灯系统一共有 20 个 LED，分为 4 组，分别代表南、东、北、西，每组都是 5 个灯，分别代表红灯、黄灯、绿灯、左转灯、人行横道灯，哪个灯亮代表相应颜色的灯正在运行。

（3）假设以东西方向为先，按下复位键时整个系统开始运行。首先东西方向直行绿灯和人行横道灯亮起，代表东西方向的车辆和行人可以在限定时间内直行，此时南北方向为红灯，不能通行。东西方向车辆和行人的直行时间总共为 60 s，最后 10 s 人行横道绿灯会闪烁，提醒在路当中的行人抓紧时间通过，还没有开始走的行人不要再通行了，耐心等待下一次绿灯。接着东西方向黄灯亮起，时间为 3 s，表示不允许停车线以内的车辆向前行驶，越过停车线的车辆，可以继续前行。此时南北方向依然是红灯，不允许通行。3 s 过后东西方向的左转灯和红灯亮起，代表东西方向的车辆只可以左转通行，时间为 30 s，南北方向灯依旧为红灯，不能通行。

（4）当东西方向左转灯亮完 30 s 后，东西方向红灯亮起，南北方向绿灯和人行横道灯亮起，表示南北方向的车辆和行人可以在限定时间内直行。南北方向车辆和行人的直行时间总共为 60 s，最后 10 s 人行横道绿灯会闪烁，提醒在路当中的行人抓紧时间通过，还没有开始通过的行人不要继续前行了，耐心等待下一次绿灯。此时东西方向为红灯，不能通行。接着南北方向黄灯亮起，表示停车线以内的车辆不允许向前行驶，越过停车线的车辆，可以继续前行，限定时间为 3 s，此时东西方向依然是红灯，不允许通行。3 s 过后南北方向的左转灯和红灯亮起，代表南北方向的车辆只可以左转通行，时间为 30 s，东西方向灯还是为红灯，不能通行。过后就又回到南北方向红灯，东西方向绿灯，一直循环下去，直到按下复位键。

十字路口交通灯的表格分析如表 7 - 18 所列。第一行的东、南、西、北是指十字路口交通灯所对的方向，一共有四个方向；第二行所示的分别表示相应方向的红灯、黄灯、绿灯、左转灯、人行横道。除此之外，可以看到表中每个方向都有 10 行用底纹标注，代表各个方向上的人行横道直行灯闪烁时间，都是 10 s。（表中的字符"1"代表交通灯运行中，字符"0"代表未运行）。

表 7 - 18　十字路口交通灯的表格分析

东					南					西					北				
红	黄	绿	左	人	红	黄	绿	左	人	红	黄	绿	左	人	红	黄	绿	左	人
0	0	1	0	1	1	0	0	0	0	0	0	1	0	1	1	0	0	0	0
0	0	1	0	0	1	0	0	0	0	0	0	1	0	0	1	0	0	0	0
0	0	1	0	0	1	0	0	0	0	0	0	1	0	0	1	0	0	0	0
0	0	1	0	0	1	0	0	0	0	0	0	1	0	0	1	0	0	0	0
0	0	1	0	1	1	0	0	0	0	0	0	1	0	1	1	0	0	0	0
0	0	1	0	0	1	0	0	0	0	0	0	1	0	0	1	0	0	0	0
0	0	1	0	0	1	0	0	0	0	0	0	1	0	0	1	0	0	0	0
0	0	1	0	1	1	0	0	0	0	0	0	1	0	1	1	0	0	0	0
0	0	1	0	0	1	0	0	0	0	0	0	1	0	0	1	0	0	0	0
0	0	1	0	1	1	0	0	0	0	0	0	1	0	1	1	0	0	0	0
0	1	0	0	0	1	0	0	0	0	0	1	0	0	0	1	0	0	0	0
1	0	0	0	0	1	0	0	0	0	1	0	0	0	0	1	0	0	0	0
1	0	0	0	0	0	0	1	0	1	1	0	0	0	0	0	0	1	0	1
1	0	0	0	0	0	0	1	0	0	1	0	0	0	0	0	0	1	0	0
1	0	0	0	0	0	0	1	0	0	1	0	0	0	0	0	0	1	0	1
1	0	0	0	0	0	0	1	0	0	1	0	0	0	0	0	0	1	0	0
1	0	0	0	0	0	0	1	0	1	1	0	0	0	0	0	0	1	0	1
1	0	0	0	0	0	0	1	0	0	1	0	0	0	0	0	0	1	0	0
1	0	0	0	0	0	0	1	0	0	1	0	0	0	0	0	0	1	0	0
1	0	0	0	0	0	0	1	0	1	1	0	0	0	0	0	0	1	0	1
1	0	0	0	0	0	0	1	0	0	1	0	0	0	0	0	0	1	0	0
1	0	0	0	0	0	0	1	0	1	1	0	0	0	0	0	0	1	0	1
1	0	0	0	0	0	1	0	0	0	1	0	0	0	0	0	1	0	0	0
1	0	0	0	0	1	0	0	1	0	1	0	0	0	0	1	0	0	1	0

三、设计流程图

如图 7 - 130 所示为各方向各灯排列图，第一、三排表示南北方向，二、四排表示东西方向，每一排灯的顺序分别是：红灯、黄灯、绿灯、左转灯、人行横道灯。十字路口交通灯流程图如图 7 - 131(b) 所示，分为以下几个步骤：

(1) 初始化状态下，按下复位键，使系统复位，此时 LED 全灭，数码管计时器准备开始。

(2) 数码管显示计时时间，50 s 开始倒计时，此时 LED 第一、三排的第一个灯亮起，第二、四排的第三、五灯亮起（东西方向绿灯，南北方向红灯）。

(3) 开始 10 s 倒计时，此时 LED 第一、三排的第一个灯亮起，第二、四排的第三个灯亮着，同时第五个灯闪烁（东西方向人形横道灯闪烁，南北方向红灯）。

(4) 开始 3 s 倒计时，此时 LED 第一、三排的第一个灯亮起，第二、四排的第二个灯亮着（东西方向黄灯，南北方向红灯）。

(5) 开始 30 s 倒计时，此时 LED 第一、三排的第一个灯亮起，第二、四排的第一、四灯亮着(东西方向红灯加左转绿灯,南北方向红灯)。

(6) 开始 50 s 倒计时,此时 LED 第二、四排的第一个灯亮起,第一、三排的第三、五灯亮起(南北方向绿灯,东西方向红灯)。

(7) 开始 10 s 倒计时,此时 LED 第二、四排的第一个灯亮起,第一、三排的第三个灯亮着,同时第五个灯闪烁(南北方向人形横道灯闪烁,东西方向红灯)。

(8) 开始 3 s 倒计时,此时 LED 第二、四排的第一个灯亮起,第一、三排的第二个灯亮着(南北方向黄灯,东西方向红灯)。

(9) 开始 30 s 倒计时,此时 LED 第二、四排的第一个灯亮起,第一、三排的第一、四灯亮着(南北方向红灯加左转绿灯,东西方向红灯)。

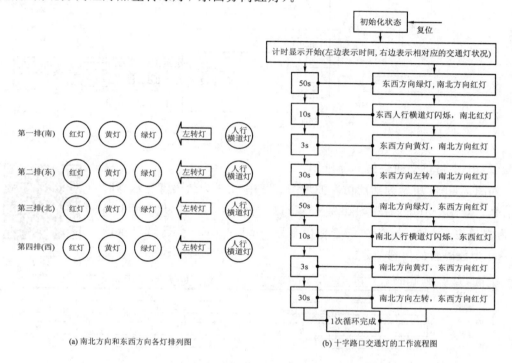

(a) 南北方向和东西方向各灯排列图　　　　　(b) 十字路口交通灯的工作流程图

图 7-130　各方向信号灯排列图及十字路口交通灯的工作流程图

四、状态转移图

由设计流程图,可以画出状态转移图,如图 7-131 所示。

图 7-131　交通灯模块状态转移图

初始状态 S0,东西方向绿灯停留 50 s 后转 S1,东西方向人行横道灯闪烁 10 s 后转 S2,东西方向黄灯停留 3 s 后转 S3,东西方向左转灯停留 30 s 后转 S4,南北方向绿灯停留 50 s 后转 S5,南北方向人行横道闪烁 10 s 后转 S6,南北方向黄灯停留 3 s 后转 S7,南北方向左转灯停留 30 s,一个流程结束。

五、设计实现

(1) 十字路口交通灯顶层模块。

十字路口交通灯顶层模块原理图如图 7-132 所示，分为交通灯控制模块 jtd 和显示模块 xianshi。各模块输入输出逻辑关系可用 Verilog HDL 描述。

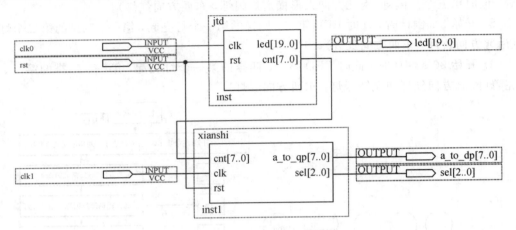

图 7-132　十字路口交通灯顶层模块原理图

(2) 十字路口交通灯仿真分析。

如图 7-133 所示为功能仿真波形图。其中 clk1 为数码管显示器时钟信号，频率是 100 kHz；clk0 是交通灯时钟信号，频率为 1000 Hz；rst 为复位键；a_to_dp 为数码管输出显示，led 是 LED 交通灯显示信号，sel 为数码管的位选信号。

项目 7-16 程序示例

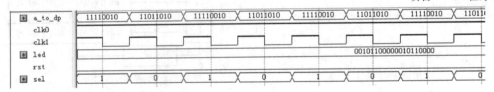

图 7-133　功能仿真波形图

① 在图 7-133 中，此时 rst 复位键为高电平，sel 为 0，a_to_dp 二进制为 1111 1100，则数码管显示为 0 s 的时候，led 灯显示为 0010 1100 0000 1011 0000(十字路口交通灯系统复位)。

② 在图 7-134 中，此时 rst 复位键为低电平，sel 为 1 时，a_to_dp 二进制为 1011 0110，sel 为 0 时，a_to_dp 二进制为 1111 1100，则数码管显示为 50 s 的时候，led 灯显示为 0010 1100 0000 1011 0000(十字路口东西方向直行绿灯，南北方向红灯)。

③ 在图 7-135 中，此时 rst 复位键为低电平，sel 为 1 时，a_to_dp 二进制为 0110 0000，sel 为 0 时，a_to_dp 二进制为 1111 1100，则数码管显示为 10 s 的时候，led 灯显示为 0010 1100 0000 1011 0000(灯亮)；sel 为 0 时，a_to_dp 二进制为 1111 0110，sel 为 1 时，a_to_dp 二进制为 1111 1100 时，则数码管显示为 09 s，led 灯显示为 0010 0100 0000 1001 0000(灯灭)(十字路口东西方向直行绿灯，人行横道灯闪烁，南北方向红灯)。

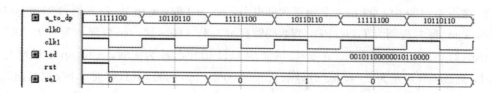

图 7-134　东西方向绿灯 50 s

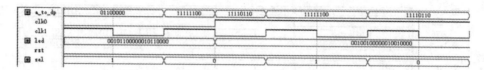

图 7-135　东西方向人行横道灯闪烁 10 s

④ 在图 7-136 中，此时 rst 复位键为低电平，sel 为 0 时，a_to_dp 二进制为 1111 0010，sel 为 1 时，a_to_dp 二进制为 1111 1100，则数码管显示为 03 s 的时候，led 灯显示为 0100 0100 0001 0001 0000（十字路口东西方向黄灯，南北方向红灯）。

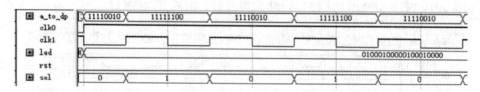

图 7-136　东西方向黄灯 3 s

⑤ 在图 7-137 中，此时 rst 复位键为低电平，sel 为 1 时，a_to_dp 二进制为 1111 0010，sel 为 0 时，a_to_dp 二进制为 1111 1100，则数码管显示为 30 s 的时候，led 灯显示为 1001 0100 0010 0101 0000（十字路口东西方向左转灯，南北方向红灯）。

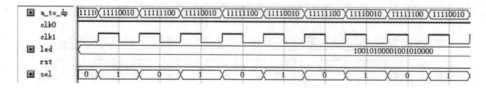

图 7-137　东西方向左转灯 30 s

⑥ 在图 7-138 中，此时 rst 复位键为低电平，sel 为 1 时，a_to_dp 二进制为 1011 0110，sel 为 0 时，a_to_dp 二进制为 1111 1100，则数码管显示为 50 s 的时候，led 灯显示为 1000 0001 0110 0000 0101（十字路口南北方向直行绿灯，东西方向红灯）。

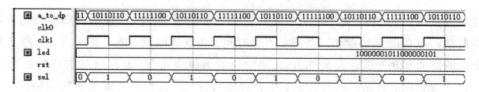

图 7-138　南北方向直行灯 50 s

⑦ 在图 7-139 中，此时 rst 复位键为低电平，sel 为 1 时，a_to_dp 二进制为 0110 0000，sel 为 0 时，a_to_dp 二进制为 1111 1100，则数码管显示为 10 s 的时候，led 灯显示为 1000 0001 0010 0000 0100（灯亮）；sel 为 0 时，a_to_dp 二进制为 1111 0110，sel 为 1 时，a_to_dp 二进制为 1111 1100 时，则数码管显示为 09 s，led 灯显示为 1000 0001 0110 0000 0101（灯灭）（十字路口南北方向直行绿灯，人行横道闪烁，东西方向红灯）。

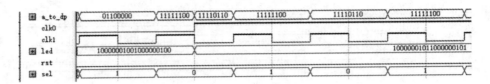

图 7-139　南北方向人行横道灯闪烁 10 s

⑧ 在图 7-141 中，此时 rst 复位键为低电平，sel 为 0 时，a_to_dp 二进制为 1111 0010，sel 为 1 时，a_to_dp 二进制为 1111 1100，则数码管显示为 03 s 的时候，led 灯显示为 1000 0010 0010 0000 1000（十字路口南北方向黄灯，东西方向红灯）。

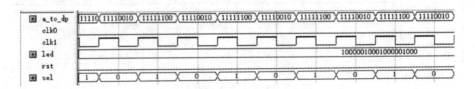

图 7-140　南北方向黄灯 3 s

⑨ 在图 7-142 中，此时 rst 复位键为低电平，sel 为 1 时，a_to_dp 二进制为 1111 0010，sel 为 0 时，a_to_dp 二进制为 1111 1100，则数码管显示为 30 s 的时候，led 灯显示为 1000 0100 1010 0001 0010（十字路口南北方向左转，东西方向红灯）。

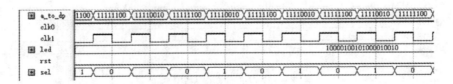

图 7-141　南北方向左转灯 30 s

7.3.7　自动售货机控制器设计

自动售货机（Vending Machine，VEM），是一种能根据投入的钱币自动付货的机器。自动售货机是商业自动化的常用设备，它不受时间、地点的限制，能节省人力，方便交易，是一种全新的商业零售形式，又被称为 24 小时营业的微型超市。目前常见的自动售卖机共分为饮料自动售货机、食品自动售货机、综合自动售货机、化妆品自动售卖机四种。

下面以饮料自动售货机为例，进行控制器的设计。

【项目 7 - 17】　饮料自动售货机控制器设计。

一、设计任务

（1）该饮料自动售货机能识别 0.5 元和 1.0 元两种硬币。

（2）每瓶饮料价格为 1.5 元。

（3）具有找零功能：当投入 1.5 元时，则售一瓶饮料，若投入 2 元，则售一瓶饮料后，找零 0.5 元。

（4）运用状态机原理设计。

（5）饮料自动售货机在每卖出一次饮料后能自动复位。

（6）数码管显示投币数额。

（7）LED 显示是否有 0.5 元输出，是否有饮料输出。

项目 7 - 17 程序示例

二、设计步骤及程序示例

（1）模块的划分。

饮料自动售货机顶层模块图如图 7 - 142 所示。图中 clock_pluse 为单脉冲发生器，yinliao 为饮料控制模块，led 为数码管显示模块。饮料控制模块各输入输出信号有：clk 为时钟信号，rst 为复位信号，wj_in 为 0.5 元输入信号，yy_in 为 1 元输入信号，wj_out 为 0.5 元输出信号，yl_out 为饮料输出信号。各模块输入输出逻辑关系可用 Verilog HDL 描述。除了 yinliao 模块，其他模块在前面小节都有讲解，请自行查看。

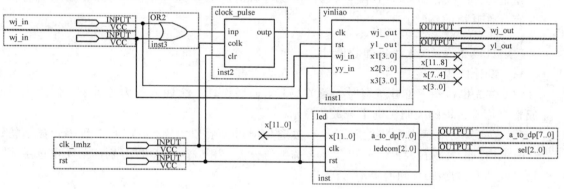

图 7 - 142　饮料自动售货机顶层模块图

（2）yinliao 模块分析。

根据设计任务要求，画出状态转移图，如图 7 - 143 所示。状态转移图采用的是 Melay 型结构，输出"11"表示有 0.5 元和饮料输出。

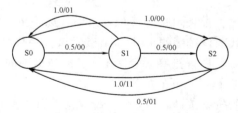

图 7 - 143　饮料售货机状态转移图

（3）饮料自动售货机顶层模块仿真波形。

顶层模块仿真波形如图 7 - 144 所示。其中，wj_in 为高电平，表示 0.5 元输入；yy_in

为高电平，表示 1 元输入；outp 产生单脉冲，表示状态转移；sel 为 0，1，2 取值，表示第 1，2，3 个数码管；a_to_dp 显示分别为 "0.5" "1.0" "2.0"；wj_out 和 yl_out 分别表示有 0.5 元输出和饮料输出。

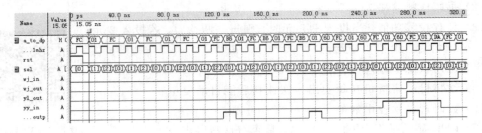

图 7-144　饮料自动售货机顶层模块仿真波形图

（4）分配引脚，全编译后下载进行硬件测试。clk_1hz 时钟频率为 1 Hz；clk_1Mhz 时钟频率 1 MHz；rst、wj_in、yy_in 分别连接 3 个拨码开关；wj_out、yl_out 连接 LED 灯。

7.3.8　抢答器设计

现代社会，抢答器的使用在生活中很常见，尤其是在各种各样的比赛中，抢答器更是被广泛地运用。抢答器的设计不但可以锻炼比赛者的反应能力，而且还可以让观众观看比赛时有身临其境的感觉。

【项目 7-18】　四人抢答器的设计。

一、设计任务

（1）首先模拟一下答题竞赛时的抢答场景，而后设计一个四人智力抢答器，使之可以完成整个抢答过程的控制和选手分数的显示。

（2）在设计的过程中，将拨码开关和按键分配给选手和主持人，用 8 个数码管显示抢答计时的时间、答题计时的时间以及 4 名选手的分数，用 5 个 LED 灯分别显示 4 位选手哪个抢答成功和答题 30 s 超时提醒。

二、设计思路

（1）4 位选手的编号分别是 1，2，3，4。每位选手都有一个抢答按钮，LED 1 是答题 30 s 超时提醒，其余的 LED 2、3、4、5 分别与选手的编号 1、2、3、4 一一对应。

（2）要给主持人设置一个复位按键 D1 进行复位，还应有一个控制按钮 D8 用来控制选手抢答的开始和答题的结束。

（3）主持人按下开始抢答键表示抢答开始，如果有选手按下抢答键，那么这名抢答选手的编号会马上被锁住，代表该选手的 LED 亮，表示该选手抢答成功，此时立即将输入编码电路锁住，其他选手不可以进行抢答，抢答无效，抢答选手的 LED 一直亮到答题结束，然后主持人按下按键开始进行下一题的抢答。

（4）当主持人按下开始抢答按键之后，10 s 抢答时间开始计时，数码管显示 10 s 计时时间，要是在规定的抢答时间 10 s 内没有选手抢答，那么蜂鸣器发出报警声，表示抢答超时。如果有参赛选手在规定的时间（10 s）内抢答成功，那么抢答成功的选手的 LED 亮，与此同时定时器停止计时，10 s 抢答计时清零，30 s 答题时间开始计时。

（5）抢答成功的选手如果在规定的 30 s 内回答完题目，并且回答正确，那么主持人控制 D9 键给选手加 1 分；如果选手回答错误，则主持人控制 K9 键减一分。要是超过规定的答题时间（30 s），L1 灯亮提醒选手答题时间到，答题无效，主持人不计分。最后统计得分，总计得分最高的选手获得胜利。

三、设计框图

抢答器的设计框图如图 7-145 所示，此设计采用 FPGA 芯片来设计抢答器控制系统，把秒脉冲信号作为系统的时钟信号，这是系统计时的关键。其中选手的抢答信号、主持人的复位信号以及给每个选手加分减分的信号全部都由按键输入，然后再用 LED 显示电路来显示抢答成功的选手编号、抢答计时的时间、答题计时的时间和选手的分数。如果没有选手抢答题目，蜂鸣器则发出报警声表示抢答超时；如果选手答题超过 30 s，LED 灯亮表示超时提醒。

图 7-145　四人抢答器的设计框图

四、工作流程图

图 7-146 所示为抢答器的工作流程，该工作流程分为以下几个步骤：

（1）初始化状态：主持人按下复位键将系统复位，此时选手初始分为 5 分，LED 全灭，主持人发出开始抢答的指令。

（2）抢答开始：10 s 计时开始，数码管上显示计时时间。

（3）超时报警：如果超时 10 s 没有选手抢答，则蜂鸣器发出报警声，表示抢答超时。

（4）有人抢答：多人抢答的时候，最先抢答的选手抢答成功，其余选手抢答无效，抢答成功的选手编号的 LED 亮，表示该选手抢答成功。

（5）开始答题：抢答成功的选手在规定的 30 s 的答题时间内答题，同时数码管显示计时时间，如果超过规定的 30 s 该选手没有答完题目，那么 L1 灯亮提醒选手答题超时。

（6）答题计分：选手在规定的 30 s 答题时间内答完题，主持人根据选手的答题结果给出相应的计分。如果答题正确，主持人按加分键给选手加一分；如果答题错误，主持人按扣分键给选手扣一分；如果超过规定的 30 s 的答题时间，主持人不计分。

（7）分数显示：数码管显示选手的分数。

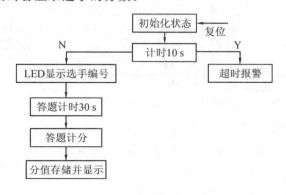

图 7-146　四人抢答器的工作流程图　　　　　项目 7-18 程序示例

五、设计实现

（1）模块的划分。

四人抢答器的顶层模块图如图 7-147 所示，可以分为抢答鉴别模块（sel）、答题计分模块（add_min）、8 选 1 数据选择器模块（mux8_1）、数码管显示模块（xianshi）4 个部分。抢答鉴别模块图和答题计分模块图分别如图 7-148 和图 7-149 所示。各模块输入输出逻辑关系可用 Verilog HDL 描述。

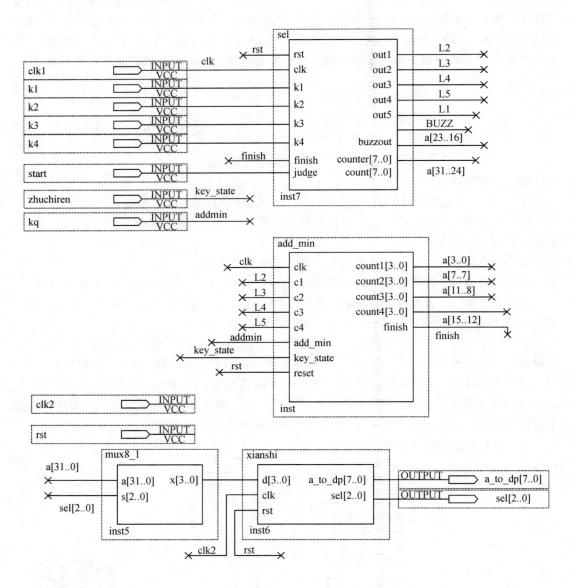

图 7-147　抢答器顶层模块图

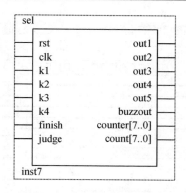

图 7-148　抢答鉴别模块图

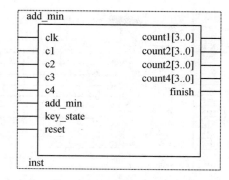

图 7-149　答题计分模块图

（2）子模块的分析与仿真。

① 抢答鉴别模块分析与仿真。

抢答鉴别模块图 7-149 中，rst 为复位信号，clk 为时钟信号，k1 为一号选手抢答按键，k2 为二号选手抢答按键，k3 为三号选手抢答按键，k4 为四号选手抢答按键，finish 为答题结束信号，judge 为开始按键（抢答开始信号），out1 为一号选手编号，out2 为二号选手编号，out3 为三号选手编号，out4 为四号选手编号，out5 为答题超时提醒信号，buzzout 为抢答超时报警信号，counter[7..0] 为 10 秒时间显示信号，count[7..0] 为 30 s 时间显示信号。

抢答鉴别模块抢答超时仿真波形图如图 7-150 所示。judge 为抢答开始信号，为高电平，表示开始抢答题目，counter[7..0] 开始计时，计时 10 s 内，选手抢答按键 k1、k2、k3、k4 均为高电平，表示这道题目无人抢答，此时超过 10 s 抢答超时，buzzout 为高电平，表示抢答超时报警。

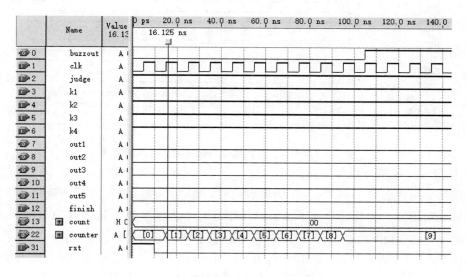

图 7-150　抢答鉴别模块抢答超时仿真波形图

如图 7-151 所示为抢答鉴别模块答题超时仿真波形图。judge 为抢答开始信号，为高电平，表示开始抢答题目，在 10 s 的时间内 k1 选手先按下按键，k2 选手随后按下按键，这时 out1 高电平显示选手 1 抢答成功，k2 选手抢答无效，30 s 答题计时开始，在 30 s 内选手一没有答完题，out5 为高电平，表示答题超时提醒。

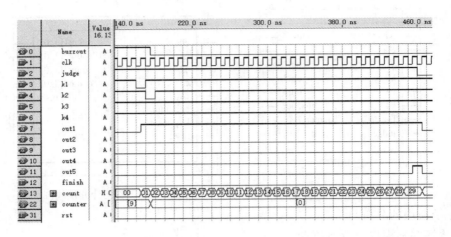

图 7-151　抢答鉴别模块答题超时仿真波形图

如图 7-152 所示为抢答鉴别模块答题成功仿真波形图。judge 为开始抢答信号，为高电平，表示开始抢答题目，在 10 s 的抢答时间内 k2 选手先按下按键，k3 选手随后按下按键，out2 高电平，表示 k2 选手抢答成功，k3 选手抢答无效，在第 15 s 的时候 k2 选手答题结束，30 s 的答题计时结束。

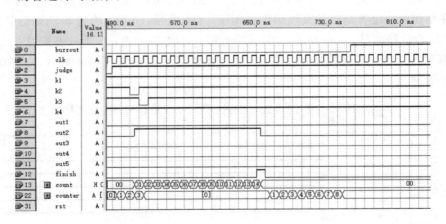

图 7-152　抢答鉴别模块答题成功仿真波形图

② 答题计分模块分析与仿真。

答题计分模块图 7-150 中，clk 为时钟信号，c1 为一号选手抢答成功信号，c2 为二号选手抢答成功信号，c3 为三号选手抢答成功信号，c4 为四号选手抢答成功信号，add_min 为减分信号，key_state 为加分信号，reset 为复位信号，count1[3..0]为给一号选手计分信号，count2[3..0]为给二号选手计分信号，count3[3..0]为给三号选手计分信号，count4[3..0]为给四号选手计分信号，finish 为答题结束信号。

答题计分模块仿真波形图如图 7-153 所示。各个选手的初始分值都为 5 分，c1 为高电平，表示选手一抢答成功，在规定的 30 s 答题时间内，选手一答题错误，add_min 为减分信号，为低电平，给选手一扣 1 分，那么选手一现在的分数就变成 4 分，给选手一计分的 count1 显示 4 分；c2 为高电平，表示选手二抢答成功，在规定的 30 s 答题时间内，选手二答题正确,key_state 为加分信号,为高电平,给选手二加 1 分,那么选手二现在的分数就变成 6 分,给选手二计分的 count2 显示 6 分。

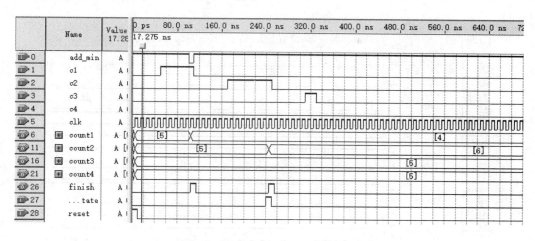

图 7-153　答题计分模块仿真波形图

（3）顶层模块仿真。

抢答器顶层模块仿真波形如图 7-154 所示。其中,clk1 为抢答时钟,频率为 1 Hz; clk2 为数码管扫描时钟,频率为 1 MHz。如果 k1 选手先按下按键,k2 选手随后按下按键, L2 灯亮表示选手 k1 抢答成功。选手 k2 抢答无效。在规定的 30 s 答题时间内,选手 k1 回答错误,k9 为扣分键,给选手 1 扣 1 分,选手的初始分都为 5 分,数码管显示的数字减 1, 数码管显示 4;如果 k3 选手先按下按键,k4 选手随后按下按键,L4 灯亮表示选手 k3 抢答成功,选手 k4 抢答无效,在规定的 30 s 答题时间内选手 k3 答完题目并且回答正确, zhuchiren 键为加分键,给选手 k3 加 1 分,选手的初始分为 5 分,数码管显示的数字加 1, 数码管显示 6。

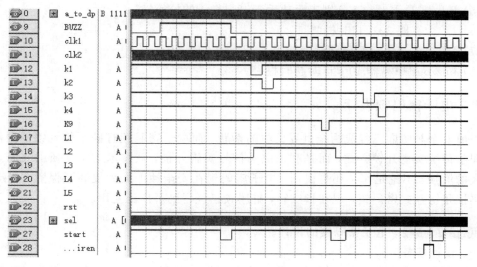

图 7-154　抢答题顶层模块仿真波形

如图 7-155 所示为数码管显示结果波形图。其中，k9 按键为低电平，给选手 k1 进行减分，第二、三、四个数码管显示的是 5，第一个数码管显示的是 4（a_to_dp 编码为 0110 0110）。

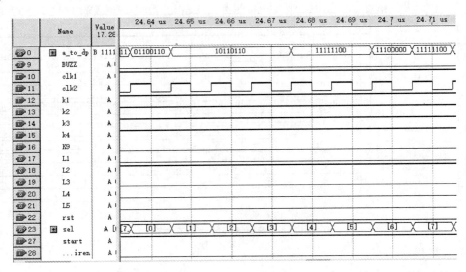

图 7-155　数码管显示结果波形图

六、硬件实现

根据设计要求利用实验开发板上的 FPGA 芯片进行编程，实现具有一定功能的电路系统。相关按键设置如下：

（1）D1 为复位键。

（2）D8 为主持人开始抢答键，高电平表示抢答开始，低电平表示答题结束。

（3）D9 为主持人计分键，高电平表示加分，低电平表示不给分。

（4）K9 为主持人计分键，高电平表示不加分，低电平表示扣分。

（5）K1、K2、K3、K4 分别表示选手 1、2、3、4 的抢答键。

（6）L1 为答题 30 s 超时提醒灯。

（7）L2、L3、L4、L5 分别代表选手 1、2、3、4 的 LED。

（8）buzzout 蜂鸣器 10 s 计时超时报警。

7.3.9　电子密码锁设计

当前安全与防盗已经成为全世界关注的话题。而电子密码锁打破了传统锁的限制，不再拘泥于传统实物开锁方式，而是利用电子信号实施开锁，从技术上实现质的飞跃，安全性大大的增强。不论是军工还是民用，电子密码锁在安全性上大大提高了保障。传统的电子密码锁是键盘式密码锁，现在指纹锁，虹膜锁已经得到了广泛使用。

【项目 7-19】　电子密码锁的设计。

一、设计任务

通过键盘输入四位密码，打开电子密码锁。其中密码输入错误时可以按下复位键进行重新输入。

二、设计思路

(1) 首先设置四位数密码 1234。当输入密码正确时，L24 发光二极管发光，输入密码错误时，L17 发光二极管发光。

(2) 开锁者逐一输入四位数密码，在输入密码的过程中缓慢按下按键，防止键盘抖动，造成输入误操作。

(3) 当输入的密码错误时，密码不可以逐一删除，但开锁者可以通过复位键重新输入密码。

(4) 每当输入完一个密码时，数码管便会显示一个密码值，方便开锁者看到输入的密码。

(5) 当四位数密码输入完成时，FPGA 会将设置好的密码和输入的密码进行比对，当输入的密码和设置的密码一致时，L24 发光二极管发光，密码错误时，L17 发光二极管发光。

三、设计分析

电子密码锁工作流程分为下列几个步骤：

(1) 初始化状态，设置默认开锁密码为 1234，当密码输入错误时，可以通过复位键 K1 重新输入。

(2) 键盘输入模块。逐一输入密码，并长按 1 s，键盘输入模块负责将按键行列位置码译码成相应的键值，并将输入信号传送到 FPGA 进行下一步的操作。

(3) 当输入密码时，需要按下键盘，机械式键盘在开关切换的瞬间会在接触点出现信号来回弹跳的现象，这种弹跳很可能会造成误操作输入，从而影响到密码锁操作的正确性。因此必须对按键按下后进行消抖处理。一般键盘的弹跳时间为 10 ms，将去抖时钟设置为 1 kHz，第(2)步长中按 1 s，是防止误操作。

(4) 当按下四位数密码时，键盘存储模块就会自动存储输入的四位数密码，并将输入的密码通过输入信号输送到 FPGA，同时密码判断模块会将输入的密码与默认密码进行比对。这个过程是同一时间进行的，极大地提高了开锁的效率。

(5) 当这些操作都进行完成之后，不管密码正确与否，都会通过键值显示模块在数码管上显示出来，从而可以知道输入的密码是否正确。

电子密码锁工作流程图如图 7 - 156 所示。

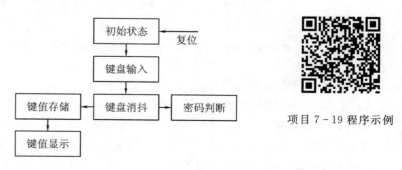

项目 7 - 19 程序示例

图 7 - 156　电子密码锁工作流程图

四、设计实现

（1）模块的划分。

电子密码锁顶层模块划分如图 7－157 所示，整个系统可分为键盘输入模块（key），键值存储模块（register），密码判断模块（mimasuo），键值显示模块（led3），键盘消抖模块（pandun）五个模块，如图 7－158 至图 7－160 所示分别为键盘输入模块、键值存储模块和密码判断模块图。各模块输入输出逻辑关系可用 Verilog HDL 描述。

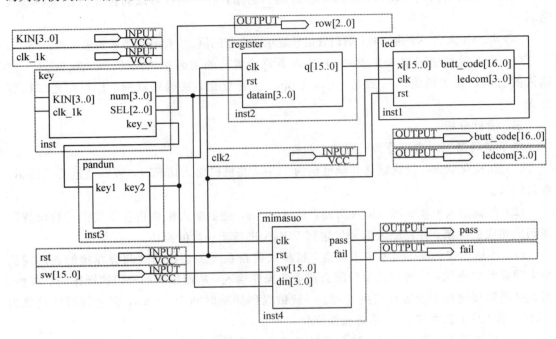

图 7－157　电子密码锁顶层模块

图 7－158　键盘输入模块　　　图 7－159　键值存储模块　　　图 7－160　密码判断模块

（2）各子模块的分析与仿真。

① 键盘输入模块分析与仿真。

键盘输入模块图 7－158 中，KIN[3..0]为列选信号，num[3..0]为键值输出信号，clk_1k 为键盘扫描时钟信号，SEL[2..0]为行选信号，key_v 为按键标识信号。该模块已在 7.2 节键盘控制电路设计部分详细介绍。

② 键盘存储模块分析与仿真。

键值存储模块图 7－159 中，clk 为时钟信号，rst 为复位信号，datain[3..0]为键值输入信号，q[15..0]为 16 位的数据输出信号。键值存储模块仿真波形图如图 7 - 161 所示。rst 为复位信号，高电平进行密码存储，datain 表示输入的密码，q 表示密码存储信号。当 clk 时钟上升沿到来的时候，datain 输入数据为 1，则将 1 送入 q 的低四位；下一个周期到来时，datain 输入数据为 2，则将 2 送入 q 的第五到八位；再下一个周期到来时，datain 输入数据为 3，则将 3 送入 q 的第九到十二位；再下一个周期到来时，datain 输入数据为 4，则将 4 送入 q 的第十三到十六位。

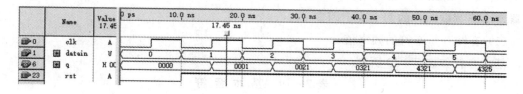

图 7 - 161 键值存储模块仿真波形图

③ 密码判断模块分析与仿真。

密码判断模块图 7 - 160 中，clk 为时钟信号，pass 为密码正确信号，rst 为复位信号，fail 为密码错误信号，sw[15..0]为设置的四位密码，din[3..0]为自己输入的密码。

密码判断模块仿真波形图如图 7 - 162 所示。当输入密码 din 依次输入 1234 四个密码时，与设置密码 sw 的值 1234 一致，这时候 pass 为高电平，表示密码正确；当输入密码 din 依次输入 0000 时，与设置密码 sw 的值 1234 不一致，这时候 fail 为高电平，表示密码错误。

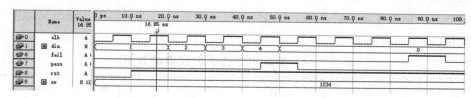

图 7 - 163 密码判断仿真波形图

五、硬件实现

数据存取的时钟信号为 10 Hz，晶阵扫描频率为 1 MHz，复位信号实现晶阵电路的初始化。拨码开关送入密码，LED 亮灭表示密码正确与否。

7.3.10 音乐播放器的设计

进入 21 世纪，电子信息技术发展迅速。人类追求美好生活的愿望越来越强烈，物质生活的充实使人们越来越追求精神上的满足，而聆听音乐正是满足人们精神追求的一种方式。早在 19 世纪爱迪生就发明了留声机，在这一百多年里，音乐播放器的发展非常迅速，从最初的留声机到 MP3，再到现在的智能音乐播放器，其发展历程也见证着电子技术的发展。

【项目 7 - 20】 音乐播放器的设计。

一、设计任务

（1）读懂音乐的曲谱。

（2）设计一个简单的音乐播放器。

（3）设置"开始""暂停""上一首""下一首"等开关进行控制。

（4）使用扬声器播放《世上只有妈妈好》《Happy birthday》《两只老虎》多首歌曲。

（5）以上步骤同步进行，完成音乐的播放。

二、音乐播放器工作原理

乐曲能持续播放需要的两个数据分别是组成乐曲的每个音符的频率值（声调）及其播放时间（音长），所以调节输出到扬声器的激励信号的频率的高低和持续的时间长短，是使扬声器发出连续歌曲声的两个决定因素。

（1）音调——音符的频率值。

基本音符如表 7-19 所列。

表 7-19　基 本 音 符

写法	1	2	3	4	5	6	7	i
读法	Do	Re	Mi	Fa	Sol	La	Si	Do

通常会在基本音符的上面或下面加上小圆点，以标记出更低或者是更高的音。在简谱中有以下基本规定：在基本音符上面加上一个小圆点叫高音，加三个小圆点叫超高音；在基本音符下面加一个小圆点叫低音，加两个小圆点叫倍低音，加三个小圆点叫超低音；不带小圆点的基本音符叫中音。

声调的高低取决于频率的高低。我们可以根据音乐的十二平均律计算出简谱中各个音名频率的值，如表 7-20 所列。

表 7-20　简谱中的音名与频率的关系

音名	频率/Hz	音名	频率/Hz	音名	频率/Hz
低音 1	294.3	中音 1	588.7	高音 1	1175.5
低音 2	330.4	中音 2	638.8	高音 2	1353.8
低音 3	370.9	中音 3	742.6	高音 3	1512.1
低音 4	386.6	中音 4	796.6	高音 4	1609.4
低音 5	394.7	中音 5	882.4	高音 5	1802.9
低音 6	495.4	中音 6	989.4	高音 6	2027
低音 7	555.6	中音 7	1136.4	高音 7	2272.7

对相同的基准频率进行分频可以得到不同频率的信号，且必须对计算得到的分频数量四舍五入取整数，原因是音乐的阶层频率大多为小数，但是分频系数又不能是小数。本设计选取 750 kHz 为基准频率，输出到扬声器的波形应该是对称的方波。

在到达扬声器之前，设置一个二分频分频器的目的是为了减小误差。根据 750 kHz 频率二分频得到 375 kHz 频率，在此基础上计算出如表 7-21 所列的分频比。

由表 7-21 所列可知,最大的分频系数为 1274,所以采用 11 位二进制的计数分频就能够满足要求。关于音乐中的休止符(丨),不需要扬声器发出声响的话,可以把分频系数设置成 0。

表 7-21　各音阶频率对应的分频比及预置数(从 750 kHz 频率计算得出)

音符名	频率/Hz	分频系数	计数初值	音符名	频率/Hz	分频系数	计数初值
休止符	375000	0	2047	中音 4	796.178	468	1579
低音 1	294.349	1274	773	中音 5	882.353	425	1622
低音 2	330.396	1135	912	中音 6	989.446	379	1668
低音 3	370.92	1011	1036	中音 7	1136.363	330	1717
低音 4	386.598	970	1077	高音 1	1175.549	319	1728
低音 5	394.737	950	1197	高音 2	1353.790	277	1770
低音 6	495.376	757	1290	高音 3	1512.097	248	1799
低音 7	555.56	675	1372	高音 4	1609.442	233	1814
中音 1	588.697	637	1410	高音 5	1802.884	208	1839
中音 2	638.84	587	1480	高音 6	2027.027	185	1862
中音 3	742.574	505	1542	高音 7	2272.727	163	1882

(2) 声音长短的控制。

在简谱中,人们通常在基本音符的基础上加短横线、附点、延音线和连音符号来表示声音的长和短。短横线有两种不同的使用方法:一种是增时线,另外一种是减时线。正常情况下,增时线是写在基本音符之后的短横线,可以通过增加增时线的数量来延长音的时间值。四分音符是不带增时线的基本音符,每增加一条增时线就延长一个四分音符的时间。同样的道理,减时线是写在基本音符下面的短横线,可以通过增加减时线的数量使声音长度变短,每增加一条减时线就缩减原音符声音长度的二分之一时间。

附点是写在音符右边的黑色小点,它的作用是延长前面音符时值二分之一的时间。附点通常用在四分音符和小于四分音符的各种音符。附点音符是带附点的音符。

歌曲的速度和每个音符的节拍数是音符播放时间长短的决定性因素。

(3) 曲谱的介绍。

如图 7-163 所示的《两只老虎》乐谱,乐谱开头音符为 1,表示音符 1 为中音音符,音符下面有一个减时线,代表其音长为 8 分音符;文字"奇"对应的音符为 5,下面有一个小圆点,则表示音符 5 为低音音符,音长为 4 分音符。

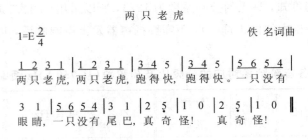

图 7 - 163　《两只老虎》乐谱

三、设计框图

设计框图如图 7 - 164 所示。选取 750 kHz 为基准频率，通过分频器分频得到 5 Hz 的时钟频率，用来控制乐谱的音长；通过分频比电路产生音调所需的分频比，从而控制乐曲的音调；通过一个二分频器使得输出到扬声器的波长图像为对称的方波，驱动扬声器。

图 7 - 164　音乐播放电路设计框图

四、设计实现

（1）模块的划分。

音乐播放器顶层模块图如图 7 - 165 所示。此音乐播放器的顶层模块组成部分主要有分频器模块（time_div1）、地址发生器模块（addr_generator）、存储器模块（lpm_rom0）、译码器模块（decoder）和二分频器模块（timer_div2），其中前 4 个模块分别如图 7 - 166 至图 7 - 169 所示。各模块输入输出逻辑关系可用 Verilog HDL 描述。

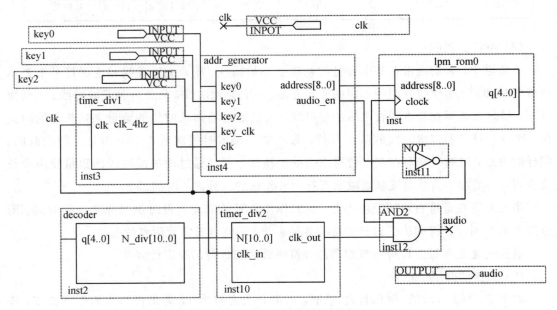

图 7 - 165　音乐播放器顶层模块图

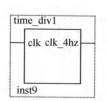

图 7 - 166　分频器模块

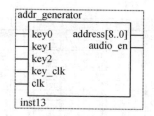

图 7 - 167　　地址发生器模块

项目 7 - 20 程序示例

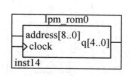

图 7 - 168　存储器模块

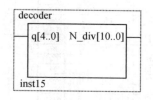

图 7 - 169　译码器模块

（2）各子模块的分析与仿真。

① 地址发生器模块分析与仿真。

地址发生器模块图 7 - 168 中，key0、key1 和 key2 为控制开关，key_clk 为 4 Hz 的节拍脉冲信号，clk 为时钟脉冲信号，audio_en 为 9 位宽的地址和音乐选取判断信号。

本设计中选取节拍脉冲频率的数值为 4 Hz，也是说每一个数值持续的时间是四分之一秒，全音符设置为一秒，恰好是四四拍四分音符持续的时间。程序会按照设定好的时钟振动次数做求和运算，随着地址的增加，音符数据会被一个个接着取出并通过 address 端口输送到分频器预置数模块。

地址发生器模块仿真波形如图 7 - 170 所示。

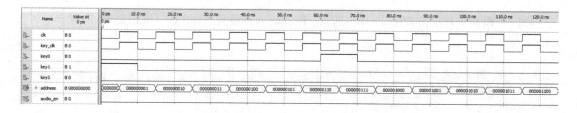

图 7 - 170　地址发生器模块仿真波形图

控制开关 key0 用于播放上一首音乐；控制开关 key1 用于暂停和播放音乐。图 7 - 170 所示的仿真波形图是先按了暂停键 key1，随后按了播放上一首按键 key0，输出到扬声器的歌曲为上一首歌曲的地址。

② 存储器模块分析与仿真。

存储器模块图 7 - 168 中，输入 clock 为时钟信号，输入 address[8..0] 为 9 位宽的地址，输出 q[4..0] 为 5 位宽的音符。

存储器模块的功能是对音符进行存储，每个音符对应一个来源于选址模块的地址。

图 7 - 171 为存储器存储的三首乐曲的音符。

Addr	+0	+1	+2	+3	+4	+5	+6	+7	Addr	+0	+1	+2	+3	+4	+5	+6	+7
0	0	0	0	0	0	0	0	0	256	10	10	11	11	11	11	12	12
8	13	13	13	13	13	13	12	12	264	12	12	0	0	11	11	12	12
16	10	10	10	10	12	12	12	12	272	12	12	11	11	10	10	10	10
24	15	15	15	15	13	13	12	12	280	8	8	8	8	12	12	13	13
32	13	13	13	13	0	0	10	12	288	12	11	11	11	10	10	10	10
40	10	10	12	12	12	0	13	12	296	8	8	8	8	8	8	8	8
48	12	12	10	10	10	10	8	8	304	5	5	5	5	8	8	8	8
56	6	6	12	12	12	8	5	5	312	5	5	8	8	5	5	5	5
64	9	9	0	0	9	9	9	9	320	5	5	8	8	8	8	0	0
72	9	9	10	10	12	12	12	12	328	0	0	0	0	0	0	0	0
80	12	12	0	0	12	12	0	12	336	0	0	0	0	0	0	0	0
88	9	9	12	0	8	8	8	8	344	0	0	0	0	0	0	0	0
96	0	0	12	12	0	12	10	10	352	0	0	0	0	0	0	0	0
104	10	10	9	9	8	8	6	6	360	0	0	0	0	0	0	0	0
112	8	8	5	5	5	5	5	5	368	0	0	0	0	0	0	0	0
120	0	0	0	0	0	0	0	0	376	0	0	0	0	0	0	0	0
128	12	12	12	12	0	13	13	12	384	0	0	0	0	0	0	0	0
136	12	12	15	15	15	14	14	14	392	0	0	0	0	0	0	0	0
144	0	0	12	12	12	13	13	13	400	0	0	0	0	0	0	0	0
152	13	12	12	12	16	16	16	15	408	0	0	0	0	0	0	0	0
160	15	15	0	0	12	12	12	12	416	0	0	0	0	0	0	0	0
168	19	19	19	17	17	17	15	15	424	0	0	0	0	0	0	0	0
176	15	14	14	14	13	13	13	0	432	0	0	0	0	0	0	0	0
184	18	18	18	18	18	17	17	17	440	0	0	0	0	0	0	0	0
192	15	15	16	16	16	15	15	15	448	0	0	0	0	0	0	0	0
200	15		15						456	0	0	0	0	0	0	0	0
208	8	8	8	8	9	9	9	9	464	0	0	0	0	0	0	0	0
216	10	10	10	10	10	8	8	8	472	0	0	0	0	0	0	0	0
224	12	8	8	8	8	8	8	8	480	0	0	0	0	0	0	0	0
232	10	8	8	8	8	8	8	8	488	0	0	0	0	0	0	0	0
240	10	10	10	10	11	11	11	11	496	0	0	0	0	0	0	0	0
248	12	12	12	0	0	10	10	0	504	0	0	0	0	0	0	0	0

图 7 - 171　存储器存储的三首乐曲的音符

③ 译码器模块分析与仿真。

译码器模块的功能是将存储器输出的音符译码，首先得到每个音符所对应的频率，再将所得到的频率输出给分频器模块。

译码器模块图 7 - 169 中，输入 q[4..0] 为 5 位宽的音符，输出 N_div 为每个音符对应的频率。

译码器模块仿真波形如图 7 - 172 所示。例如输入音符为 00001 时，输出是 11 位宽十进制表示的 1908。

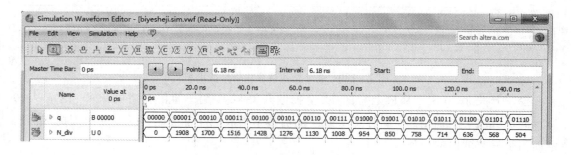

图 7 - 172　译码器模块仿真波形图

五、硬件实现

key0、key1、key2 接拨码开关 K1、K2、K3，out 接扬声器。K1 为上一首按键；K2 为开始/暂停按键；K3 为下一首按键。当 K2 按键首次被按下时，扬声器播放第一首歌曲《世上只有妈妈好》，K2 为高电平；当 K2 按键再次按下时，扬声器暂停播放乐曲；当 K1 按键被按下时，扬声器播放上一首歌曲《两只老虎》；当 K3 按键被按下时，扬声器播放下一首歌曲《Happy Birthday》。

7.3.11 数字频率计的设计

数字频率计已经被广泛应用于电子产品中，如今的频率计更是向着智能化、精细化的方向发展。数字频率计已经不仅用于简单测量信号频率了，对方波脉冲的脉宽也可利用数字频率计实现精确测量，目前最常见的应用是监控生产过程，它能够快速准确地捕捉到系统运行过程中晶体振荡器输出的频率异常情况，及时进行反馈，使人们能够有更多的处理时间并避免了不必要的损失。相比于传统的用示波器测量的方法，数字频率计更加精准、高效。当然，数字频率计除了被应用于工业控制外，还用于通信系统、智能化的仪器测量，如今的数字频率计还被应用于航天以及科研领域。

【项目 7 - 21】 数字频率计的设计。

一、设计原理

频率，就是单位时间(1 s)内发生相同变化的次数。信号的频率表达式为：$f = N/T$，其中 N 为脉冲的数量，T 为产生 N 个脉冲所需要的时间。

数字频率计工作时，首先在频率计闸门的输入端加入被测信号，被测信号通过石英振荡器，继而传递给数字分频器(由这两部分充当基准信号发生器)；然后用输出时间基准信号去控制门控电路形成门控信号(门控信号的作用时间 T 是非常准确的)，同时它还能控制闸门的开与闭；只有在闸门允许通过时，方波脉冲才能够被计数(这一功能的实现由计数器来完成)。

时间基准信号的重复周期为 1 s，加到闸门的门控信号作用时间 T 也等于 1 s，即开通闸门时间为 1 s。根据公式，将计数器对脉冲的计数代入后便很容易得出被测信号的频率。

二、结构示意图

数字频率计的结构示意图如图 7 - 173 所示。该频率计可以测量 1～99999999 Hz 的信号频率，测量的结果可以在八位数码显示管上显示。系统在正常工作的情况下，时钟信号 CLK 提供一个输入信号，当信号经过控制模块时，频率信号被转化成波形信号，这是为了方便后面的计数器检测脉冲数，并且，将单位时间内的脉冲数输送到锁存器中。锁存器的作用在于缓存，它可以在控制器和外部设备之间寻找一个平衡点，使二者在速率上尽可能地保持同步。

图 7 - 173 数字频率计结构示意图

三、设计实现

(1) 模块的划分。

数字频率计顶层模块如图 7 - 174 所示。主要由门限控制模块，8 个有时钟使能的十进制计数器，32 位锁存器，8 选 1 数据选择器和数码管显示电路组成。各子电路输入输出逻辑关系可用 Verilog HDL 描述。

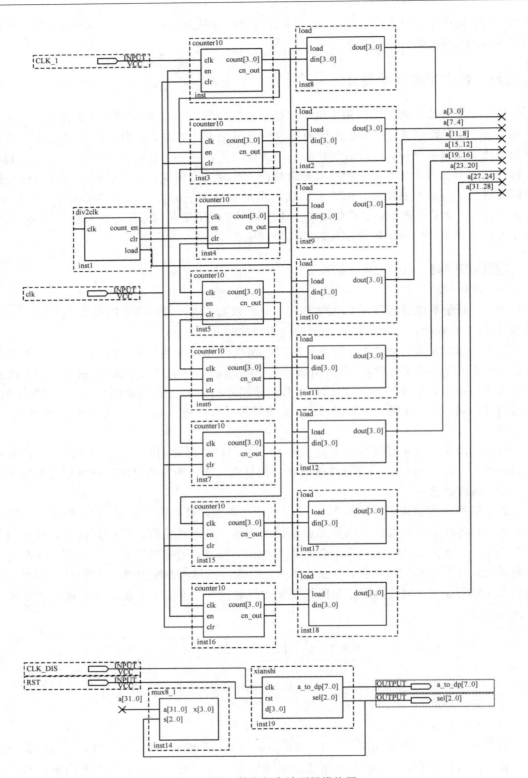

图 7 - 174　数字频率计顶层模块图

（2）门限控制模块分析与仿真。

运行门限控制模块图，如图 7 - 175 所示。

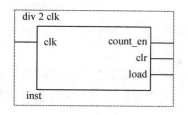

项目 7 - 21 程序示例

图 7 - 175 门限控制模块图

门限控制模块仿真波形如图 7 - 176 所示。控制模块的计数使能信号 count_en 可以产生一个 1 s 的周期信号，其作用主要是对频率计的计数模块的使能端进行同步控制，使能端为高电平时，允许系统进行计数，反之，则停止计数。

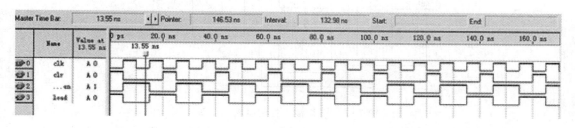

图 7 - 176 门限控制模块仿真波形图

（3）顶层模块分析与仿真。

顶层模块仿真结果如图 7 - 177 所示。

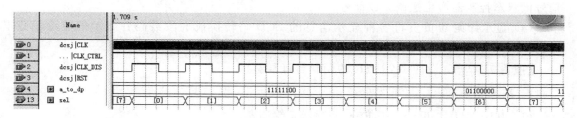

图 7 - 177 顶层模块仿真结果

图 7 - 177 中，仿真时间为 0～4 s，a_to_dp 转换成八段二进制数字，当输入为 1 MHz 时，第一、二、三、四、五、六个数码管显示的是 0，第七个数码管显示的是 1（a_to_dp 编码为 01100000）。

四、硬件实现

CLK 接待测时钟信号，CLK_CTRL 时钟信号频率为 1 Hz，CLK_DIS 为数码管扫描时钟信号，频率设置为 1 MHz，RST 高电平复位。

习　题　7

【项目 7 - 22】　设计一个微波炉控制器。

1. 基本要求

（1）用七段数码管及发光二极管完成微波炉的定时及状态显示。

（2）控制器的输入信号包括定时控制信号、定时数据的输入及复位信号、开始煮饭的控制信号等。

2. 设计提示

系统框图如图 7 - 178 所示，仅供参考。

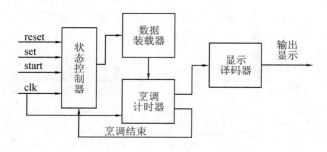

图 7 - 178　微波炉控制器系统框图

（1）状态控制器的功能是控制微波炉工作过程中的状态转换，并发出有关控制信息。

（2）数据装载器的功能是根据状态控制器发出的控制信号选择定时时间或烹调完成信息的装入。

（3）烹调计时器的功能是负责烹调过程中的时间递减计数，并提供烹调完成时的状态信号供状态控制器产生烹调完成信号。

（4）显示译码器负责将各种显示信息的 BCD 码转换成七段数码管显示的驱动信息编码。

【项目 7 - 23】　设计一个 FSK 的调制与解调器。

1. 基本要求

（1）基于 VHDL 设计一个 FSK 调制器及解调器。

（2）调制器输入输出信号包括：输入时钟 clk，输入开始信号 start，输入基带数据信号 din 及输出已调信号 FSK。

（3）解调器输入输出信号包括：输入时钟 clk，输入开始信号 start，输入调制信号 FSK 及输出基带数据信号 dout。

（4）设计一个调制器所需要的基带信号源，产生的序列可以是 1110 010 的循环。

（5）连接调制器、解调器及基带信号源，组成系统。

2. 设计提示

系统框图如图 7 - 179 所示，仅供参考。

（1）采用层次化设计方法，分别设计 FSK 调制器及解调器。

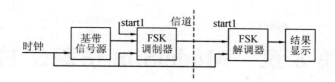

图 7-179　FSK 调制解调器系统框图

（2）采用数字载波信号，数字载波信号可通过外部时钟分频得到。

（3）解调器中，不必考虑数字载波信号的提取，可以采用外部时钟分频得到。

（4）基带信号源可采用移位寄存器电路得到。

【项目 7 - 24】　设计一个简易频谱分析仪。

1. 基本要求

（1）频率测量范围为 10～30 MHz。

（2）频率分辨力为 10 kHz，输入信号电压有效值为 20 mV±5 mV，输入阻抗为 50 Ω。

（3）可设置中心频率和扫频宽度。

（4）借助示波器显示被测信号的频谱图，在示波器上标出间隔为 1 MHz 的频标。

（5）频率测量范围扩展至 1～30 MHz。

（6）具有识别调幅、调频和等幅波信号及测定其中心频率的功能；采用信号发生器输出的调幅、调频和等幅波信号作为外差式频谱分析仪的输入信号，载波可选择在频率测量范围内的任意频率值；调幅波调制度 ma＝30％，调制信号频率为 20 kHz；调频波频偏为 20 kHz，调制信号频率为 1 kHz。

2. 设计提示

系统框图如图 7-180 所示，仅供参考。

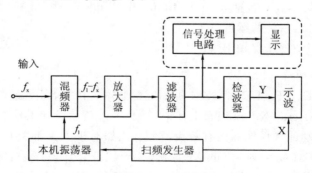

图 7-180　简易频谱分析仪系统框图

第 8 章　ModelSim 仿真工具

8.1　ModelSim 简介

Mentor 公司的 ModelSim 是业界最优秀的 HDL 语言仿真软件，它能提供友好的仿真环境，是业界唯一的单内核支持 VHDL 和 Verilog 混合仿真的仿真器。它采用直接优化的编译技术、Tcl/Tk 技术和单一内核仿真技术，编译仿真速度快，编译的代码与平台无关，便于保护 IP 核，个性化的图形界面和用户接口可为用户加快调错提供强有力的手段，是 FPGA/ASIC 设计的首选仿真软件。

1. ModelSim 的特点

ModelSim 的主要特点为：

（1）RTL 和门级优化，本地编译结构，编译仿真速度快，跨平台跨版本仿真。

（2）单内核 VHDL 和 Verilog 混合仿真。

（3）内嵌源代码窗口，便于项目管理。

（4）集成了性能分析、波形比较、代码覆盖、数据流 ChaseX 和 Signal Spy、虚拟对象 Virtual Object、Memory 窗口、Assertion 窗口、源码窗口显示信号值、信号条件断点等众多调试功能。

（5）集成 C 调试器，在同一界面中同时仿真 C 和 VHDL/Verilog HDL 文件。

（6）专业版支持 UNIX（包括 64 位）、Linux 和 Windows 平台。

（7）支持测试平台软件的运行。

（8）支持加密 IP，便于保护 IP 核。

2. ModelSim 的版本

ModelSim 分 SE、PE、LE 和 OEM 等不同的版本，其中 SE 是最高级的版本，而集成在 Actel、Atmel、Altera、Xilinx 以及 Lattice 等 FPGA 厂商设计工具中的均是 OEM 版本。SE 版和 OEM 版在功能和性能方面有较大差别。比如对于大家都关心的仿真速度问题，以 Xilinx 公司提供的 OEM 版本 ModelSim XE 为例，对于代码少于 40 000 行的设计，ModelSim SE 比 ModelSim XE 要快 10 倍，对于代码超过 40 000 行的设计，ModelSim SE 要比 ModelSim XE 快近 40 倍。ModelSim SE 支持 PC、UNIX 和 LINUX 混合平台；提供全面完善以及高性能的验证功能；全面支持业界广泛的标准。同时，Mentor 公司也为用户提供业界最好的技术支持与服务。

3. ModelSim 的仿真流程

ModelSim 在 IC 设计中有重要作用，根据客户提出的要求定义功能后完成代码的编写，并用 ModelSim 进行前仿真。前仿真通过后，对设计进行布局布线等处理，再用 ModelSim 对设计进行后仿真，流程图如图 8 - 1 所示。

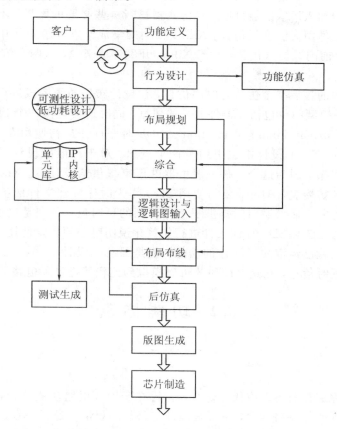

图 8 - 1　用 ModelSim 对设计进行仿真流程图

4. ModelSim 仿真的三个阶段

数字电路设计中一般有源代码输入、综合、实现等三个比较大的阶段，而电路仿真的切入点也基本与这些阶段相吻合。根据适用的设计阶段的不同 ModelSim 仿真可以分为 RTL 行为级仿真、综合后门级功能仿真和时序仿真。这种仿真轮廓的模型不仅适合 FPGA/CPLD设计，同样适合 IC 设计。

（1）RTL 行为级仿真。

在大部分设计中执行的第一个仿真是 RTL 行为级仿真。这个阶段的仿真可以用来检查代码中的语法错误以及代码行为的正确性，其中不包括延时信息。如果没有实例化一些与器件相关的特殊底层元件，那么这个阶段的仿真也可以做到与器件无关。因此，在设计的初期阶段，不使用特殊底层元件既可以提高代码的可读性和可维护性，又可以提高仿真效率，且容易被重用。

（2）综合后门级功能仿真。

一般在设计流程中的第二个仿真是综合后门级功能仿真。绝大多数的综合工具除了可以输出一个标准网表文件以外，还可以输出 Verilog 或者 VHDL 网表。其中标准网表文件是用来在各个工具之间传递设计数据的，并不能用来做仿真使用，而输出的 Verilog 或者 VHDL 网表可以用来仿真。这个阶段的仿真之所以叫门级仿真，是因为综合工具给出的仿真网表已经是与生产厂家的器件的底层元件模型对应起来了。因此，为了进行综合后仿真必须在仿真过程中加入厂家的器件库，对仿真器进行一些必要的配置，不然仿真器会因不认识其中的底层元件而无法进行仿真。Xilinx 公司的集成开发环境 ISE 中并不支持综合后仿真，而是用映射前门级仿真代替，对于 Xilinx 开发环境来说，这两个仿真之间差异很小。

（3）时序仿真。

在设计流程中的最后一个仿真是时序仿真。在设计布局布线完成以后可以提供一个时序仿真模型，这种模型中也包括了器件的一些信息，同时还会提供一个 SDF 时序标注文件（Standard Delay Format Timing Anotation）。SDF 时序标注最初使用在 Verilog 语言的设计中，现在 VHDL 语言的设计中也引用了这个概念。对于一般的设计者来说并不需知道 SDF 文件的详细细节，因为这个文件一般由器件厂家提供给设计者。Xilinx 公司使用 SDF 作为时序标注文件扩展名，Altera 公司使用 SDO 作为时序标注文件的扩展名。在 SDF 时序标注文件中对每一个底层逻辑门提供了三种不同的延时值，分别是典型延时值、最小延时值和最大延时值，在对 SDF 标注文件进行实例化说明时必须指定使用了哪种延时。虽然在设计的最初阶段就已经定义了设计的功能，但是只有当设计布局布线到一个器件中后，才会得到精确的延时信息，在这个阶段才可以模拟到比较接近实际电路的行为。

8.2　功能仿真

8.2.1　概述

功能仿真也称综合前仿真或代码仿真，主旨在于验证电路功能是否符合设计要求，其特点是不考虑门延迟与线路延迟，主要是验证电路与理想情况是否一致。

当对要仿真的目标文件进行仿真时，需要给文件中的各个输入变量提供激励源，并对输入波形进行严格的定义，这种对激励定义的文件就称为 Testbench，即测试文件。

Testbench 设计好以后，可以为芯片设计的各个阶段服务。比如在对 RTL 代码、综合后网表和布线之后的网表进行仿真的时候，都可以采用同一个 Testbench。

功能仿真需要的文件主要有以下三个：

（1）设计 HDL 源代码：可以使用 VHDL 语言或 Verilog 语言。

（2）测试激励代码：根据设计要求输入/输出的激励程序（Testbench）。

（3）仿真模型/库：根据设计内调用的器件供应商提供的模块而定。

库文件是指已经编译通过的设计文件的总体。ModelSim 中有两种库类型：工作库和资源库。

1. 工作库

（1）库的内容会随着使用者更新设计文件和重新编译而变化。

（2）存放当前设计文件编译后产生的设计单元。

（3）编译前必须先创建好工作库。

（4）每次编译只允许有一个工作库。

（5）默认的工作库名是 work。

2. 资源库

（1）资源库是静态不变的，可以作为使用者设计的一个部分被直接调用。

（2）存放着所有可以被当前编译操作调用的已经编译过的设计单元。

（3）每次编译允许同时调用多个资源库。

（4）Altera 的仿真库也属于资源库的一种。

功能仿真需要的仿真库是工作库，默认为 work。

8.2.2　功能仿真步骤

用 ModelSim 进行功能仿真有两种方法：

（1）手动仿真：直接用 ModelSim 进行功能仿真。

（2）自动仿真：用 Quartus Ⅱ 和 ModelSim 联合进行功能仿真。

下面以 1 位全加器为例介绍手动仿真的详细步骤。自动仿真方法将在时序仿真里介绍。

（1）新建工程。

① 双击图标打开 ModelSim 软件，单击"File"→"New"→"Project"命令，如图 8 - 2 所示。

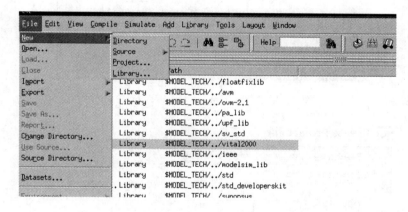

图 8 - 2　新建工程

② 弹出如图 8 - 3 所示的界面，输入工程名。为了方便管理，工程名可以与顶层模块名字相一致。"Project Location"一栏表示的是工程所在目录；"work"代表工作库，里面包含所有编译过的文件。

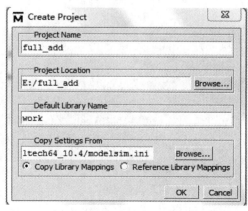

图 8 - 3　输入工程名

③ 输入工程名并确定工程所在位置后，单击"OK"按钮，完成新建工程。

（2）新建文件。

建立好工程后，弹出如图 8-4 所示的"Add items to the Project"窗口，可以选择如图 8-5 所示"Create New File"窗口来在 ModelSim 中直接编辑代码文件，也可以通过选择"Add Existing File"加入已有的源文件，或者右键单击选择"Add to Project"命令（如图 8-6 所示）。

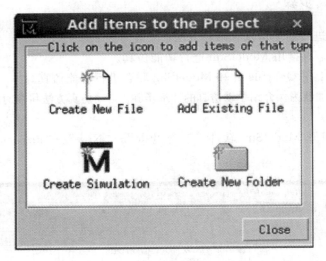

图 8-4   "Add items to the Project"窗口

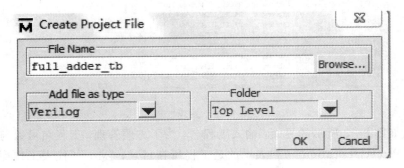

图 8-5   "Create Project File"窗口

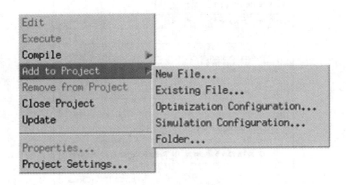

图 8-6   鼠标右击添加文件

　　新建好文件后可以通过选择"File"→"New"→"Source"命令来编辑源文件，如图 8 - 7 所示。

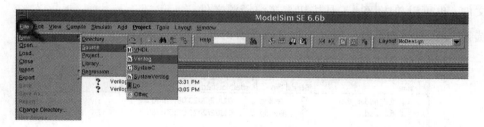

图 8 - 7　编辑源文件

新建源的文件(full_add. v)和 TestBench 文件(full_add_tb. v)内容如下：

【例 8 - 1】　源文件代码。

```
module full_add(ain, bin, cin, cout, sum);
    input ain, bin, cin;
    output wire sum, cout;
    assign {cout, sum}=ain+bin+cin;
endmodule
```

【例 8 - 2】　TestBench 文件代码。

```
`timescale 1ns/1ns
module full_adder_tb;
reg a, b, c;
wire co, sum;
integer i, j;
parameter delay=100;
full_add U1(a, b, c, co, sum);
initial
begin
  a=0; b=0; c=0;
  for(i=0; i<2; i=i+1)
    for(j=0; j<2; j=j+1)
    begin
      a=i; b=j; c=0;
      #delay;
    end
  for(i=0; i<2; i=i+1)
    for(j=0; j<2; j=j+1)
    begin
      a=i; b=j; c=1;
      #delay;
    end
end
endmodule
```

（3）全编译。

加入源文件后，可以鼠标选中源文件，单击右键"Compile"→"Compile Selected"来编译源文件。也可以单击 ![工具] 工具按钮直接编译源文件。

选择 ![工具] 工具按钮，可以编译工程里面所有的源文件，如图 8-8 所示。

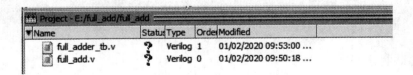

图 8-8　编译所有源文件

在 Transcript 窗口中可以查看编译结果，如图 8-9 所示。

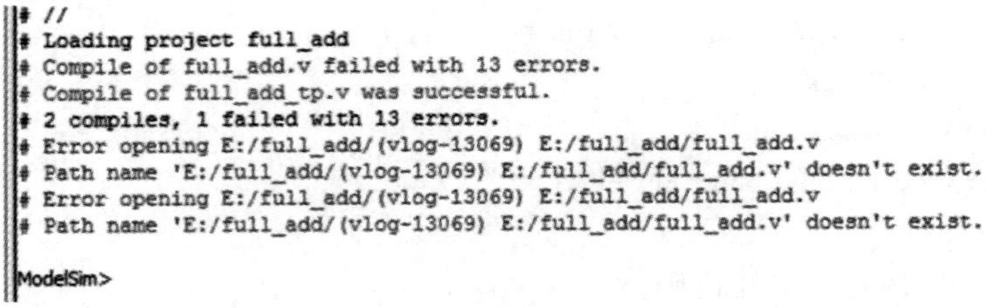

```
# //
# Loading project full_add
# Compile of full_add.v failed with 13 errors.
# Compile of full_add_tp.v was successful.
# 2 compiles, 1 failed with 13 errors.
# Error opening E:/full_add/(vlog-13069) E:/full_add/full_add.v
# Path name 'E:/full_add/(vlog-13069) E:/full_add/full_add.v' doesn't exist.
# Error opening E:/full_add/(vlog-13069) E:/full_add/full_add.v
# Path name 'E:/full_add/(vlog-13069) E:/full_add/full_add.v' doesn't exist.

ModelSim>
```

图 8-9　编译结果

编译的目的是查看编写的源代码是否有语法错误。编译只能检查语法错误，不能检查功能错误。

如果编译出来有错误，可以双击错误提示，出现如图 8-10 所示的窗口。改正存在的错误，再编译，直到全部编译通过，如图 8-11 所示。

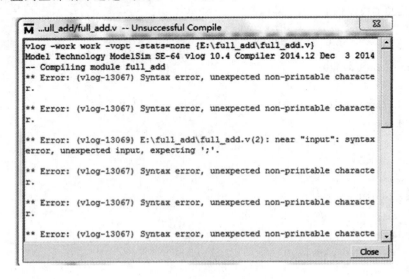

图 8-10　错误信息

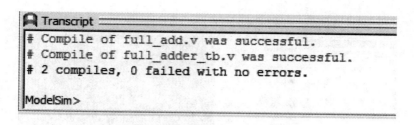

图 8-11　全编译通过

（4）进行功能仿真。

编译成功后，启动仿真器对源文件进行仿真，操作步骤如下：

① 选择"Simulate"→"Start Simulation"命令或者单击按钮 ，会弹出一个选择框，取消"Enable optimization"选项的勾选。"Enable optimization"是仿真优化选项，会对时钟等进行优化，在功能仿真阶段不需要优化时钟，在后续布局布线中会对其进行优化。同时要选择仿真的测试文件，在 work 工作库中，选择测试文件，单击"OK"按钮，如图 8-12 所示。

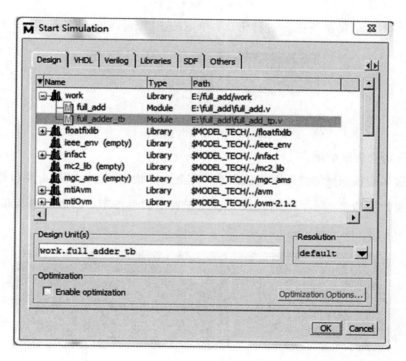

图 8-12　选择测试文件

② 在弹出的"Instance"窗口中选择测试文件后单击右键，选择"Add To"→"Wave"→"All items in region"命令，将信号加到波形图中，如图 8-13 所示。

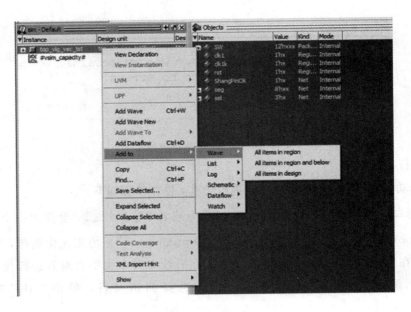

图 8-13　添加信号

③ 加入信号后，单击按钮 ![] 进行仿真，单击按钮 ![] 可以停止仿真，如图 8-14 所示。

图 8-14　仿真选项按钮

（5）查看功能仿真结果。

可以通过单击按钮 ![] 将波形图解锁出来，直至全屏状态。也可以单击菜单栏的按钮 ![] 和 ![]，将波形放大或者缩小，适当地放大有助于看清波形细节。波形左边为信号名称，如图 8-15 所示。

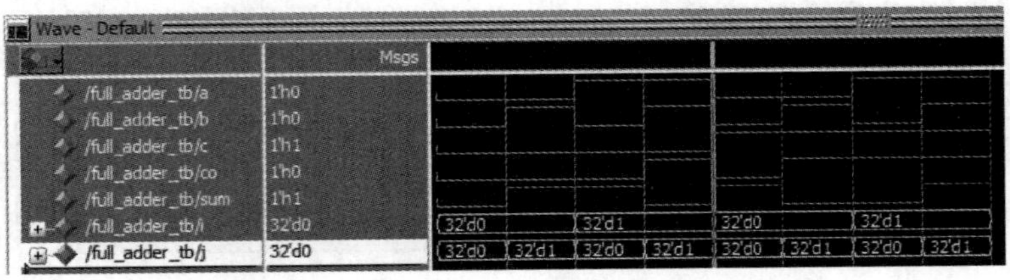

图 8-15　功能仿真结果

在信号列表中单击右键，在弹出菜单中可以选择信号波形显示的细节命令，如"RADIX"命令可以选择显示的进制标志。

波形下方显示了当前的时间范围和标尺所在的时间值，有助于分析问题，如图 8-16 所示。

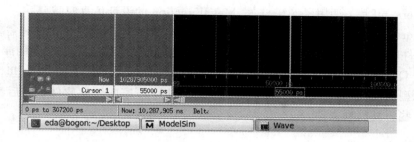

图 8 - 16 时间范围

仿真结束后记得选择"end simulation"命令,结束仿真。

8.3 时 序 仿 真

8.3.1 概述

在功能仿真的基础上,加入综合后生成的门级网表文件(.vo)和时延文件(.sdf)的仿真就是时序仿真,也称布局布线后仿真(后仿真)。后仿真是指使用布局布线后综合工具给出的模块和连线的延时信息,在最坏的情况下对电路的行为作出实际的评估。布局布线后生成的仿真延时文件最全,不仅包括门延时,还包括布线延时。所以布局布线后仿真最为准确,能较好地反映芯片的实际工作情况。当然,实际的器件中,工作延时可能与这些延时还不相同,但是与这个延时是比较接近的,相差不大。

时序仿真和功能仿真的区别如表 8 - 1 所列。

表 8 - 1　时序仿真和功能仿真的区别

	功能仿真	时序仿真	对比结果
仿真器	Modelsim	Modelsim	相同
Testbench	DUT_tp. v	DUT_tp. v	相同
布局布线延时	无	有	不同
仿真结果波形图	理想的	考虑了延时因素,和实际 FPGA 工作相似	不同

时序仿真需要的文件主要有五个:

(1) 设计 HDL 源代码:可以使用 VHDL 语言或 Verilog 语言。

(2) 测试激励代码:根据设计要求输入/输出的激励程序(Testbench)。

(3) 从布局布线结果中抽象出来的门级网表(.vo 文件)。

(4) 扩展名为 SDO 或 SDF 的标准时延文件(一般用 Quartus Ⅱ生成的 .sdo 文件)。

(5) 仿真模型/库:根据设计内调用的器件供应商提供的模块而定。

时序仿真因为和具体硬件有关,所以需要用到资源库。一个工程里面,资源库可以同时有多个,PLD 厂家的仿真库其实可以看成资源库的一种。一般要建以下四种库:

(1) LPM 库:调用了 lpm 元件的设计仿真时需要。

（2）altera_mf 库：调用了 Altera 的 MegaFunction 的设计仿真时需要。

（3）altera_primitive 库：调用了 Altera 的原语（primitive）的设计仿真时需要。

（4）元件库：例如 cyclone，在仿真中必用的特定型号的 FPGA/CPLD 的库。

安装好 Quartus Ⅱ 后，在其安装目录下"altera\…\quartus\eda\sim_lib"里面存放了所有的仿真原型文件（simulation model files）。每个 PLD 厂家的开发软件装好后都有相应的目录存放这些仿真原型文件。

8.3.2　时序仿真步骤

用 ModelSim 进行时序仿真也有两种方法：

（1）手动仿真：直接用 ModelSim 进行时序仿真。

（2）自动仿真：用 Quartus Ⅱ 和 ModelSim 联合进行时序仿真。

下面以 1 位全加器为例介绍自动时序仿真的详细步骤。

（1）新建工程。

打开 Quartus Ⅱ 软件，新建工程 full_adder。按照向导设置工程存放路径、工程名、顶层实体名，添加文件，设置硬件芯片型号，并在第三方仿真工具中选择 ModelSim 仿真工具，如图 8-17 所示。这里需要注意的是，新建的工程路径需要全英文状态，否则在调用 ModelSim 仿真时会出错。

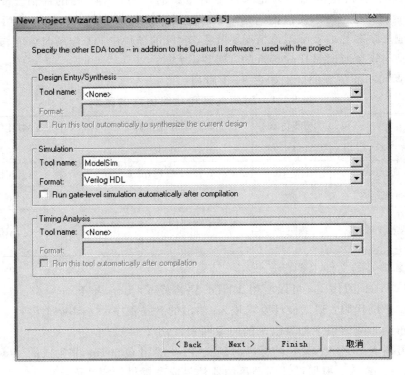

图 8-17　选择 ModelSim 仿真工具

（2）新建文件。

新建源文件（full_add.v）和 TestBench 文件（full_add_tb.v），内容参照例 8-1 和例 8-2。

这里需要注意的是，源文件需要用硬件描述语言编写，如果是用原理图生成的 ∗.bdf 文件，ModelSim 在仿真时会找不到设计实体，会出现提示错误信息。

（3）全编译。

单击全编译按钮，进行编译。如果有错误信息，则将其修改正确。

（4）仿真前设置。

① 选择"Assignments"→"EDA Tool Settings"→"Simulation"，对"Simulation"选项进行设置，如图 8-18 所示。单击"Test Benches"按钮，出现如图 8-19 所示的对话框，单击"New"按钮，设置如图 8-20 所示的仿真测试文件。

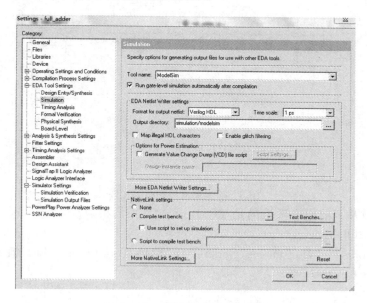

图 8-18　设置 Simulation 选项

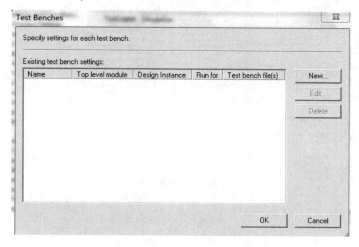

图 8-19　"Test Benches"对话框

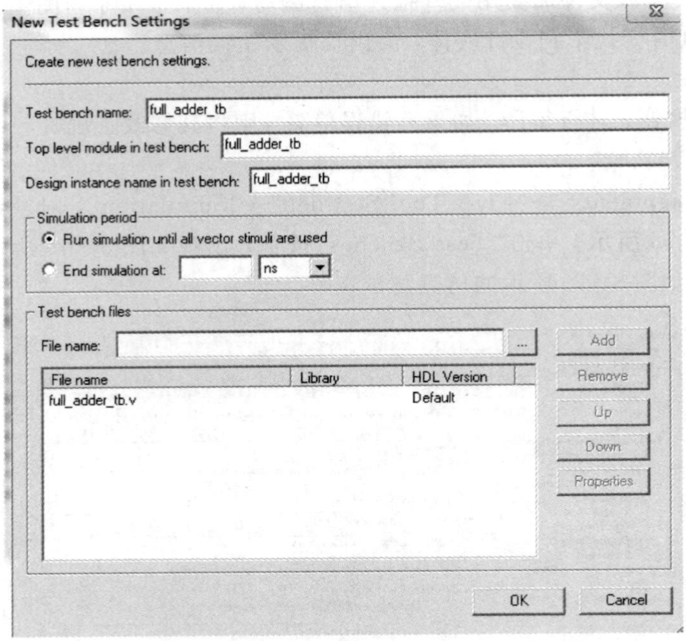

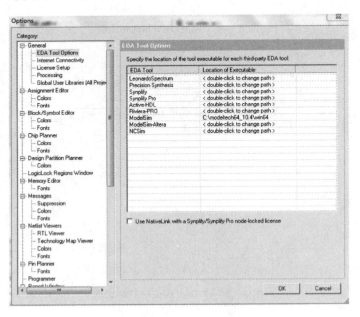

图 8-20　设置仿真测试文件

在图 8-20 中，前面三项填的是 TestBech 文件中的模块名，"File name"一栏中添加 TestBech 文件（full_adder_tb.v）。

② 选择"Tools"→"Options"→"General"→"EDA Tool Options"，设置 ModelSim 安装路径，如图 8-21 所示。

图 8-21　设置 ModelSim 安装路径

（5）进行时序仿真。

选择"Tools"→"Run EDA Simulation Tool"→"EDA RTL Simulation"进行功能仿真。选择"Tools"→"Run EDA Simulation Tool"→"EDA Gate Level Simulation"进行时序仿真。

仿真过程中会自动打开 ModelSim 软件，自动进行编译。编译过程中在工程文件夹里多出了"simulation"这个文件夹，在这个文件夹里面生成了 ModelSim 所需的网表文件（full_adder. vo）和时延文件（full_adder_v. sdo）等，如图 8 - 22 所示。

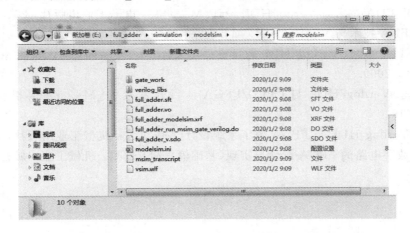

图 8 - 22　ModelSim 时序仿真所需的网表文件和时延文件

如果编译过程中有错误，会在 Transcript 中有错误提示，根据错误提示查找错误并修改，直到编译通过为止。编译成功后自动添加设计实例的端口信号并进行仿真，时序仿真结果如图 8 - 23 所示。

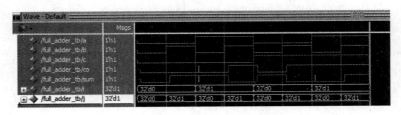

图 8 - 23　时序仿真结果

在图 8 - 23 中，时序仿真输出结果出现了毛刺现象，这是因为信号在各级门上延迟时间不同步引起的。如果该模块作为顶层模块里的子模块，要连接下一个子模块，那么需要消除毛刺。

习　题　8

1. 简述功能仿真、门级仿真和时序仿真的区别。

2. 利用 ModelSim 对 5.7.3 节所举的仿真实例进行功能仿真和时序仿真，并观察仿真波形结果的异同。

参 考 文 献

[1]　王金明. EDA 技术与 VerilogHDL 设计[M]. 北京：电子工业出版社，2013.

[2]　潘松. EDA 技术与 Verilog HDL[M]. 北京：清华大学出版社，2010.

[3]　PALNITKAR S. Verilog HDL 数字设计与综合[M]. 夏宇闻，等，译. 北京：电子工业出版社，2009.

[4]　聂章龙. Verilog HDL 与 CPLD/FPGA 项目开发教程[M]. 北京：机械工业出版社，2016.

[5]　罗杰. Verilog HDL 与 FPGA 数字系统设计[M]. 北京：机械工业出版社，2015.

[6]　刘岚. 数字电路的 FPGA 设计与实现（基础篇）[M]. 北京：机械工业出版社，2015.